重大工程环境公民行为的驱动因素、管理绩效影响机制及领导策略研究

王　歌　何清华　/著

内 容 简 介

本书针对重大工程所面临的环境保护责任问题，从全新的环境公民行为视角展开了系统研究。基于新、旧制度主义的启示，通过半结构化访谈、行为事例搜集和问卷调研，对重大工程环境公民行为的内部驱动因素、外部驱动因素、管理绩效影响机制和领导策略进行深入剖析，为重大工程环境管理体系的完善提供了启示。

本书共分为8章，主要内容包括引言、文献综述与理论基础、研究设计与过程、重大工程环境公民行为的内部驱动因素、重大工程环境公民行为的外部驱动因素、重大工程环境公民行为的管理绩效影响机制、重大工程环境公民行为的领导策略、结论与展望。此外，本书附录中部分呈现了研究过程中的重要原始素材。

本书既可作为工程管理、项目管理、系统工程等专业教师和研究生的参考用书，也可为从事工程项目管理的专业人员提供参考。

图书在版编目(CIP)数据

重大工程环境公民行为的驱动因素、管理绩效影响机制及领导策略研究 / 王歌，何清华著. —北京：北京大学出版社，2019.1
ISBN 978-7-301-30192-0

Ⅰ.①重… Ⅱ.①王… ②何… Ⅲ.①基础设施建设—环境管理—研究—中国 Ⅳ.①X322.2

中国版本图书馆CIP数据核字(2019)第001153号

书　　名　重大工程环境公民行为的驱动因素、管理绩效影响机制及领导策略研究
　　　　　ZHONGDA GONGCHENG HUANJING GONGMIN XINGWEI DE QUDONG YINSU、GUANLI JIXIAO YINGXIANG JIZHI JI LINGDAO CELUE YANJIU
著作责任者　王歌　何清华　著
策划编辑　赵思儒　李虎
责任编辑　王向珍　杨星璐
标准书号　ISBN 978-7-301-30192-0
出版发行　北京大学出版社
地　　址　北京市海淀区成府路205号　100871
网　　址　http://www.pup.cn　新浪微博：@北京大学出版社
电子信箱　pup_6@163.com
电　　话　邮购部010-62752015　发行部010-62750672　编辑部010-62750667
印 刷 者　北京虎彩文化传播有限公司
经 销 者　新华书店
　　　　　720毫米×1020毫米　16开本　19印张　332千字
　　　　　2019年1月第1版　2019年1月第1次印刷
定　　价　58.00元

前　言

中国经济的高速发展催生南水北调、西气东输、京沪高铁、港珠澳大桥等一大批重大工程。重大工程的大规模建设在带动经济发展、提升社会服务水平的同时，也对生态环境造成了威胁。对于项目范围广、时间跨度大的重大工程而言，如果仅在合同规定的范围内进行监督管理，则难以达到预期的效果，甚至会带来环境污染的风险。对于合同未能明确界定的工作范围，重大工程需要项目成员积极主动地配合与执行，如献言献策，及时提出改善工作环境、防止环境事故发生的建议等。上述积极主动的行为属于组织行为领域的环境公民行为（Environmental Citizenship Behaviors, ECB），即项目成员工作职责外的、旨在改善项目环境管理绩效的、利他或利项目的自觉自愿行为。尽管 ECB 对于重大工程环境管理目标的实现具有重要价值，但其不属于传统项目管理的内容范畴，背后的行为动机亦存疑问，对于环境管理绩效的影响并未得到验证和认可，究竟何种领导风格能够有效激发项目成员的 ECB 也未可知。基于旧制度主义（关注于组织内部的实践、管理机制）和新制度主义（关注于组织在外部制度压力下的内化、反馈）的启示，本书通过对 23 位专家的半结构化访谈，150 条 ECB 的事例收集，以及 198 份问卷的调研，主要开展了以下研究工作。

（1）ECB 的内部驱动因素。本书基于旧制度主义的视角，结合社会认同理论，构建 ECB 的内驱力模型，采用偏微分最小二乘法（Partial Least Squares, PLS）对模型路径进行检验，探讨针对 4 类利益相关者的重大工程环境责任实践（Megaproject Environmental Responsibility Practices, MERP）对项目成员 ECB 的影响机制。结果表明，针对项目内部利益相关者（业主、非业主方参建单位）的 MERP 能够对项目成员的 ECB 产生显著的正向影响和“溢出效应”，项目成员的环境承诺在上述影响过程中具有显著的中介作用。但针对项目外部利益相关者（项目周边社区及其他社会公众）的 MERP 并不能有效驱动项目成员 ECB 的涌现。受到政府“双重”角色（项目业主和外部监管方）的影响，ECB 针对业主 MERP 的驱动力要明显弱于针对非业主方参建单位的 MERP。

（2）ECB 的外部驱动因素。本书基于新制度主义的视角，结合社会交换理论，构建 ECB 的外驱力模型，采用 PLS 建模方法，定量刻画 3 类制度压力（强制压力、模仿压力和规范压力）对项目成员 ECB 的影响机制。结果表明，模仿压力和规范压力均对 ECB 具有显著的驱动作用，组织支持在上述驱动过程中具有显著的中介作用；较之规范压力，模仿压力对 ECB 的驱动效应更为明显。但强制压力并不能有效驱动 ECB 的涌现，甚至可能导致“漂绿”（Green-washing）行为的出现。

（3）ECB 的管理绩效影响机制。本书基于新制度主义的视角，构建“制度-行为-绩效”的影响机制模型，采用 PLS 建模方法，分析 3 类制度压力对重大工程环境管理绩效两大维度（管理策略和实践）的影响机制。结果表明，以上 3 类压力均对环境管理策略的形成具有显著的促进作用，而项目管理层的 ECB 在模仿压力和规范压力影响环境管理策略的过程中具有显著的中介作用。模仿压力和规范压力均对环境管理的实践效果产生显著的推动作用；较之规范压力，模仿压力的推动作用更为明显，而项目管理层的 ECB 在上述两类压力和环境管理实践之间具有显著的中介作用。但强制压力对环境管理实践的推动作用并不显著，一方面表明制度压力的影响是复杂的，另一方面间接证实环境管理策略和实践之间存在巨大的“鸿沟”。

（4）ECB 的领导策略。本书基于旧制度主义的视角，结合领导风格理论，并融入中国情景下最为突出的两类文化情景因素，即权力距离取向和集体主义倾向，构建 ECB 的领导策略模型，运用层次回归模型（Hierarchical Regression Modeling，HRM），分析交易型和变革型两类经典领导风格对 ECB 的影响机制。结果表明，交易型和变革型领导均对项目成员的 ECB 具有显著的正向影响，项目成员的环境承诺在上述影响过程中具有显著的中介作用；较之交易型领导，变革型领导的积极影响更为明显。项目成员的权力距离取向越高，即项目成员越能接受上下级之间的不平等，变革型领导对 ECB 的影响越弱；项目成员的集体主义倾向越低，即项目成员更加渴望自我表现，变革型领导对 ECB 的影响反而越强。而在交易型领导影响 ECB 的过程中，权力距离取向并不会对上述影响带来显著波动。项目成员的集体主义倾向越高，即项目成员更倾向于将团队的规则内化，交易型领导对 ECB 的影响越强。

本书将组织行为学应用于研究重大工程中的积极环境行为现象，首先，依据旧制度主义，关注项目内部的环保实践及其对 ECB 的驱动作用；其次，基于新制度主义，纳入项目外部的情景因素，分析制度压力对 ECB 的驱动作用；再次，同样基于新制度主义，进一步探讨制度情景对环境管理策略和实践的影响机制，以及项目管理层的 ECB 所起的中介传导作用；最后，回归到旧制度主义视角，比较不同类型的领导风格对 ECB 的影响机制，进而为重大工程内部环境管理体系的完善提供启示。上述层层递进、螺旋上升的系统研究，有助于厘清重大工程 ECB 的表现形式及其内外部逻辑关系；在揭示 ECB 对于环境管理体系有效运转的作用机理的同时，亦发现领导风格有效性的权变机制和边界条件为 ECB 的培育提供了新视角。

本书由华中农业大学公共管理学院的王歌博士和同济大学经济与管理学院的何清华教授担任著者，是国家自然科学基金“重大基础设施工程的组织行为与模式创新研究”（项目批准号 71390523）及面上项目“重大工程组织公民行为形成动因、效能涌现及培育研究”（项目批准号 71571137）和中央高等院校基本科研业务费专项基金“复杂性视角下工程项目‘漂绿行为’的机理、演化及防范策略”（项目批准号 2662018QD006）的研究成果，并得到同济大学经济与管理学院和华中农业大学公共管理学院学科建设经费的资助。衷心感谢同济大学经济与管理学院和华中农业大学公共管理学院领导的大力支持与指导，感谢北京大学出版社编校老师高质量的编辑和校对工作，感谢家人对我默默的付出与牺牲！

本书编写过程中，作者受到诸多相关文献的启发，虽在引用时力求注明，但难免有所遗漏，敬请见谅！同时，由于自身能力和水平有限，书中分析难免存在不足之处，望读者不吝赐教！

著　者

2019 年 1 月

目　录

第1章 引 言[①]

本章是对整体研究内容的概述。首先，阐述行业实践与理论背景；其次，提出研究问题，并阐释理论与实践意义；最后，概括研究内容、方法、技术路线及可行性，归纳总结研究的主要创新点。

1.1 研究背景

1.1.1 行业实践

随着2013年“一带一路”倡议的提出及“十三五”时期PPP（Private-public-partnership，公私合营）模式的推广，中国基础设施的建设迎来新高潮（王歌等，2017）。2016年，中国基础设施投资规模达到11.9万亿元（中国经济网，2017）。根据中国社会科学院发布的《经济蓝皮书》，2017年全社会固定资产投资已达67.1万亿元，实际增长8.7%。其中，基础设施建设将继续成为稳定投资增长的主要推动力。2018全国两会政府工作报告指出：2018年要完成铁路投资7320亿元，公路水运投资1.8亿左右，水利在建设投资规模达到1万亿元。未来固定资产投资的重点为城市和农村基础设施和重大交通项目，以及基于供给侧结构性改革的重大工程或支柱性产业，

① 本章的部分内容源于《重大工程组织模式与组织行为》第8章第4节。

如《交通基础设施重大工程建设三年行动计划》指出，2016—2018年国家将重点推进交通基础设施项目303个，总投资达到4.7万亿元，其中铁路和城市轨道交通的比例最大。此外，地下管廊及“海绵城市”等新型基础设施的发展潜力巨大，京津冀协同发展战略（尤其是雄安新区的规划布局）的实施也将极大地带动基础设施领域的建设需求（中国证券报，2016）。

作为社会经济高速发展的产物，重大基础设施工程（简称重大工程）的涌现对于区域经济发展、社会繁荣进步具有重要意义（乐云等，2016a）。但重大工程在“如火如荼”推进的同时，却屡因环境问题而饱受诟病，在强调可持续建设的背景下，如何改善重大工程的环境管理绩效成为项目管理层的关键任务与核心责任（Zeng et al.，2015）。2011年，中国香港的朱绮华提出港珠澳大桥并未评估臭氧、二氧化硫及悬浮微粒对环境的影响，并因此就大桥香港段的环境评估报告申请司法复核，导致工程延误近1年，造成54.6亿元的直接经济损失（人民日报海外版，2016）。在此背景下，重大工程环境管理的研究越来越关注于项目的前期策划和设计阶段，强调通过系统的环境评估和绿色的方案设计，使最终的“建筑产品”能够在运营阶段达到节能、低碳的预期目标。然而，按照绿色标准规划和设计的重大工程是否能够实现“绿色建造”依然存在疑问，如LEED（Leadership in Energy and Environmental Design，能源与环境设计领袖）、GBL（Green Building Label，绿色建筑标签）等绿色认证的要求能否在重大工程的施工阶段有效执行？来自业主、设计方、施工方、监理方等的项目成员能否对工程的环境方针和目标达成共识？对于环境突发事件各方的项目成员能否做出及时一致的响应？重大工程施工阶段的环境管理问题是亟待厘清的研究方向。以下案例是重大工程施工阶段环境管理的片段。

案例 1-1：港珠澳大桥项目

港珠澳大桥共有 100 多家建设单位、上万名建设者，在近 3000 个日夜的工期里，不能发生任何污染事故和施工海域白海豚伤亡事件情况下建造而成，这意味着每一个环节都必须严加控制。“为了减少开挖总量，我们对抓斗船施工工艺进行了改良，安装了抓斗装备摄像头，并在施工中采用计算机控制，提高开挖精度；此外，为了减少运输过程中挖泥溢出污染周边海域，我们减小了每一层的开挖厚度，降低抓斗船的装斗率。”岛隧工程项目安全环保部部长黄维民介绍说。降低装斗率意味着增加运输次数，增加施工成本，但令黄维民自豪的是，从岛隧工程疏浚现场运送到大万山南倾倒区抛卸 4000 多万立方米的挖泥总量，数万次的往返，整整 7 年间，倾倒区水质从未出现过一次污染物超标。“作为施工方，遵守规则不是为了应对监督，更多的是带着一种使命感，做得不好觉得对不住这个工程。”黄维民说（港珠澳大桥管理局，2017a）。

案例 1-2：南水北调项目

站在河南省鲁山县鲁山坡脚下遥看中国水利水电第九工程局有限公司（简称水电九局）承建的世界第一大渡槽工程国家级第一个重点项目——沙河渡槽第三标段工地。不是施工机械发出的声音和施工人员施工时发出的响声及施工必要的场面，很难想象出这就是世界第一大渡槽工程施工工地。“要做就做第一，沙河渡槽是世界第一大渡槽工程，是水电九局进入国家级工程的一个新起点，也是今后投标类似大型工程的‘敲门砖’，在与同行两个特级施工企业的竞争中，无论是工程施工、生产经营还是工地绿化，我们都要以精品工程展现在世人眼前，望大家为水电九局形象树立和业绩提升献计献策。”这是沙河三标段项目经理黄厚农在 2010 年进场施工时，在项目管理人员大会上的一段讲话，四年来沙河三标段围绕着这一目标一直在努力（南水北调中线干线工程建设管理局，2014）。

案例 1-3：青藏铁路项目

中铁十七局集团第四工程有限公司的青藏铁路17标段8.5km管段地处唐古拉最高海拔越岭地段。面对“高寒缺氧”“多年冻土”“生态脆弱”三大世界性技术难题。公司总经理高洪丽、党委书记王志英提出了以项目管理为中心的“高认识强政治、高定位强管理、高质量强科技、高投入强健康、高控制强效益、高奉献强精神”六高六强指导思想，确保实现“海拔最高管理最好、效益最佳形象最佳和政治、经济必须双赢”的奋斗目标。公司副总经理兼项目经理李新月针对高原环保特点，将气候变化、植物习性、冻土扰动、水土保持、野生动物活动规律和环保法规等细目逐一列出，聘请中铁西北科学研究院有限公司专家进行全员培训，所有员工全部经由环保专项考试持证上岗。在施工现场、生活营区和动物迁徙通道，设置环保宣传栏和标志牌26处，职工把爱护一草一木变为一种自觉行为，一个无条件接受环保的理念已根深蒂固，造就了一个人人懂环保、要环保、宣传环保的“绿色职工”队伍（张天国等，2006）。

上述 3 项案例说明，在重大工程的实施过程中，环境管理措施的落实不仅需要有严格的合同制度保障，还依赖于全体项目成员自觉、自愿的行为支持。重大工程涉及的空间范围大，时间跨度长，其施工过程对于区域生态环境有着深刻、持久，甚至不可逆转的影响，如港珠澳大桥专门针对中华白海豚制定了完善的保护措施，包括专职领导小组、白海豚保护演练和培训班、水生野生动物保护科普宣传月等。重大工程在加强环境管理的过程中，所面临的最大挑战在于将项目的相关政策转化为个体积极主动的行为（Wang et al.，2017a）。离开个体的有效参与，环境管理的政策和措施往往会沦为“一纸空文”和“面子工程”（Boiral，2009），更有甚者成为“漂绿”（Green-washing）的工具（De Roeck et al.，2012）。所谓“漂绿”是指组织仅仅是象征性地制定和采取环保措施，以赢得政府和社会的信任，而实际上并未在其成员中真正贯彻所宣传的环境政策（李大元等，2015）。

由于重大工程的复杂性和环境问题的多样性（Wang et al.，2017b），项目的任务分工不可能覆盖所有的环境管理工作，因此需要项目成员在工作职责外的协调、配合与奉献。重大工程的环境管理工作不仅仅是环境部门的任务，还需要其他部门的“非常规”协作（杨剑明，2016）。“非常规”协作不包括职责权限范围内的基础支持，如行政部门协助考勤、人事部门协助培训等，而是超出传统意义上的工作范围，为达到更高管理效率而进行的跨部门合作与协调，如质量控制部门在污水池的防渗涂层出现问题时，主动联系环境管理部门对是否会污染土壤和地下水进行评估，进而根据风险大小决定是否需要提高防渗标准甚至重建。由于客观情况（如法律法规的修改）的变化而导致原始设计的环境保护设施不能达到更新的要求，则环境管理部门需要请求设计部门重新审核设计文件，进而决定是否通过调整运行参数或进行变更等措施加以弥补。当突发环境事件发生时，需要第一现场的施工管理部门或其他部门尽快采取处置措施，控制问题的扩散或恶化，并及时上报环境管理部门，为其处理事件赢得必要的时间。从本质上讲，上述“非常规”协作正是个体优秀环保意识的体现，是来自不同部门的项目成员为改善环境管理绩效所做出的积极主动的“绿色行为”。

需要注意的是，在重大工程的项目管理实践中，安全与环境保护是密不可分的重要目标（Flyvbjerg et al.，2003）。施工作业中个体的不安全行为一直是诱发安全事故的重要因素（He et al.，2016）。因此，行为研究在重大工程的安全管理领域一直受到高度重视。然而，尽管个体积极主动的“绿色行为”对于项目环境管理绩效的改善意义显著，但在重大工程的环境管理领域长期受到忽视（Wang et al.，2017a）。综上所述，如何改善个体的环保意识，并激发其参与“绿色行为”的积极性是重大工程环境管理所面临的突出现实问题。

1.1.2 理论背景

Ones 等（2012）通过对美国和欧洲大范围的跨行业调研，发现组织内只有 13%～29%的员工“绿色行为”来自职责内的工作任务分工。Boiral 等（2015）强调组织环境管理工作的成败很大程度上取决于员工自觉、自愿（非工作指派）的“绿色行为”。离开组织成员的积极参与和自觉行为，环境管理制度将变得“苍白无力”，相关措施难以执行到位，而技术手段也会“大打折扣”（Raineri et al.，2016）。

重大工程的环境管理工作也不例外，同样需要依靠项目成员的主人翁精神和奉献行为，如及时发现危险物质泄漏，避免环境污染；指出、纠正他人的环境不友好行为；积极献言献策，提出改善工作环境、防止环境事故发生的建议等（杨剑明，2016）。无论是跨部门的“非常规”协作行为，还是在部门日常工作中的自觉“绿色行为”，都蕴含一种公民精神（Sense of Citizenship），表明个体愿意在工作职责范围外为组织环境管理绩效的改善而贡献自己的力量（Boiral et al.，2012）。

环境公民行为（Environmental Citizenship Behaviors，ECB）的概念最先由 Boiral（2009）提出，是指“未被组织正式职责分工所明确的、有利于改善组织环境管理绩效的自觉、自愿行为”。ECB 是 Organ（1988）所提出的组织公民行为（Organizational Citizenship Behaviors，OCB）概念在环境领域的延伸。与 OCB 类似，ECB 包括五大维度：帮助（Helping）、包容精神（Sportsmanship）、组织忠诚（Organizational Loyalty）、个体主动性（Individual Initiative）和自我发展（Self-development），如图 1.1 所示。帮助是指组织成员或部门间的相互协助，如鼓励同事采取更多有利于环境的措施，或与其他部门协作解决环境问题等。包容精神类似于一种“自我牺牲”的态度，如为环保措施的落实愿意承担额外的工作或面对更多的问题。组织忠诚是成员对其所在组织的坚定支持，如全面贯彻组织的环境政策、积极参与组织的环境活动等。个体主动性是组织成员创造力的体现，如针对减少污染提出个人建议、分享自身经验等。自我发展是组织成员为改进环保意识或提升相关技能而进行的自主学习与知识积累。

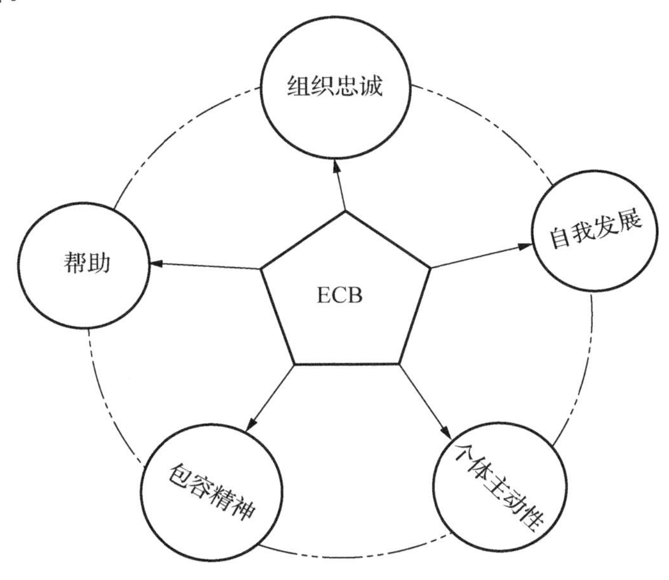

图 1.1 ECB 的五大维度框架

从个体层面看，ECB 似乎是“微不足道”的；但正如 Alt 等（2016）所强调的，当 ECB 在组织中扎根时，不断涌现出的优秀个体行为将对组织环境管理绩效的改善带来“叠加放大”效应。在强调可持续发展的背景下，重大工程的管理重心也从传统的“铁三角”（进度、质量和成本）向环境管理偏移。由于重大工程的项目体量大、施工周期长，施工阶段的统筹管理工作面临巨大挑战。由于重大工程所面临环境问题的复杂性，传统的“常规”套路，如应用绿色技术，采取环境审计和认证，实施环境管理体系（如 ISO 14000）等已经不能完全满足重大工程改进环境管理绩效的需要（Wang et al.，2017b）。自上而下环境政策（Top-down Environmental Initiatives）的有效实施需要自下而上行为（Bottom-up Behaviors）的积极配合（Alt et al.，2016）。重大工程的环境管理需要兼顾“非常规”的手段，即从增强项目成员公民精神的视角，促进 ECB 的涌现，使项目的环境管理措施真正落地。

目前，重大工程环境管理的研究侧重于项目策划和设计阶段，对于施工阶段的关注度偏低。为数不多的有关重大工程施工阶段环境管理的研究主要关注于“常规”套路，而忽略了 ECB 对于环境管理绩效改善的重要性。ECB 是组织行为学在可持续研究领域的拓展，从 2009 年的概念提出至今受到越来越多学者的关注（Boiral，2009），也得到 *Journal of Business Ethics*、*Journal of Environmental Management*、*International Journal of Human Resource Management* 等管理类国际重要期刊的青睐，但鲜有基于中国情景的研究。与西方发达国家相比，中国的市场机制尚处于不断发展的过程中。根植于独特的体制和制度，以行政为主导推动项目建设是中国重大工程的基本组织策略。受到传统儒家伦理思想的影响，中国的文化氛围强调“权本位”（权力距离）和“家天下”（集体主义）。在中国独特的政治背景和文化氛围下，ECB 的前因和结果会发生哪些变化？为回应上述问题，本研究立足于项目的施工阶段，全面剖析中国情景下 ECB 的驱动因素、管理绩效影响机制及领导策略。

1.2 研究问题与意义

1.2.1 研究问题的提出

本研究主要依托于国家自然科学基金项目“重大基础设施工程

的组织行为与模式创新研究”(项目批准号 71390523)及面上项目“重大工程组织公民行为形成动因、效能涌现及培育研究”(项目批准号 71571137)。重大工程组织是一个复杂自适应巨系统，组织系统行为复杂性是其中的重要维度(Maylor et al.，2008)。国际复杂项目管理中心(International Centre for Complex Project Management，ICCPM)在 2012 年发布的 *Complex project management: global perspectives and the strategic agenda to 2025* 中提出：传统项目管理方法中“可预见的、确定的、相对简单的和刚性规则的”模式已经无法适应复杂项目，必须提高组织适应复杂项目的能力(Hayes，2012)。换言之，按照合同约定进行建设的常规模式难以保证建设目标的实现，应充分发挥项目组织中人的主观能动性，提升人的价值(何继善，2013)，鼓励项目成员积极主动的公民行为。《国家自然科学基金“十三五”发展规划》中强调“复杂工程与复杂运营管理是管理学部优先发展的领域，具体涉及复杂工程基本理论、复杂工程组织模式、组织行为与现场管理等内容”(国家自然科学基金委员会，2016)。

随着重大工程建设的开放性、主体多元化及新技术运用等所造成的项目复杂性日益突出，中国重大工程的环境管理工作正面临一系列前所未有的严峻挑战(Zeng et al.，2015)。重大工程的建设肩负着巨大的环境责任，同时也面临着外部制度压力的监督。在上述背景下，非正式(Informal)公民行为的涌现对于重大工程正式(Formal)环境保护体系的运行及管理绩效的改善显得尤为重要。按照 Boiral(2009)的观点，ECB 是环境管理体系有效运行的“润滑剂”，在外部制度压力推动内部环境管理绩效改善的过程中发挥着中介传导作用。为激发项目成员的 ECB，重大工程的管理者需要选择合适的领导策略。综上分析，本研究所关注的问题包括以下几点。

(1) 内部驱动因素

重大工程的内部环境责任会对项目成员的ECB产生什么样的影响？

（2）外部驱动因素

重大工程所面临的外部制度压力会对项目成员的ECB产生什么样的影响？

（3）管理绩效影响机制

在外部制度压力的影响下，重大工程的环境管理绩效会发生哪些变化？而ECB在上述影响机制中发挥着什么样的作用？ECB的涌现会对重大工程的环境管理绩效带来显著影响吗？

（4）领导策略

如何激发项目成员的ECB？究竟哪种领导风格更适合ECB的培育？

1.2.2 研究的逻辑结构

投资动辄数十亿的重大工程通常由政府发起，项目组织具有高度的不确定性、复杂性及政治性等特征（Marrewijk et al.，2008）；制度理论为分析重大工程的组织运作过程提供了系统的视角。旧制度理论（Old Institutionalism）认为组织的制度结构决定其成员的行为，应重点关注组织内部成文或不成文的规定、运行机制及管理措施（Delmas et al.，2008；Peters，2010）。而新制度主义（New Institutionalism）强调组织在外部制度压力下的内化，以及组织对外部的反馈等（Powell et al.，2012）。

根据旧制度主义的启示，本书首先关注组织内部的环保规定和相应的举措，分析重大工程的环境责任实践对于项目成员ECB的影响机制。其次，基于新制度主义，将组织外部的制度环境纳入实证模型中，分析重大工程所面临的外部制度压力对于其内部成员ECB的影响机制。再次，同样基于新制度主义，进一步分析重大工程所面临的外部制度压力对其环境管理绩效的影响机制，并考虑管理层ECB的中介作用。最后，回归到旧制度主义，进一步比较分析管理层的不同领导风格对于项目成员ECB的影响机制，进而为重大工程内部环境管理体系的完善提供启示。

基于上述分析，本书 4 个核心板块及其研究的逻辑结构如图 1.2 所示，从行为内因、行为外因、行为影响到行为培育层层递进，它们分别脱胎于新、旧制度主义对于重大工程 ECB 研究的启示，属于 Wooten 等（2016）及 Delmas 等（2008）新、旧制度主义的“联姻”。

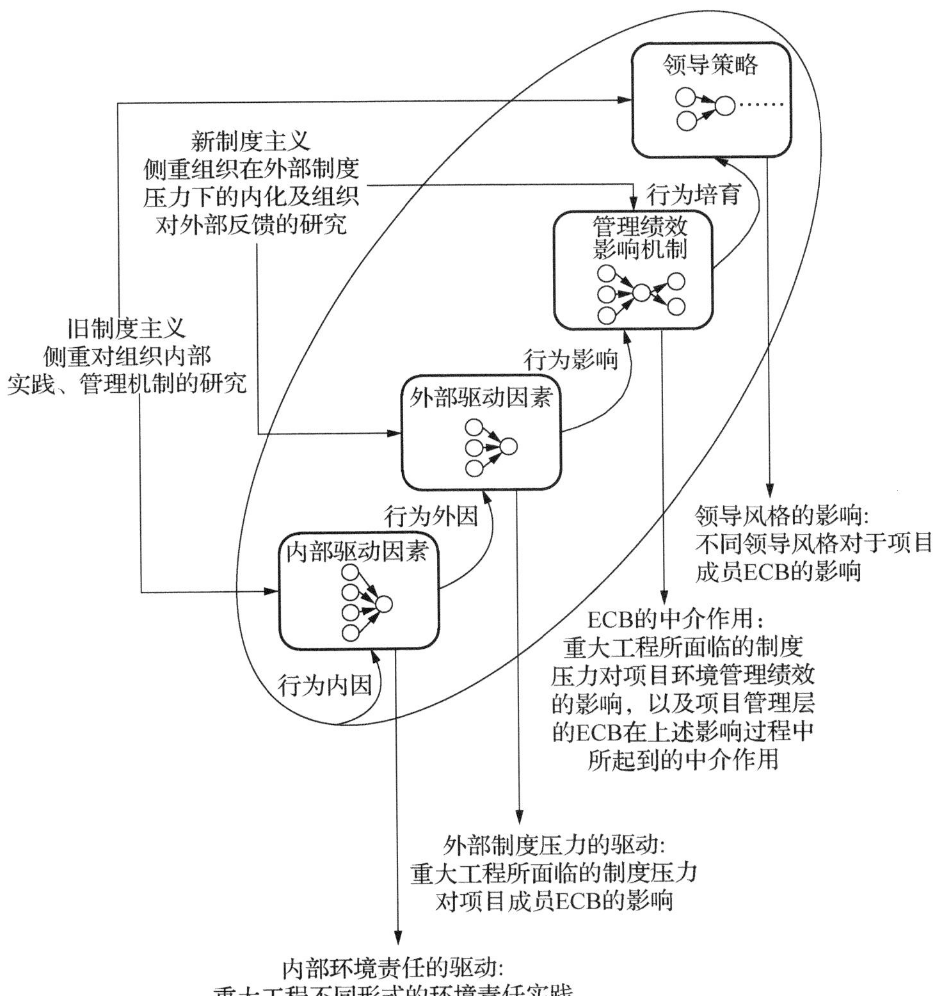

图 1.2　研究的逻辑结构

1.2.3 相关概念界定

（1）基础设施

依据 Oxford English Dictionary（2007）的注释，Infrastructure（基础设施）起源于法语，最初的含义是“操作系统的底座装置”，其词缀“Infra”意指底层，而词干“structure”具有结构物的含义。Greenwald（1982）在《经济百科全书》中提出：基础设施是对经济产出水平或生产效率有直接或间接促进作用的工程系统及服务体系，主要包括交通运输系统、电力和通信设施、金融保险体系、教育医疗体系，以及组织有序的行政体制。Niskanen（1991）进一步将基础设施分为“软硬”两类，其中“硬”性基础设施包括能源系统、给排水系统、交通系统、通信系统、环境系统、防灾系统等，也称工程性基础设施项目；而“软”性基础设施包括行政管理、教育医疗、金融保险等，也称社会性基础设施服务。本书中的“基础设施”是指工程性的基础设施项目。

（2）重大工程

广义的重大工程（Megaproject）是指投资额大、复杂性高，并且对经济、环境和社会造成长期影响的大型项目，如北京奥运会、港珠澳大桥、嫦娥探月工程等（Flyvbjerg，2014）。狭义的重大工程是指通常由政府投资的大型基础设施项目，具有资源消耗多、环境影响大及面临高度的不确定性和复杂性等特点（Wang et al.，2017a）。世界不同国家（地区）的学者及机构为界定“重大工程”提出了多样化的定义，具体如表 1-1 所示。

中国的政府机构——国家发展和改革委员会（简称国家发改委）主要依据项目审批单位的行政级别区分工程项目的重要程度。美国的联邦高速公路管理委员会（Federal Highway Administration）及欧洲的 Flyvbjerg（2014）、Davies 等（2009）、Locatelli 等（2014）则

表 1-1 不同学者和机构对于重大工程的定义

名称	时间	定义	参考来源
国家发展改革委员会	2002 年	国家出资融资的，经由国家发展改革委员会（原国家计划委员会）审批或审核后报国务院审批的建设项目	《国家重大建设项目招标投标监督暂行办法》第三条 http://www.miit.gov.cn/newweb/n1146285/n1146352/n30576841/c3553762/n3057684/c3553762/content.html
美国联邦高速公路管理委员会	2005 年	投资超过 10 亿美元的大型公共基础设施项目	https://www.fhwa.dot.gov/publications/publicroads/04jul/01.cfm
Flyvbjerg	2014 年	建设规模庞大，投资结构复杂，通常耗费 10 亿美元以上，需要数年开发建设，涉及大量公共和私人利益相关者，并能改变和影响数百万人生活的工程项目	Flyvbjerg（2014）
Davies 等	2009 年	投资超过 10 亿美元的基础设施项目，是由大量离散、常规和可重复的子单元所构成的复杂系统	Davies 等（2009）
Locatelli 等	2014 年	投资超过 5 亿欧元的大型项目，涉及发电站、油田油井、高速公路、长大桥梁、隧道、铁路、海港等基础设施门类	Locatelli 等（2014）
Hu 等	2013 年	采用国家（或地区）GDP 的 0.01%作为区分重大工程的投资门槛	Hu 等（2013）

主要依据项目的投资总额划分工程的重要性等级，但以投资总额“一刀切”区分重大与非重大工程存在明显的地域局限性。考虑到不同国家（地区）经济发展的差异性，以及通货膨胀等因素，Hu 等（2013）建议将重大工程的划分标准与项目所在地区的国内生产总值（Gross

Domestic Product，GDP）水平直接挂钩。在上述定义的基础上，陈震（2016）进一步结合中国经济发展的具体情况，将重大工程界定为项目投资[①]在10亿元人民币以上，并对社会生产、经济增长、人民生活和自然环境产生重要影响的大型基础设施工程，如上海世博会、上海迪士尼、京沪高铁、珠港澳大桥等。本书以陈震（2016a）的定义作为区分重大与非重大工程的具体操作标准。

（3）组织公民行为（OCB）

OCB的概念最初由Bateman等（1983）提出，是指不能被正式的奖励体系直接或明确识别的，但能有效提升组织管理绩效的自愿个体行为。OCB起源于工作满意度对工作绩效的作用，即组织成员由于对现有工作的满意而愿意跨越传统的组织结构给予同事协助并协同工作（Organ，1988）。尽管OCB属于一类工作角色外（Extra-role）的自觉自愿行为，但并不能完全否认其与组织奖励体系的关联。对于临时性、独特性（一次性）的项目而言，为激发项目成员的OCB，非正式（合同外）奖励手段的使用极为普遍（Braun et al.，2012）。因此，Braun等（2013）提出OCB不能忽视奖励体系的影响，但需要注意的是上述奖励并不在合同的保障范围内[②]。本书中的OCB是指不能被工程合同直接或明确识别的，但能够有效提升项目管理绩效的自愿个体行为。

（4）环境公民行为（ECB）

Boiral（2009）将OCB理论应用于环境管理领域，进一步提出环境公民行为（ECB）的概念。与OCB的定义如出一辙，ECB是指不能被正式（合同规定）的奖励体系直接或明确的识别，却能有效提升组织环境管理绩效的自愿个体行为（Boiral，2012）。同OCB类似，

① 项目投资是指项目的整体投资而非某一标段的投资额。

② Braun等（2013）在*Citizenship behavior and effectiveness in temporary organizations*一文中提出：The OCB concept does not neglect rewards entirely，but that the important issue here is that such returns not be contractually guaranteed。

ECB 本质上是一类工作角色外的利他或利组织行为。结合具体的工程背景，本书将 ECB 界定为项目成员工作（合同）职责外的，旨在改善项目环境管理绩效的一类利他或利项目的自觉自愿行为，如自觉提醒同事重视资源节约与环境保护、自愿协助同事完成文明施工及环境保护工作、积极参与项目的环境保护教育培训、关心项目的环境问题并主动提出改进意见、努力维护项目的环境形象等。

1.2.4 研究意义

（1）理论意义

本研究将企业组织领域的 ECB 概念引入重大工程情景中，并借鉴经典的 OCB 分类框架，通过专家访谈和行为事例收集，具体界定其内涵和外延，为重大工程环境管理中的组织行为研究开辟了新视角。

① 基于社会认同理论，分析重大工程情景下 ECB 的内部驱动因素。通过构建实证模型，定量刻画项目不同类型的环境责任表现对其成员 ECB 的具体影响机制，丰富重大工程社会责任和 OCB 研究的视角。

② 为回应 Boiral 等（2015）对 ECB 所提出的研究建议与展望[①]，进一步将 DiMaggio 等（1983a）所提出的制度理论引入 ECB 的外部驱动因素研究中。

③ 从 ECB 视角透视项目管理层的环境承诺（Environmental Commitment），反映其对环境问题的认识和关心程度；提出制度压力通过管理层的 ECB 传导至项目环境管理绩效的模型，为“政府–市场”二元制度情景下重大工程环境问题的治理提供依据。

---

① Boiral 等（2015）在 *Leading by example: a model of organizational citizenship behavior for the environment* 一文中强调：Future research could bridge the gap between the emergent research on organizational citizenship behaviors for the environment and the more established literature based on neo-institutional theory and environmental management。

④ 从经典的交易型与变革型领导二维视角，并结合中国情景下最为突出的文化情景因素（权力距离取向和集体主义倾向），探索ECB的领导策略，对重大工程领导力的研究进行拓展。

（2）实践意义

① ECB既是重大工程环境管理体系得以高效运转的“润滑剂”，也是促进项目环境管理绩效改善的重要“推动力”。通过对ECB的深入理解，重大工程的管理层能够更为清楚地认识到，仅仅依靠ISO 14000环境管理体系或LEED等绿色认证标准是远远不够的，过分强调技术的引入而忽视个体的参与会造成“漂绿”情况的发生，使得预期的环境管理绩效可能与实际结果大相径庭。为改进环境管理绩效，重大工程需要建立一套完整的激励措施有针对性地促进项目成员的“非常规”合作，增强其公民精神，推动优秀环保行为涌现的“常态化”。

② 投资动辄数十亿的重大工程通常由政府发起。因此，政府在重大工程中的角色也是“双重”的，既是项目实施过程中的外部监管者，也是参与项目决策与管理的业主，可能引起项目成员的行为异化，进而影响预期环境管理绩效目标的实现。因此，政府需要进一步明确在重大工程环境管理中的角色定位，通过引入环境审计加强第三方的监督力度，在运用法律法规施加强制压力的同时，需要进一步强化政策引导，从被动的纠错式管理变为主动的服务型管理，如组织区域性的重大工程环保评比活动、协助项目的环境管理部门优化问题处理方案等，增强项目成员的环保意识，从而激发其自觉的ECB。

③ 奖惩机制的不健全和专制式领导是抑制组织成员工作积极性的重要原因。指挥部是重大工程所采取的一种典型管理模式，强调以行政指令为主导。组织投入是员工投入的前提条件，交易型领

导的权变奖励是促使员工积极回报组织投入的保证。对 ECB 产生影响的不仅仅是所谓强调奉献的空洞“口号”，还包括赏罚分明的领导体系，因此提倡愿景和领导魅力的变革型领导风格的发挥需要建立在交易型领导的基础上，否则就会成为“空中楼阁”，难以对项目成员的行为起到有效的引导作用。为鼓励项目成员的 ECB，重大工程需要设置专项的奖励基金。

④ 建筑业属于劳动密集型产业，对于一线建设者而言，基层主管是其直接管理者和日常接触者。面对数量众多、岗位固定、文化水平和需求层次较低的一线建设者，基层主管的领导手段不仅是激励和交换，还需要加强个性化关怀，尤其是在中国高权力距离的文化氛围下，需要重点关注一线建设者们的能力成长及情感诉求，为其在环保知识和技能上的持续发展及交流沟通创造机会，如组织“金点子”征集、环境科普宣传月、环保培训班及交流会等活动。

1.3 研究内容、方法、技术路线及可行性

1.3.1 研究内容

本研究旨在将 ECB 研究与重大工程环境管理实践相结合，首先，从重大工程的内部环境责任实践角度分析 ECB 的动因；其次，将实证模型进一步拓展至外部制度环境，探讨不同类型制度压力对 ECB 的影响，在此基础上，进一步研究外部制度压力对于项目内部环境管理绩效的影响，以及 ECB 在其中所起的传导作用；再次，分析不同类型领导风格对 ECB 的影响，为重大工程环境管理中的“行为治理”提供理论支撑与实践依据。具体研究内容包括以下方面。

第 1 章 引言。首先，从重大工程蓬勃发展的行业趋势、重大工程施工阶段环境管理研究的匮乏性、重大工程环境管理中个体行为的重要影响、重大工程环境管理中的部门“非常规”协作等方面探

讨本研究的行业背景；其次，从环境公民研究的兴起、内涵与外延及中国情景下相关研究的“空白”等方面梳理本研究的理论背景；在此基础上提出本研究的核心问题，并进一步阐释研究的理论与实践意义；再次，介绍研究内容、方法、技术路线及可行性，并概括总结主要创新点。

第 2 章 文献综述与理论基础。本章对重大工程、ECB、社会认同理论、环境责任、社会交换理论、制度压力、环境管理绩效和领导风格的相关研究进行全面回顾与评述总结，为后续章节的研究奠定理论基础。

第 3 章 研究设计与过程。本章重点分析整体的研究设计与过程，包括质性研究与实地调研过程中的方法选择、研究问题与研究内容的关系、研究变量的选择、问卷设计与数据收集及调研对象的基本特征等内容，以清晰呈现研究的总体脉络和实施步骤。

第 4 章 重大工程环境公民行为的内部驱动因素。本章基于社会认同理论，研究重大工程的 4 类环境责任实践经过环境承诺的中介作用影响 ECB 的具体机制。具体研究内容包括：首先，通过文献回顾提出重大工程环境责任实践影响 ECB 的假设模型；其次，阐述变量测量、样本选择与程序及数据分析的工具；再次，对重大工程环境责任实践、环境承诺和 ECB 等变量进行探索性和验证性因子分析，并对比 3 类调研对象（业主、施工方和咨询方）回答的差异性；最后，运用基于偏最小二乘法（Partial Least Squares，PLS）的结构方程模型分析路径系数、验证假设，并根据实证结果提出完善重大工程环境责任实践的启示。

第 5 章 重大工程环境公民行为的外部驱动因素。本章基于社会交换理论，研究 3 类制度压力经过组织支持（Organizational Support）的中介作用进而影响 ECB 的作用机制。具体研究内容包括：首先，通过文献梳理提出外部制度压力影响 ECB 的假设模型；其次，介绍变量测量、样本选择与程序及数据分析的工具；再次，对制度压力等变量进行探索性和验证性因子分析；最后，运用 PLS 的结构方程模型分析路径系数、验证假设，并根据实证结果为政府主导的重大工程提供环境管理的政策启示。

第 6 章 重大工程环境公民行为的管理绩效影响机制。本章将项目管理层的 ECB 作为其环境承诺的替代变量，分析 3 类制度压力通过 ECB 的中介影响环境管理绩效的作用机制。具体研究内容包括：首先，通过文献综述提出研究假设和概念模型；其次，介绍研究设计思路；再次，对量表进行信度和效度的检验，并运用 PLS-SEM 进行假设研究；最后，对实证结果进行详细讨论，并在此基础上提出研究的理论意义与实践启示。

第 7 章 重大工程环境公民行为的领导策略。本章基于领导风格理论，研究交易型和变革型两类领导风格通过环境承诺的中介，以及权力距离取向和集体主义倾向的调节影响 ECB 的具体机制。具体研究内容包括：首先，通过文献回顾提出领导风格影响 ECB 的假设模型；其次，阐述问卷的设计思路、收集过程和对象，以及数据处理的工具等；再次，对变量领导风格进行探索性和验证性因子分析；最后，运用基于 PLS-SEM 和层次回归模型（Hierarchical Regression Modeling，HRM）分析路径系数、验证假设，并根据实证结果提出培育 ECB 的管理策略。

第 8 章 结论与展望。本章通过对本书结论的总结和研究进行局限性的探讨，提出未来重大工程 ECB 的研究趋势及方向。

1.3.2 研究方法

依据 Saunders 等（2009）和赵康（2009）的研究，孟晓华（2014）将规范的管理学研究归纳为 5 大层次，包括酝酿研究哲学、斟酌研究方法、确定研究战略、拟定研究进程及采用相应的数据分析方法。Saunders 等（2009）以“剥洋葱”的方式形象地表达了管理研究方法论的层次递进关系。在此基础上，白居（2016a）和孟晓华（2014）进一步结合赵康（2009）和 Yin（2013）的建议，修正和完善了管理研究方法的洋葱图，如图 1.3 所示。本书严格依照上述方法论，从外向内逐层规划研究设计，从内向外逐层展开相关研究。

（1）研究范式与逻辑

本书坚持客观事实和价值中立，致力于探讨中国重大工程实施中所涌现出的 ECB，主要涉及行为的驱动因素、中介作用与管理策略 3 方面的问题。首先，在理论框架的搭建中，以社会认同理论、社会交换理论、制度理论、领导风格理论等为基础，结合“政府–市场”二元的具体情景，开展横跨重大工程管理、公民行为和环境管理及可持续等领域的理论创新研究。其次，在识别 ECB 的过程中，遵循探索性的研究逻辑，采用归纳与演绎相结合的质性研究方法，经过理论归纳与演绎刻画行为现象的初步轮廓，重点通过多案例的文本挖掘，运用事例归纳法为廓清 ECB 提供具体的内容与实践支持。为提升初始研究的可靠性，采取专家访谈和小样本测试，对行为量表进行信度和效度检验。再次，按照所依托国家自然科学基金重大项目和面上项目的研究立项规划，在深入调研行业背景以及总结归纳相关文献的基础上，提出研究假设；并通过数据采集和分析，验证假设并获得结论。最后，把握重大工程组织理论和 ECB 研究的最新动态，对结论进行分析并归纳总结管理启示，构建中国重大工程环境管理理论的新观点。

（2）研究战略与维度

本书在研究战略上运用访谈和问卷调研法，将定性与定量相结合。在研究的时空维度上，同时体现了横向性与纵向性，如围绕 ECB

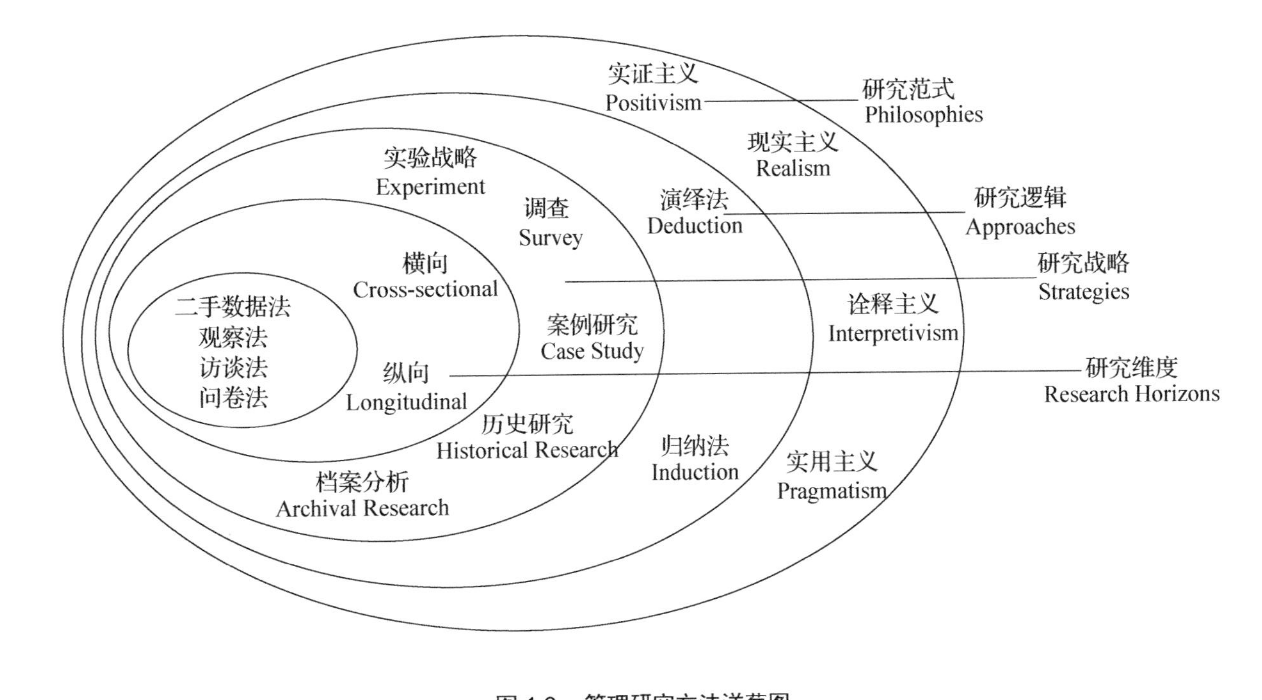

图 1.3 管理研究方法洋葱图

（参考 Saunders 等，2009；赵康，2009；Yin，2013；孟晓华，2014；白居，2016a）

的驱动因素，分别分析了重大工程内部的 4 类环境责任实践和外部的 3 类制度压力等自变量与因变量 ECB 的关系，属于横断面研究（Cross-sectional Study）；采取多阶段问卷调研的方式，在小样本测试的基础上逐步完成大样本的数据搜集，研究设计具有纵向性。

（3）数据搜集与分析工具

本书运用滚雪球抽样技术（Snowball Sampling Technique）的一手数据搜集方式，即通过应答者（Respondents）的推荐不断扩展样本总量和多样性。初始问卷调研对象的选择主要通过以下渠道实现：访谈具有丰富重大工程管理经验的项目咨询公司，联系参与重大工程管理研讨会的业界专家[①]，从上海市建设工程咨询行业协会等组织获取项目信息，在重大工程案例研究和数据中心（http://www.mpcsc.org/）和中国知网中进行检索。最终，来自不同地区并且项目特点各异的 98 项重大工程被确定为调研对象（详见附录 E），从而最大限度地保证样本数据来源的多样性和内容的代表性。围绕不同子问题，本书基于结构方程模型的实证研究方法，运用基于 PLS 的建模技术，对潜变量进行测量，估计因子结构和相关关系，比较不同的理论模型，并结合 HRM 技术对研究假设进行分析。

1.3.3 研究技术路线

技术路线是指导本研究展开文献综述、理论模型构建和实证检验的总体规划。本研究坚持客观事实和价值中立，采用实证主义的哲学思想，致力于探讨中国情景下，重大工程 ECB 的内外部驱动因素、管理绩效影响机制和领导策略，如图 1.4 所示。

---

① 国家自然科学基金重大项目“我国重大基础设施工程管理的理论、方法与应用创新研究”，自 2015—2016 年期间，分别在华中科技大学和同济大学举办了重大工程管理理论与实践的研讨会。

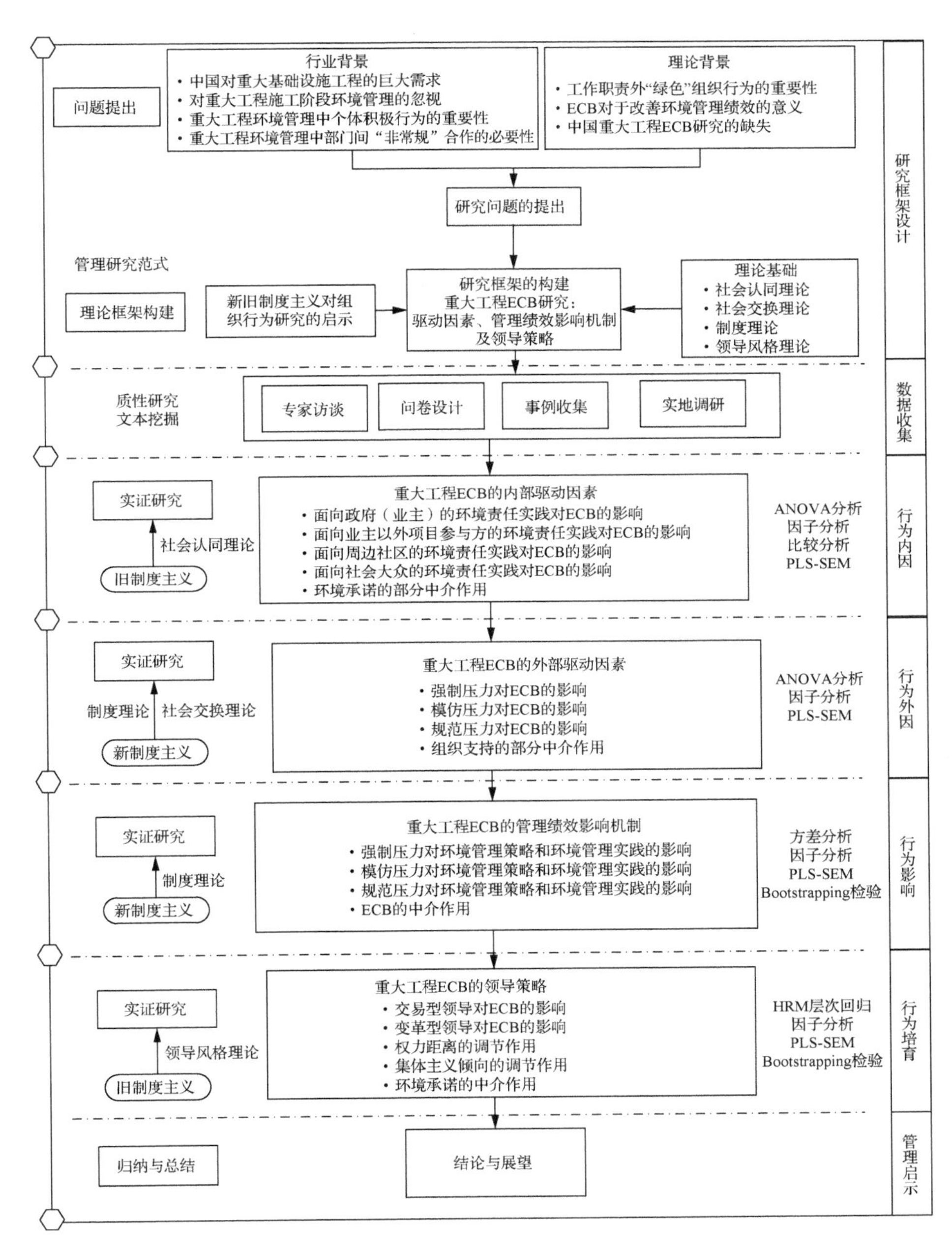

问题提出
行业背景
• 中国对重大基础设施工程的巨大需求
• 对重大工程施工阶段环境管理的忽视
• 重大工程环境管理中个体积极行为的重要性
• 重大工程环境管理中部门间“非常规”合作的必要性
理论背景
• 工作职责外“绿色”组织行为的重要性
• ECB对于改善环境管理绩效的意义
• 中国重大工程ECB研究的缺失
研究问题的提出
研究框架设计
管理研究范式
理论框架构建
新旧制度主义对组织行为研究的启示
研究框架的构建
重大工程ECB研究：
驱动因素、管理绩效影响机制及领导策略
理论基础
• 社会认同理论
• 社会交换理论
• 制度理论
• 领导风格理论
质性研究
文本挖掘
专家访谈
问卷设计
事例收集
实地调研
数据收集
实证研究
社会认同理论
旧制度主义
重大工程ECB的内部驱动因素
• 面向政府（业主）的环境责任实践对ECB的影响
• 面向业主以外项目参与方的环境责任实践对ECB的影响
• 面向周边社区的环境责任实践对ECB的影响
• 面向社会大众的环境责任实践对ECB的影响
• 环境承诺的部分中介作用
ANOVA分析
因子分析
比较分析
PLS-SEM
行为内因
实证研究
制度理论
社会交换理论
新制度主义
重大工程ECB的外部驱动因素
• 强制压力对ECB的影响
• 模仿压力对ECB的影响
• 规范压力对ECB的影响
• 组织支持的部分中介作用
ANOVA分析
因子分析
PLS-SEM
行为外因
实证研究
制度理论
新制度主义
重大工程ECB的管理绩效影响机制
• 强制压力对环境管理策略和环境管理实践的影响
• 模仿压力对环境管理策略和环境管理实践的影响
• 规范压力对环境管理策略和环境管理实践的影响
• ECB的中介作用
方差分析
因子分析
PLS-SEM
Bootstrapping检验
行为影响
实证研究
领导风格理论
旧制度主义
重大工程ECB的领导策略
• 交易型领导对ECB的影响
• 变革型领导对ECB的影响
• 权力距离的调节作用
• 集体主义倾向的调节作用
• 环境承诺的中介作用
HRM层次回归
因子分析
PLS-SEM
Bootstrapping检验
行为培育
归纳与总结
结论与展望
管理启示

图 1.4 研究技术路线

1.3.4 可行性分析

从研究的逻辑结构、方法论和技术路线可知，本书理论层面的研究安排和内在逻辑关系合理紧密，技术层面采用的是组织管理领域中较为成熟的研究方法，具有可靠性和可操作性。

① 本书具有一定的现实意义和理论价值，具备研究的必要性。

② 作者针对本书提出的研究问题进行过系统的预调研工作。围绕 ECB、OCB、社会交换理论、社会认同理论等内容，对国内外的相关文献和资料进行过较为深入的研究，获得了丰富的一手资料。

③ 作者导师长期从事大型复杂工程组织的理论研究和实践管理工作，具有较为丰富的经验积累，能够给予科学、全面的指导。

④ 作者具有较为扎实的理论功底和研究能力，参与了多项国家级和省部级纵向基金项目，以及港珠澳大桥、上海迪士尼、武汉鹦鹉洲长江大桥等项目的横向咨询课题，所从事的领域涉及重大工程管理、组织模式与组织行为、精益建设与可持续发展等，为本研究的顺利开展奠定了理论与实践基础；并以同济大学复杂工程管理研究院和国家自然科学基金重大项目为依托，具有较好的工作环境和研究条件。

1.4 研究创新点

与环境保护类似，安全生产同样也是工程项目管理的重要目标。人的不安全行为是导致施工中安全事故频发的重要原因。因此，行为研究一直是工程项目安全管理的重点研究方向。但值得注意的是，工程项目环境管理中的行为研究却极为匮乏，尚未形成系统的理论体系和分析框架。本研究首次将永久性企业组织中的 ECB 概念引入临时性的工程项目组织中，为重大工程环境管理中的行为研究提供了新的理论分析视角；并通过文献分析和访谈，对重大工程 ECB 的内涵进行界定，为后续工程管理领域与 ECB 相关的实证研究奠定了基础。本研究的主要创新点包括以下几点。

① 社会交换理论（Social Exchange Theory）和社会认同理论（Social Identity Theory）均是 OCB 研究的重要理论视角。而 ECB 是 OCB 在环境管理领域的拓展，因此上述两大理论视角均可适用。但值得注意是，在已有的有关 ECB 驱动因素的研究中，绝大部分的文献（如 Paillé et al.，2013a；Paillé et al.，2015）都是基于社会交换理论视角的。本研究并未随波逐流，而是受启发于 Newman 等（2015）有关社会责任实践与 OCB 的研究，从社会认同理论视角，审视 ECB 的内部驱动因素。重大工程的环境责任实践（Megaproject Environmental Responsibility Practices，MERP）是指重大工程为环境可持续所做出的种种努力，如引进绿色施工技术、加强施工人员的环境保护培训、减少对项目周边社区的环境影响等。已有研究将 MERP 视为整体，而其中所蕴含的假设是 MERP 能够提升项目成员的环保意识进而改善其在环境管理工作中的表现。然而，事实并非如此。“出乎意料”的实证结果对重大工程环境管理策略的制定具有新的启示。

② ECB 的研究先驱者 Boiral 等（2015）提出：已有的 ECB 文献往往关注于组织内部的环境政策与实践，而忽视了组织外部的制度环境。基于此，本研究将 3 类制度压力（强制压力、模仿压力、规范压力）纳入实证模型中，从而深入分析外部制度环境对于组织内部的环保实践及个体 ECB 的具体影响机理。Boiral 等（2015）预测制度压力能够促使组织加强环境管理方面的投入进而激发组织成员的 ECB。但实际上，来自不同利益相关者的制度压力对项目成员的 ECB 有着截然不同的影响。其中值得注意的是，来自政府部门的强制压力对 ECB 的影响并不显著。上述结论对于重新理解重大工程环境问题的治理结构并加强环境审计等第三方的监督力度具有新的参考价值。

③ 外部制度压力是组织改善环境管理实践的重要推动力。但究竟外部制度压力的影响程度如何尚存在极大争议。为探究外部制度压力对组织内部环境管理实践的具体影响（传导）机制，Zhang B 等（2015）将管理层的环境承诺作为中介变量引入实证模型中。尽管管理层的态度、价值观在环境管理的文献中受到越来越多的重视，但需要注意的是，管理层“口头”的环境承诺并不能全面反映其对环境问题的重视程度。事实上，管理层在日常工作中的行为表现（如ECB）比口头的环境承诺更具有说服力，更能有效地反映其环保意识。因此，本研究首次尝试将ECB作为环境承诺的替代变量引入实证模型中，探讨ECB在外部制度压力推动组织内部环保实践过程中的传导作用。

④ 上级的领导风格与下属的行为表现密切相关。但究竟哪类领导风格能够有效促进项目成员的ECB尚存争议。以西方文化为背景的相关实证研究表明，变革型领导比交易型领导更有效；而中国的部分学者却得出截然相反的结论。究其根源，在于文化氛围或情景的差异性。本研究首次将文化因素（权力距离取向和集体主义倾向）引入ECB的研究中，探讨交易型和变革型两类领导风格有效性的权变机制和边界条件。

1.5 本章小结

本章是全文的绪论部分，首先，从行业和理论背景出发，凝练出本研究的科学问题并界定相关概念；其次，基于新、旧制度主义的启示，构建研究的总体框架和层次结构，明确各研究子问题的逻辑关系和核心内容；再次，严格遵循管理学研究的方法论，从研究哲学、内容逻辑、研究战略、时空维度及数据搜集和分析工具5个层次逐步确定本书的研究方法，并制定技术路线；最后，概括总结本研究的主要创新点。作为本书的纲领，本章对本书的整体研究起到系统指导和顶层设计的作用。

第2章 文献综述与理论基础

本章将从研究情景（重大工程组织）、内容对象[环境公民行为（ECB）]、重要概念（环境管理绩效）和理论视角（社会认同理论、社会交换理论、制度理论、领导风格理论）4个维度层层递进，对已有文献进行梳理和述评，进而为本研究分析框架的构建及各子问题的探讨奠定理论基础。

2.1 重大工程组织研究

2.1.1 重大工程组织理论研究分类[①]

Scopus 数据库是世界最大的摘要和引文数据库，包括科学、技术、医药、社会科学及人文艺术领域的21500种期刊（Elsevier，2017）。首先，本章采用“标题/摘要/关键词”的检索方式，在 Scopus 数据库中对标题、摘要和关键词中包括 Mega Infrastructure Project、Mega Construction Project、Megaproject、Mega Project、Large Scale Project、Large Scale Engineering、Major Project、Complex Project 并含

① 2.1.1 节的内容主要参考附录论文 *Mapping the managerial areas of Building Information Modeling (BIM) using scientometric analysis*（来自 *International Journal of Project Management*，SSCI 检索期刊，）的研究方法和操作步骤，即运用文献计量学软件 CiteSpace 进行关键词共现网络的分析。

Organization、Organisation、Governance、Management 等关键词组合的文献进行全面搜索，文献类型限定为 Article 或 Review，初步筛选得到目标文献 845 篇。

其次，依据 Hu 等（2013）和 Locatelli 等（2017a）对重大工程管理领域期刊的比较分析，将目标文献的来源缩减至 *International Journal of Project Management*、*Journal of Construction Engineering and Management*、*Journal of Management in Engineering*、*International Journal of Managing Projects in Business*、*Construction Management and Economics*、*Project Management Journal*、*Engineering Construction and Architectural Management*、*International Journal of Project Organisation and Management*、*Journal of Professional Issues in Engineering Education and Practice*、*Proceedings of the Institution of Civil Engineers-Civil Engineering*、*Leadership and Management in Engineering*、*Journal of Civil Engineering and Management* 共 12 种工程项目管理领域的顶级期刊，共得到目标文献 208 篇。

最后，依据目标文献的题目和摘要，进一步剔除显著不相关的文献，共确定涉及重大工程组织的文献 152 篇。按照 He 等（2017）所提出的文献梳理思路并结合文献计量学（Scientometric）的研究方法，归纳总结重大工程组织领域的研究主题和结构脉络。如图 2.1 所示，根据关键词的共现网络结构，发现围绕重大工程组织的研究主要包括以下 3 个领域。

（1）重大工程组织模式

如图 2.1 的上部所示，与重大工程组织模式密切相关的关键词包括：Project Management、Risk Management、Contract、Societies and Institution、Joint Venture 等。组织论是项目管理学（Project Management）的母学科（丁士昭，2013），重大工程的风险管理（Risk Management）、合同（Contract）治理都与其组织模式密切相关。重

大工程的组织模式受到外部社会和制度环境（Societies and Institution）的影响与制约，其中，政府与市场是最为关键的两个影响因素。一方面，作为重大工程的发起者，政府必须起到相应的引导作用（Levitt，2011）；另一方面，市场手段在工程组织中的应用必须得到相应配套制度措施的保障（白居，2016a）。英国 Omega Centre 的 Dimitriou 等（2010）对 10 个不同国家或地区 30 项高铁、高速公路、地铁、隧道等大型基础设施工程研究后发现：制度环境要素对于项目成功起到关键作用，即需要政府层面制定措施，有效整合公共部门和私人投资主体的资源。

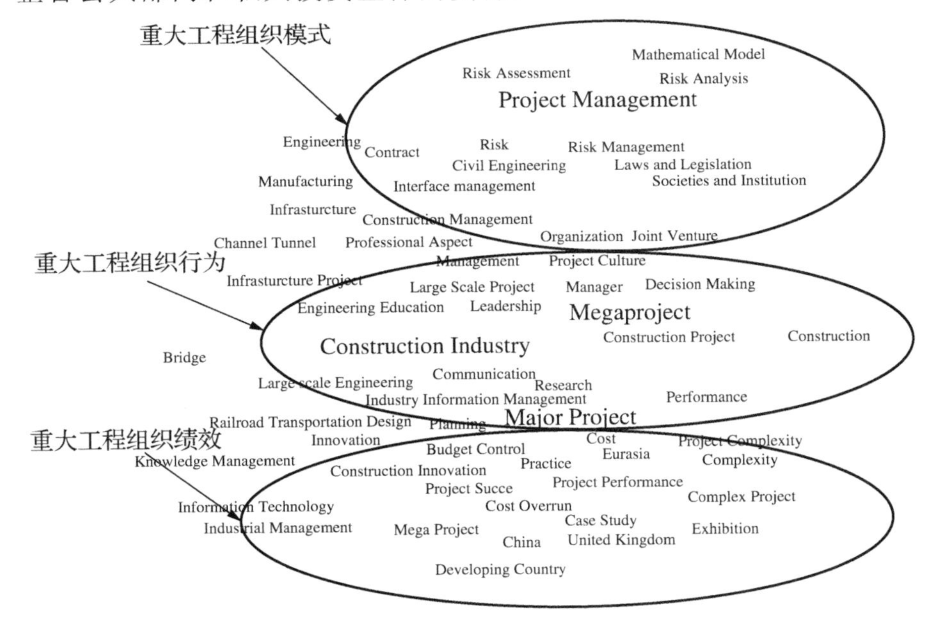

图 2.1　关键词共现网络

Biesenthal 等（2017）指出制度理论（Institutional Theory）是分析和解决重大工程组织及管理问题的重要理论工具，并在 Scott 等（2011）研究的基础上提出未来亟待解决的核心问题：①重大工程的项目成员是如何看待社会规范（Social Norms）、文化信仰（Cultural

Beliefs）和地区期望与偏好（Local Expectations and Preferences）并将其融入重大工程组织结构和流程设计的？②重大工程的制度规范是如何形成的？③重大工程的项目管理层是如何处理制度冲突（Institutional Contradictions）的？④重大工程的制度特点是什么？⑤制度环境动态性（Institutional Dynamics）是如何影响重大工程目标实现的？相同的组织模式在不同的制度环境下会出现完全不同的结果。如果组织模式与制度环境不匹配，会导致各种意外、冲突甚至失败等情况的出现（白居，2016a）。中国的学者也在不断思考政府和市场在建设工程管理领域出现的“失灵”问题，但尚缺乏对制度环境特征与重大工程组织之间关系的定量研究。

对于重大工程组织模式创新的研究是近年来的前沿与热点，如重大工程的关系（Guanxi）治理机制（Xue et al.，2016）、大型复杂工程项目的界面管理（Interface Management）模式（Ahn et al.，2016；Shokri et al.，2015）、复杂基础设施项目交付中的项目联盟（Project Alliancing）（Hietajärvi et al.，2017）、大型基础设施项目管控的组织张力（Organizational Tensions）（Szentes et al.，2015）等。

（2）重大工程组织行为

如图 2.1 的中部所示，与重大工程组织行为密切相关的关键词包括：Leadership、Manager、Decision Making、Engineering Education等。重大工程组织是一个复杂适应巨系统，其中组织行为的复杂性是不容忽视的重要维度（Maylor et al.，2008）。该领域的相关研究主要集中在以下 4 个方面：组织行为的影响、组织行为的异化、组织行为的仿真、积极组织行为的培育。对于组织行为的影响，Beringer等（2013）从利益相关者角度研究了大型项目不同阶段利益相关者行为表现的差异性，并在此基础上运用实证方法量化分析上述行为对项目成功（Project Success）的影响机制。组织行为的异化是组织行为不确定性最重要的表现，涉及腐败、越轨、合谋和违规等。乐云等（2013）从社会网络视角量化分析了政府投资项目中存在的合谋行为。在组织行为的仿真方面，Levitt 等（1999）运用基于 Agent 的建模方法研究了项目组织主体复杂交互涌现的组织行为，提出了项目组织的计算模型——虚拟设计团队（Virtual Design Team，VDT），并通过计算实验进一步评价和优化了项目的治理结构。在此基础上，Lu 等（2015）从任务和组织两大视角构建了测度项目复杂性的仿真模型——Project Sim。

组织公民行为（Organizational Citizenship Behaviors，OCB）是积极组织行为的重要体现，对于项目绩效的改善具有显著影响。Braun 等（2013）通过实证研究发现，OCB 不仅对项目"铁三角"（进度、成本、质量）的实现具有显著促进作用，同时还能改善项目成员个体的关系质量（Relationship Quality）。因此，合理制定 OCB 的培育机制成为提升重大工程组织适应能力的重要一环（He et al.，2015）。需要注意的是，除传统的"铁三角"外，环境管理绩效也是评价重大工程是否成功的重要指标，而且受到项目内外部利益相关者越来越多的关注（Zeng et al.，2015）。Wang 等（2017a）指出，如何通过培育环境公民行为（Environmental Citizenship Behaviors，ECB）改善环境管理绩效是重大工程在面临日益增加的环境责任压力时需要重点研究和解决的。

（3）重大工程组织绩效

如图 2.1 的下部所示，与重大工程组织绩效密切相关的关键词包括：Project Performance、Project Success、Budget Control、Cost、Cost Overrun 等。组织绩效是指组织对多重目标的实现程度及资源投入的产出水平，其内涵与特征是多元的，受多重因素的影响与制约（白居，2016a）。该领域的相关研究主要集中在组织绩效的影响因素、组织绩效的测度与评价等方面。

Flyvbjerg（2017）在《重大工程牛津指南》（*The Oxford Handbook*

of Megaproject Management）中提出了重大工程管理的怪圈（the Iron Law of Megaproject Management），即进度严重滞后、投资大幅超支、质量安全事故频发等问题的出现已成为重大工程的一种“常态”。因此，究竟哪些因素会制约组织绩效并影响项目成功成为学者们关注的焦点。Luo 等（2016）研究了项目复杂性的不同维度（信息、任务、技术、组织、环境、目标）对项目成功的负面影响。Olaniran 等（2015）系统梳理了导致重大工程费用超支的诱因，并提出运用混沌理论（Chaos Theory）对上述诱因的形成机制加以阐释。Lopez del Puerto 等（2013）通过多案例的横向对比研究分析了提升重大工程组织绩效的关键成功要素。对于组织绩效的测度与评价，Hu 等（2016）结合模糊综合评价分析法（Fuzzy Synthetic Evaluation Analysis）提出了重大工程组织绩效评价的新体系。White 等（2012）运用系统思维（System Thinking）构建了评价重大工程组织绩效的新模式。

2.1.2 重大工程组织的“政府–市场”二元作用

政府在重大工程建设中的角色及重要性是不可取代的（Levitt，2011）。在关系国计民生的基础设施领域，政府的支持和引导至关重要。值得注意的是，政府对资源的控制、政府的直接干预（Scott et al.，2011）等都会对工程组织模式和行为造成影响。中国重大工程的建设主要沿用管理局或指挥部等以行政指令为主导的组织模式，地方政府的“一把手”往往同时兼任指挥部的领导。该模式在推进项目进度和提高施工效率的同时也引发了一系列的行为异化问题（Li et al.，2011；Zeng et al.，2015），如权责失衡、监管缺失、盲目决策等政府失灵现象（Chang et al.，2013；Tabish et al.，2012）。而市场多元化对工程建设的组织模式、资源分配及利益相关者的风险分担均有直接影响（Kim et al.，2011）。市场手段在工程组织中的应用需要有完善的制度体系做配套，否则会出现信息不对称、公平失范、寡头垄断等市场“失灵”现象（周耀东，2008）。

在“政府–市场”二元体系的作用下，重大工程实施中组织的适应性演化及管理绩效的表现规律成为业界和学界共同关注的热门议题（白居，2016a）。Sundararajan 等（2017）提出一套能够依据项目实施情况进行动态调整的融资结构模型和绩效风险预防体系。Szentes 等（2015）强调在重大工程的管理中，需要解决 3 类组织界面的控制和弹性（Control and Flexibility）问题，即外部（External）、组织间（Intra-organizational）和组织内（Inter-organizational），以理顺政府、业主与承包商之间的关系。目前中国正处于社会、经济的深刻变革与转型期，随着重大工程建设的开放性、主体多元化及技术更新应用等所带来的工程复杂性日益突出，重大工程管理目标的实现正面临着前所未有的严峻挑战。作为开放复杂、深度不确定的巨系统，重大工程具有多层次、长周期、跨区域等显著特征，其建设战略与可持续发展对经济、社会、环境有着深远的影响（Ma et al.，2017）。Brink（2017）就如何降低复杂项目的不确定性以实现可持续发展的目标提出 UMSCoPS（Uncertainty Management for Sustainability of Complex Projects）管理模型。Walker 等（2016）以澳大利亚的大型基础设施项目为例详细分析了项目联盟（Project Alliance）形成的内外部驱动因素，涉及外部的制度环境、市场竞争，以及内部的组织文化、领导风格等。

基于以上分析，“政府–市场”二元体系对重大工程的组织变革起到了主导性作用，但尚缺乏基于中国情景的实证研究。值得注意的是，由于政府和建筑业市场对环境问题越来越敏感和关注，重大工程的管理重心也从传统的“铁三角”向环境可持续偏移。然而在此背景下，重大工程的环境管理绩效及项目管理层的日常行为表现究竟将发生哪些变化尚未可知，是亟待解决的研究问题。

2.1.3 重大工程组织领导力

重大工程多维需求的复杂性使项目的管理层面临越来越严峻的挑战（Thamhain，2013）。领导力是可以适应工作的动态变化并且能随环境变化做出应急反应的一种行为（Uhl-Bien et al.，2009）。重大工程的领导力是影响项目成败的关键因素（Sotiriou et al.，2001），对项目的组织行为（Sadeh et al.，2006）、项目绩效（Kissi et al.，2013；Scott-Young et al.，2008）及利益相关者的满意度（Andersen，2010）均产生了显著的影响。重大工程的领导力受到越来越多的重视，具体体现在知识、管理和情感 3 个方面（Müller et al.，2012；白居，2016a）。高效的项目领导者能够根据环境改变而动态调整计划，并通过领导力来指导组织行为（Pellegrinelli et al.，2007），如通过授权行为（Nauman et al.，2010）、变革型领导（Clarke，2010；Kissi et al.，2013）等新型领导力均可以有效指导组织行为，进而提升项目的绩效。关于领导力的评价，基于 LPI（Leadership Practices Inventory）的 360 度评估方法（Skipper et al.，2006）和总体项目领导角色框架（Kaulio，2008）均可以有效评估复杂项目领导行为的贡献。

有关项目领导力的研究主要涉及项目（Project）、项目群（Program）、项目组合（Portfolio）3 个层面。Müller 等（2010）分析了不同类型项目的成功经理人在知识（Intellectual）、管理（Managerial）和情感（Emotional）等方面的能力差异性。Pellegrinelli 等（2007）指出在项目群管理中，优秀的项目经理应能依据文化、制度和业务环境的变化而调整领导方式。Kissi 等（2013）提出在项目组合管理中，项目经理的变革型领导风格将有利于组织创新，进而提升组织绩效。然而上述研究并未将组织行为纳入实证分析的框架中。Robertson 等（2013）发现变革型领导风格对于组织的绿色化（Greening of Organizations）具有显著的影响，能够促进组织成员环境友好行为（Pro-environmental Behaviors）的涌现。但不同类型的项目领导风格（如交易型领导和变革型领导）对于组织行为的影响差异性尚不清晰。因此，本书基于经典的领导风格理论，重点分析交易型领导和变革型领导风格对项目成员 ECB 的影响。此外值得注意的是，本书基于领导风格理论的分析视角也是在回应 Wang 等（2017a）所提出的 ECB 研究建议[①]。

2.1.4 重大工程组织绩效

（1）重大工程组织绩效的内涵

组织绩效体现在组织运作过程中的方方面面，是评价组织未来成长与发展的核心指标（白居，2016a）。具体而言，组织绩效是组织对多重目标的实现程度和资源投入的产出水平（Sinha et al.，2000）。组织绩效的内涵与特征是多元化的，并非限于单一独特的因素，而是由多种因素累积组合而成的，除成本、质量和进度 3 个维度外，还涉及员工满意度及环境可持续等方面的指标（Lawler，2007；Kylindri et al.，2012）。组织绩效是其自身多个构成要素之间相互联系和作用的产物（Ika et al.，2012）。工程项目组织绩效受到能力、沟通、合作及协调等要素的制约（Chang et al.，2013），此外，工程项目组织目标的设定、员工的参与度、过程的控制水平也决定了组织绩效的高低（Ranasinghe et al.，2012；Tohidi，2011；Shen et al.，2010）。工程项目组织整体绩效的优化及可持续成长的前提是协调处理组织运营中的各类关系（Chinowsky et al.，2012）。白居（2016a）认为组织系统中多主体之间的协同、协调与协商对提高组织绩效起

① Wang 等（2017a）在 *Exploring the impact of megaproject environmental responsibility on organizational citizenship behaviors for the environment: a social identity perspective* 一文中提出：Future research could explore these relationships and bridge the gap between emerging ECB research and more established literature based on leadership theory (e.g., transformational and transactional leadership) and environmental management。

到关键作用。系统内各主体之间的协调可以促进系统的和谐统一，是保证组织高效运转、组织绩效提升的核心因素（Gregory et al.，2009）。Bayramoglu（2001）认为组织中的协同行为可以促进共享机制的形成，进而改进组织绩效。Kassab 等（2006）提出促进工程组织管理层协商的 GMCR（Graph Model for Conflict Resolution）II 模型，以减少组织内部冲突的发生，进而推动组织绩效的提升。

综上所述，工程项目组织绩效的研究更多关注于成本、质量、进度等传统的管理目标，而缺乏对于环境管理目标的考虑。重大工程的实施往往能够对区域生态环境造成巨大甚至是不可逆的影响，因此对于项目环境管理的关注度越来越高。此外值得注意的是，在影响组织绩效的因素中，上述研究主要关注于管理层内部的运作机制，而忽视了外部制度环境的重要影响。因此，环境管理绩效的影响因素研究，需要综合考察外部制度环境及内部管理层的态度与行为。

（2）重大工程组织绩效的形成机制与测度

作为一个复杂开放的巨系统，重大工程组织所展现出的问题空间通常都极为复杂和多变，因此建立组织绩效的关联模型对于复杂系统总体组织绩效的评估具有重要的理论价值和现实意义（白居，2016a）。关于复杂系统组织建模的研究，往往局限于特定的领域或具体的体系（Winkler，2011）。

由于单一模型难以有效应对组织绩效测度的复杂性及非线性等特点，国内外的学者开始尝试使用多层次、多级别的模型来进行组织绩效的评估，如张送保等（2006）提出复杂体系“两层四级”的组织绩效测度框架；Sowa 等（2004）从管理和流程两大维度构建了评估组织绩效的集成模型。

对于组织绩效的具体测度方法，相关研究也在不断推进。Handa 等（1996）采取竞值法对工程组织的绩效测度展开研究；Dikmen 等

（2005）运用人工神经网络和多元回归分析提出工程组织绩效测度的概念框架；Levitt 等（1999）利用虚拟设计团队（Virtual Design Team，VDT）模拟分析项目组织行为，通过控制主体特征、决策规制和环境特征进行计算实验，进而预测组织绩效。经过不断的发展完善，VDT 已经能够综合考虑任务的灵活性、复杂性、不确定性、依赖程度，以及目标不一致、文化差异等因素对组织行为和绩效的影响。组织绩效的指标不仅包括传统的工期与人力成本，还包括工程质量风险及协调、返工等隐性工作（Levitt et al.，1999；Levitt，2004）。综上分析，已有的组织绩效测度模型多聚焦于单一模型，相关方法主要针对的是一般项目的组织，而缺乏针对重大工程组织的相关研究，尤其是在强调环境可持续的背景下，在组织绩效的多维度评价方法中缺乏对于环境管理绩效的有效考量。

2.1.5　小结与评述

本节首先运用文献计量学的分析方法对重大工程组织相关的文献进行梳理，主要包括重大工程组织模式、重大工程组织行为、重大工程组织绩效 3 方面的内容；其次分析“政府–市场”二元体系作用下重大工程组织的适应性演化及绩效表现规律；再次阐述重大工程领导力的概念，归纳总结不同类型领导风格对组织绩效的影响；最后概括重大工程组织绩效的多元内涵与测度方法。在强调环境可持续的背景下，亟待形成重大工程组织的环境管理理论。

2.2　ECB 研究

ECB 的概念起源于 Bateman 等（1983）所提出的 OCB。因此，本节首先以概念的发展演进过程为主线，分别阐述 OCB 和 ECB 的内涵。在此基础上，对 ECB 的研究热点和趋势进行述评。

2.2.1 OCB的内涵及研究维度

（1）OCB的内涵

OCB是指不能被传统意义的奖励系统所直接或精确地识别，却能有效提升组织效能的自觉自愿行为（Bateman et al.，1983）。在OCB最初定义的基础上，Organ（1988）进一步指出，首先，OCB不是一种持续存在于组织中的强制工作需求；其次，OCB不是为获得个人绩效奖励，而是在完成组织目标的过程中获得自我价值的实现；最后，OCB作为一种有亲和力（Affiliative）和促进性（Promotive）的行为而显著区别于挑战性行为。挑战性行为虽然对组织长期效能有贡献，但在短期内须承受巨大的社会心理风险以完成任务目标；而OCB尽管对组织长期效能的贡献没有挑战性行为显著，但可以避免承受短期的社会心理风险。Organ（1997）认为OCB能够促进关系绩效的提升，维持和改进组织的社会与心理环境。Podsakoff等（1997）指出，OCB是组织运行的“润滑剂”，能够减少组织各个“部件”运行时的相互摩擦，提高生产效率，有效协调团队成员的工作活动，降低组织的离职率，提振团队整体士气。综上分析，OCB并不以规定的工作任务为目标，但却能够减少组织内部的冲突，进而对组织绩效产生“潜移默化”的正向影响。

Farh等（1997）在以台湾企业为样本的OCB研究中发现，中国情景下OCB中的组织认同、利他、尽责与西方OCB的公民美德、利他、尽责等维度类似；而西方的容错精神和礼貌两大维度在中国的体现并不显著，受到“和谐社会”和“家天下”文化背景的影响，中国更强调人际关系融洽和节约组织资源。在此基础上，Farh等（2004）进一步以中国大陆为样本，依据社会、组织、团队和自身4个层次对OCB的五大维度进行细化，发现国有企业中的OCB主要以沟通为导向（参与社会福利），而私营和外资企业中的OCB更强调内部效率（个体主动性、节约和保护资源）。Farh等（2004）通过分析“家庭集体主义”和“关系至上”理念对OCB的影响，以及探讨不同类型组织中公民行为表现的差异性，为中国情景下OCB的研究奠定了基础。随后，Yang等（2014）进一步研究发现，中国社会的组织文化情景强调员工对老板的忠诚，并称之为“高素质”，压抑个体兴趣强调集体兴趣。许多等（2007）认为中国情景的OCB角色泛化、人际关系对行为的影响显著，强调员工自我层面的积极主动行为，故在一般企业组织管理领域，中国情景下的OCB研究强调“集体主义”和“人际关系”的影响。

（2）OCB的研究维度及趋势

OCB的维度研究主要分为两大流派：①基于Organ（1988）的基本框架，并由Podsakoff（1990）加工整理，包括利他、礼貌、尽责、容错、公民美德五大维度；②Smith等（1983）初步将OCB分为利他和一般性服从两大维度，在此基础上，Williams等（1991）进一步将OCB明确分为面向个体的公民行为（Individual-targeted OCB，OCB-I）和面向组织的公民行为（Organization-targeted OCB，OCB-O），并指出OCB-I与利他行为对应，而OCB-O与组织服从行为对应。上述两大流派分别基于行为目标和行为受益对象对OCB进行划分。

自2000年以后，OCB的研究主要呈现以下趋势。首先，从一般的OCB向适应行业情景特色的OCB发展，如服务型组织公民行为（Bettencourt et al.，2001）、安全公民行为（Hofmann et al.，2003）、教师公民行为（Oplatka，2006）、环境公民行为（ECB）（Boiral，2009）、项目公民行为（Braun et al.，2012）、重大工程公民行为（He et al.，2015）等。其次，基于国家（或地区）特定文化情景的OCB研究亦逐步受到关注，如中国（Farh et al.，1997）、韩国（Kim，2006）、法国（Paillé，2009）、日本（Ueda，2011）、印度尼西亚（Purba et al.，

2015）等。最后，OCB 的研究从个体间的 OCB 向跨组织的个体和群体 OCB 拓展，如 Autry 等（2008）基于供应链的协作关系提出跨组织公民行为的概念。OCB 的维度划分和概念演化如表 2-1 所示（按照年份排序）。

表 2-1　OCB 的维度划分和概念演化

序号	作者	研究对象/情景	概念范围	维度
1	Smith 等（1983）	组织	利他（Altruism）和一般性服从（Generalized Compliance）	2
2	Organ（1988）	组织	利他（Altruism）、礼貌（Courtesy）、融洽（Peacemaking）、鼓励（Cheerleading）、公民美德（Civil Virtue）、尽责（Conscientiousness）、包容精神（Sportsmanship）	7
3	Podsakoff 等（1990）	组织	尽责（Conscientiousness）、包容精神（Sportsmanship）、公民美德（Civil Virtue）、礼貌（Courtesy）、利他（Altruism）	5
4	Randall 等（1990）	组织	牺牲（Sacrifice）、共享（Sharing）、态度（Presence）	3
5	Graham（1991）	组织	组织忠诚（Organizational Loyalty）、组织服从（Organizational compliance）、组织参与（Organizational Participation）	3
6	Williams（1991）	组织	针对个体的公民行为（OCB-I）和针对组织的公民行为（OCB-O）	2
7	Van Dyne 等（1994）	组织	服从（Obedience）、忠诚（Loyalty）、参与（Participation）	3
8	Podsakoff 等（1994）	组织	帮助（Helping）、公民美德（Civil Virtue）、包容精神（Sportsmanship）	3
9	Moorman 和 Blakely（1995）	组织	互助（Interpersonal Helping）、忠诚拥护（Loyalty Boosterism）、勤勉（Personal Industry）、个体主动性（Individual Initiative）	4
10	van Scotter 和 Motowidlo（1996）	组织	人际促进（Interpersonal Facilitation）、工作奉献（Job Dedication）	2

续表

序号	作者	研究对象/情景	概念范围	维度
11	Podsakoff等（1997）	组织	帮助行为（Helping Behavior）、公民美德（Civil Virtue）、包容精神（Sportsmanship）	3
12	George等（1997）	组织	帮助同事（Helping Coworkers）、传播友善（Spreading Goodwill）、积极谏言（Making Constructive Suggestions）、保护组织（Protecting the Organization）、自我发展（Developing Oneself）	5
13	Farh等（1997）	中国	企业认同（Identification with Company）、利他（Altruism）、尽责（Conscientiousness）、人际和谐（Interpersonal Harmony）、保护企业资源（Protecting Company Resources）	5
14	Podsakoff等（2000）	组织	帮助行为（Helping Behavior）、包容精神（Sportsmanship）、组织忠诚（Organizational Loyalty）、组织服从（Organizational Compliance）、个体主动性（Individual Initiative）、公民美德（Civil Virtue）、自我发展（Self-development）	7
15	Coleman等（2000）	组织	帮助与合作（Helping and Cooperating with Others）、支持和维护组织目标（Endorsing, Supporting and Defending Organizational Objectives）、遵守组织规则和程序（Following Organizational Rules and Procedures）、坚持热情和加倍努力去完成自己的任务（Persisting with Enthusiasm and Extra Effort to Complete Own Task Activities Successfully）	4
16	Bettencourt等（2001）	服务型组织	忠诚（Loyalty）、服务交付（Service Delivery）、分享（Participation）	3
17	Hannam等（2002）	组织	组织服从（Organizational Compliance）、个体主动性（Individual Initiative）、利他（Altruism）、尽责（Conscientiousness）、公民美德（Civil Virtue）	5

续表

序号	作者	研究对象/情景	概念范围	维度
18	Hofmann 等（2003）	安全	帮助（Helping）、谏言（Voice）、主人翁（Stewardship）、检举（Whistle-blowing）、公民美德（Civil Virtue）、倡导安全变革（Initiating Safety-related Change）	6
19	Farh 等（2004）	中国	主动性（Taking Initiative）、帮助同事（Helping Coworkers）、谏言（Voice）、参与集体活动（Group Activity Participation）、提升企业形象（Promoting Company Image）、自我学习（Self-training）、参与社会公益（Social Welfare Participation）、保护和节约资源（Protecting or Saving Resources）、保持工作场所整洁（Keeping Workplace Clean）、人际和谐（Interpersonal Harmony）	10
20	Organ 等（2005）	组织	帮助（Helping）、包容精神（Sportsmanship）、组织忠诚（Organizational Loyalty）、组织服从（Organizational Compliance）、个体主动性（Individual Initiative）、自我发展（Self-development）	6
21	Kim（2006）	韩国	利他（Altruism）、一般性服从（Generalized Compliance）	2
22	Oplatka（2006）	教师	学生个体（Individual Pupil）、教室（Classroom）、员工（Staff）、学校组织（School Organization）	4
23	Autry 等（2008）	跨组织	跨组织利他（Inter-organizational Altruism）、跨组织宽容（Inter-organizational Tolerance）、跨组织忠诚（Inter-organizational Loyalty）、跨组织尽责（Inter-organizational Conscientiousness）、跨组织服从（Inter-organizational Compliance）、跨组织建设性(Inter-organizational Constructiveness)、跨组织提升（Inter-organizational Advancement）	7
24	Paillé（2009）	法国	利他（Altruism）、公民美德（Civil Virtue）、包容精神（Sportsmanship）、乐于助人（Helping Others）	4

续表

序号	作者	研究对象/情景	概念范围	维度
25	Ueda（2011）	日本	帮助行为（Helping Behavior）、公民美德（Civil Virtue）、包容精神（Sportsmanship）	7
26	Boiral 等（2012）	环境	帮助（Helping）、包容精神（Sportsmanship）、组织忠诚（Organizational Loyalty）、个体主动性（Individual Initiative）、自我发展（Self-development）	4
27	Braun 等（2012）	项目组织	项目帮助行为（Project-specific Helping Behavior）、项目忠诚（Project Loyalty）、项目服从（Project Compliance）	3
28	He 等（2015）	重大工程	合作行为（Cooperation Behavior）、创新行为（Innovation Behavior）、关系维护行为（Guanxi Maintenance Behavior）、捍卫利益行为（Benefit Defense Behavior）、谏言行为（Voice Behavior）、尽责奉献行为（Conscientious & Dedication Behavior）	6
29	Purba 等（2015）	印度尼西亚	针对个体的公民行为（OCB-I） 和针对组织的公民行为（OCB-O）	2
30	陈震等（2016b）	重大工程	利他、个体主动性、项目忠诚、公民道德、人际关系和谐	5

注：内容参考陈震（2016a）整理。

2.2.2　ECB 的形成及研究发展

Boiral（2009）和 Daily 等（2009）将 OCB 的概念引入企业环境管理领域，并在 Organ 等（2005）的六维度框架基础上，进一步阐述了 ECB 的内涵及外延。随后，Boiral 等（2012）开发出 ECB 的量表，并依据 Podsakoff 等（1994）的建议，将原有的六维度框架精简为五维度，删除了与组织服从相关的内容，如表 2-2 所示。

表 2-2　ECB 的内涵

序号	维度	内涵
1	帮助（Helping）	关注环境可持续；鼓励组织其他成员重视环境保护；与其他部门或成员合作推进环保措施；协助环境部门完成相关任务
2	包容精神（或称运动员精神）（Sportsmanship）	对于环保实践导致的额外工作或不便之处保持宽容和积极的态度
3	组织忠诚（Organizational Loyalty）	坚持贯彻环境保护政策和目标；促使利益相关者关注组织的环境问题；作为组织的代表参与环境事件（如环境问题听证会等）
4	个体主动性（Individual Initiative）	积极参与环境保护活动；针对环境污染的治理提出建议或分享经验；针对可能污染环境的问题及时提出质疑
5	自我发展（Self-development）	为更好地解决环境问题，主动学习和掌握更多的知识和技能；参与环境保护和可持续方面的培训；主动获取可能对组织有利的环境信息

注：内容参考 Boiral 等（2012）整理。

因为，组织成员服从的相关环境标准、政策和程序属于工作中明确规定的要求，所以难以归入角色外的 ECB 范畴。Paillé 等（2013b）进一步将 ECB 概括为三大维度，包括环境帮助（Eco-helping）、环境参与（Eco-civic Engagement）和环境举措（Eco-initiatives）。Robertson 等（2017）运用基于对象的概念框架（Target-based Framework）对 ECB 的构念维度进行了重新界定，开发出包括自发性（Self-enacted）的 ECB、针对同事（Co-worker Focused）的 ECB 和针对组织（Organizationally Focused）的 ECB 等三个维度的新量表。Robertson 等（2017）与 Williams（1991）的思路有异曲同工之妙，都是基于行为对象进行的构念维度划分。

尽管 ECB 在企业组织中得到越来越多的重视，而且相关实证研究也在不断丰富和完善，但在临时性的重大工程组织中尚处于起步阶段。情景是影响行为的重要因素（Johns，2006）。企业属于永久性的组织（Permanent Organizations），与临时性的项目组织在管理情景上存在显著差异。在永久性组织中得到验证的研究结论在临时性组织中可能并不适用。Blatt（2008）通过以临时性知识员工（Temporary Knowledge Employees）为对象的实证研究，发现企业管理中的社会交换理论、社会认同理论、印象管理等理论均无法有效解释临时性组织成员的 OCB 动机，而且临时性组织成员的角色是时常转换的，存在边界模糊性，角色内外的行为仅是相对存在的。此外，Braun 等（2013）指出，工程项目组织的临时性会对其成员的合作行为产生负面影响。上述情景差异性决定了企业管理中有关 ECB 的研究结论不能直接用于临时性的重大工程组织中。因此，本研究尝试将 ECB 的概念引入重大工程的情景中进行全面系统的考察。

2.2.3　ECB 的研究热点与趋势

在 Boiral 等（2012）开发出 ECB 量表后，与 ECB 相关的实证研究呈现出井喷式增长，主要以社会交换理论（Social Exchange Theory，SET）和社会认同理论（Social Identification Theory，SIT）为分析框架，研究 ECB 的前因（Antecedents）与结果（Outcomes）。关于 ECB 的前因，相关研究详见表 2-3（按照年份排序）。Lamm 等（2013）分析了组织支持感（Perceived Organizational Support，POS）对 ECB 的影响，以及情感承诺在上述影响中所起的中介作用；Paillé 等（2013b）结合 SET 框架研究了环境管理实践与 ECB 的关系，以及 POS、主管支持感（Perceived Superior Support，PSS）和组织承诺在上述关系中所起的中介作用。Paillé 等（2015）同样以 SET 为理论框架，研究了组织环境政策感知（Perceived Corporate Environmental Policies，PCEP）对组织成员环境行为的影响，并进一步分析了 POS 在上述影响中所起的中介作用；类似的，Raineri 等

（2016）分析了PCEP和PSS与ECB的关系，以及组织成员环境承诺在上述关系中所起的中介作用。

表2-3 ECB的前因变量

序号	作者	前因变量
1	Daily 等（2009）	主管支持（Supervisory Support）、环境关切（Environmental Concern）、组织承诺（Organizational Commitment）、感知的企业社会绩效（Perceived Corporate Social Performance）
2	Paillé 等（2013）	组织支持感（Perceived Organizational Support）、工作满意度（Job Satisfaction）、组织承诺（Commitment to the Organization）
3	Paillé 等（2013）	环境管理实践（Environmental Management Practices）、主管支持感（Perceived Superior Support）、组织支持感（Perceived Organizational Support）、组织承诺（Organizational Commitment）
4	Lamm 等（2013）	组织支持感（Perceived Organizational Support）、情感承诺（Affective Commitment）、环境信念（Environmental Beliefs）
5	Paillé 等（2015）	组织环境政策感（Perceived Corporate Environmental Policies）、组织支持感（Perceived Organizational Support）
6	Boiral 等（2015）	环境价值观（Environmental Values）、知觉行为控制（Perceived Behavioral Control）
7	Raineri 等（2016）	组织环境政策感（Perceived Corporate Environmental Policies）、主管支持行为（Supervisory Support Behaviors）、组织成员环境承诺（Employee Environmental Commitment）
8	Boiral 等（2016）	意识阶段（Stages of Consciousness）、个体环境信念（Personal Environmental Beliefs）
9	Alt 等（2016）	组织成员参与能力（Employee Involvement Capability）
10	Montabon 等（2016）	高层管理支持（Top Management Support）、主管支持（Supervisory Support）、奖励（Reward）、正规化（Formalisation）、企业社会责任认知（Belief in Corporate Accountability）、个体自然环境观（Personal Views about the Natural Environment）、环境承诺（Commitment to Environmental Activities）
11	Wang 等（2017a）	重大工程的环境责任实践（Megaproject Environmental Responsibility）、环境承诺（Environmental Commitment）

随着对 ECB 前因研究的深入，新的分析视角和思路不断涌现。不同于上述的横向研究，Boiral 等（2016）结合发展视角（Developmental Perspective），通过两阶段的纵向研究分析了意识阶段和个体环境信念对管理层 ECB 的影响。Montabon 等（2016）从承诺理论（Commitment Theory）的视角，分析了组织层面的高层管理支持、主管支持、奖励、正规化，以及个体层面的环境信念和企业社会责任认知通过环境承诺的中介影响 ECB 的机制。Wang 等（2017）并未沿袭传统基于 SET 框架的研究思路，而是选择 SIT 作为理论分析的视角，研究了重大工程的环境责任实践对 ECB 的影响，以及环境承诺在上述影响中所起的中介作用。

关于 ECB 的结果，相关研究重点分析了组织层面（Organization-level）的 ECB 对环境管理绩效的影响，如 Boiral 等（2015）分析了管理层的 ECB 对组织环境管理绩效的影响；Alt 等（2016）从能力视角（Capability Perspective）研究了组织成员的参与能力（Employee Involvement Capability）是如何通过 ECB 的中介传导作用改善环境管理绩效的。

2.2.4 小结与述评

在强调环境可持续的背景下，组织的"绿色化"（Greening）引起国内外学者的广泛关注。除组织内正式（Formal）的环境管理体系外，越来越多的研究开始关注非正式（Informal）组织行为的积极影响。作为自觉自愿的非正式组织行为，OCB 对组织绩效的改善具有重要影响。因此，以 Boiral 为代表的学者将 OCB 引入环境管理领域，提出 ECB 的概念，从而为组织环境管理绩效的改善开辟了新的研究思路。与 ECB 相关的研究重点围绕其前因展开，即如何驱动组织成员实施 ECB，究竟哪些因素会影响组织成员的 ECB 意愿？在充分理解 ECB 前因的基础上，组织的管理层能够制定更有针对性的管理策略，使得自上而下（Top-down）的环保措施能够得到自下而上（Bottom-up）的 ECB 的积极响应。此外，围绕 ECB 结果展开的研究，主要是立足于组织层面（Organization-level），分析相关环境举措在改善环境管理绩效过程中 ECB 所起的中介传导作用。换言之，组织管理层的 ECB 是其以身作则重视环境问题的最好诠释，能够有效促进组织环保措施的落实和环境管理绩效的改善。尽管陈震（2016a）、杨德磊（2016）等学者已将 OCB 的概念引入中国重大工程的管理情景中，并逐步探索 OCB 的前因及其对工程建设管理目标实现的影响，但尚未在环境管理领域进行拓展。ECB 在重大工程环境管理领域的研究较为匮乏，尚未形成系统的知识与理论体系。既有的 ECB 研究视角涉及社会交换、社会认同等理论视角，可为本研究提供借鉴。

2.3 环境管理绩效研究

随着工业化、城镇化进程的推进，中国成为仅次于美国的第二大能源消费国（何清华等，2017）。工业企业在野蛮扩张的同时，也在不断寻求环境管理的“药方”。ISO 14000 等标准化环境管理体系被引入工业企业的日常运营中，除工业企业外，建筑业也在快速增长中寻找有效的环境管理方案。对于一个体系成熟的工业企业，环境管理工作有章可循、有据可考；而工程项目由于设计和施工过程的不确定性，初期的设施供应和基本排污条件可能不完善，工程的环境管理面临难以预计的困难和挑战（杨剑明，2016）。重大工程的施工管理界面错综复杂，而且不同施工单位管理人员的素质参差不齐，因此其环境管理工作所面临的问题显著不同于一般的中小型工程，也不是中小型工程简单叠加的结果。重大工程的环境管理需要一套完整的、系统的动态管理机制作为支撑。类似于 PDCA 循环，重大工程的环境管理体系是按照“政策规划（Plan）—资源投入和目标实施（Do）—监督检查（Check）—问题处置和改进（Action）”的运行模式建立的。

2.3.1　重大工程环境管理

（1）环境方针与目标

重大工程具有多层次、长周期、跨区域等显著特征，其建设过程对周围地区的生态环境有着深远的影响。为避免环境管理工作的盲目性，重大工程的业主首先需要设定具有前瞻性的项目环境方针和目标，预防潜在环境问题和风险的集中爆发。只有当项目指挥部（或管理局）等高层管理者达成共识时，具体的项目职能部门人员才能将环境政策逐级落实为具体的目标和行动，否则所有的宣传口号都有可能受到预算、时间或人力等制约而"空有其名"。重大工程需要将明确的环境政策和方针以项目文件的形式公之于众，以便接受项目成员、周边社区、政府、媒体的有效监督，以及第三方认证体系的审计。港珠澳大桥是投资超千亿的超大型基础设施项目。大桥管理局在项目初步设计阶段通过专家评审会的方式就海洋环境与动物的保护方针和目标达成共识，并通过引入环保厕所、成立中华白海豚保护工作领导小组、进行中华白海豚保护培训和演练、组织施工期水环境监测研究技术评审会等方式使各项环境政策落地。

（2）组织投入和团队建设

由于重大工程环境管理任务的艰巨性和复杂性，项目指挥部需要设置专项资金以在组织和人力资源管理方面加强投入，组建专业的环境团队处理环境合规、环境技术及环境事务 3 方面的工作（杨剑明，2016）。

环境合规的工作内容主要包括：①审查项目的环境评估报告；②评估现场的自然环境风险；③引入第三方审计体系或顾问团队；④为施工管理提供法律法规咨询。环境技术方面的工作主要涉及环境技术报告的编制、环境设备和设施的选择及环境数据的监测等。与上述两项工作不同，环境事务方面的工作需要的并不是环境技术方面的专家，而是具备项目运作和协调经验的管理人员，主要负责与政府环境管理部门的对接，协助环境评估报告的提交和验收、环境保护奖项和基金的申报等工作。

（3）过程控制和问题监督

重大工程的施工过程面临高度复杂的环境风险。如果环境问题或事故不能得到及时处置，其造成的影响可能是灾难性的，甚至会改变项目周边地区的自然生态环境，因此，重大工程需要建立完善的环境风险分级管理和应急处理体系，如在上海迪士尼的建设过程中，项目的环境管理团队根据环境风险由高到低分为 5 个等级：轻微风险 E1、一般风险 E2、重要风险 E3、严重风险 E4、特别严重风险 E5（其中 E 是 Environment 的缩写）。E1 类风险是指未导致环境影响的文件问题，如缺少程序或记录；E2 类风险是指环境不友好行为，如材料使用浪费、机器空转等；E3 类风险是指对环境造成较小影响的事件，如恶臭和厂界噪声超标等；E4 类风险是指可能导致严重环境问题，但可以修复的事故，如少量的危险化学品泄漏等；E5 类风险是指可能导致严重环境问题，且难以逆转的事故，如超量的危险化学品排放（泄漏）至土壤、地下水等。上海迪士尼项目的环境问题应急处理流程包括环环相扣的 7 个步骤：事故通报、初步处理和现场保护、应急联动、事故处理、原因调查、事故总结报告及经验教训的分享。重大工程的环境管理部门既要监管项目实施中的所有环境问题，又要接受政府相关职能部门（如环境保护局、环境卫生管理局、城市管理行政执法局）及媒体大众的监督。

2.3.2 环境管理绩效的内涵与维度

经济全球化带来了全球环境一体化。从 1972 年斯德哥尔摩的《联合国人类环境会议宣言》到 1997 年的《联合国气候变化框架公约的京都议定书》，再到 2015 年的《巴黎气候变化协定》，环境问题逐渐成为全球关注的焦点。环境绩效是组织解决环境问题的努力程度和表现（Wagner et al.，2001）。

有关环境绩效（Environmental Performance）的研究已经成为组织领域的研究热点。在 Google 学术中检索后发现，包含关键词 Environmental Performance 的记录高达 38 万条。围绕环境绩效的概念涌现出版本繁多的定义。依据《牛津词典》（*Oxford English Dictionary*）（2007）的注释，绩效（Performance）是指经过确认的工作效果或工作行为。围绕绩效的概念，主要形成以下 3 类观点：①是以结果为导向，强调以最终的工作效果衡量绩效的优劣；②是以过程为导向，强调以组织成员过程中的行为表现衡量绩效的优劣；③是综合型，认为绩效是过程和结果的综合体现，单从任何一方面进行评价都是片面的。

Judge 等（1998）将环境绩效界定为组织环境保护承诺的有效性（Effectiveness of an Organization's Commitment to Reach Environmental Excellence），侧重于组织环境保护过程中的努力程度，属于过程导向的定义。Elsayed（2006）将环境绩效界定为组织环保措施的结果（Results of an Organization's Responsiveness Toward the Environment），属于结果导向型定义。Trumpp 等（2015）通过系统的文献梳理，进一步综合过程和结果视角，将环境绩效的概念归纳为环境管理绩效（Environmental Management Performance）和环境实施绩效（Environmental Operation Performance）两个维度。其中环境管理绩效反映的是组织内部环境管理的过程，是环境政策（Environmental Policy）、环境目标（Environmental Objective）、环境流程（Environmental Process）、组织结构（Organizational Structure）、环境监督（Environmental Monitoring）5 个方面因素的综合体现；而环境实施绩效是指组织对外部环境造成的影响，如组织在进行生产或提供服务时产生的碳排放等，如图 2.2 所示。Tung 等（2014）对环境绩效也有类似的分类，即包括环境管理绩效和环境实施绩效两个维度。有关环境绩效的维度分类研究，以及环境管理绩效和环境实施绩效的内涵详见表 2-4。

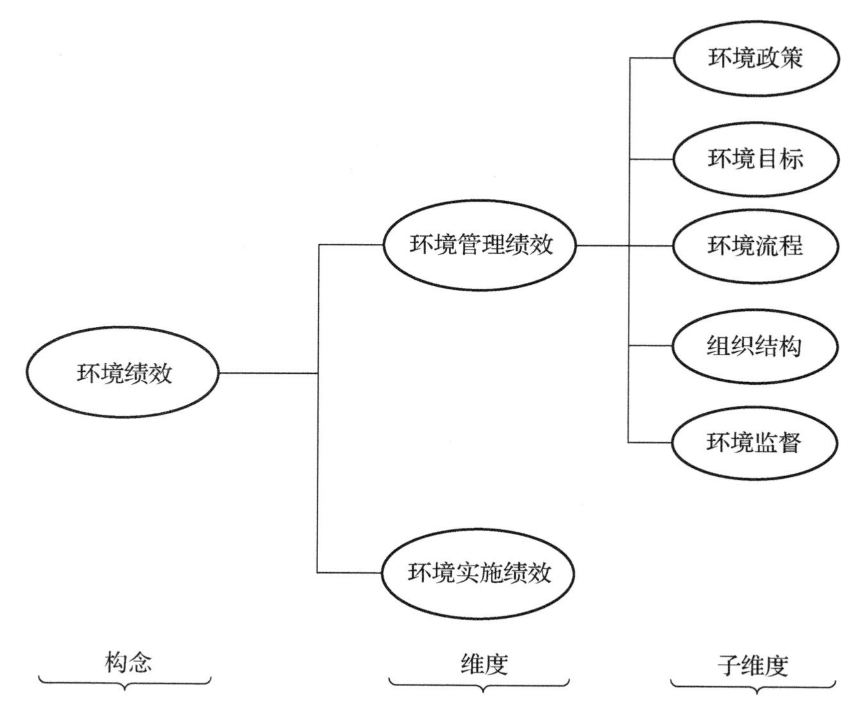

图 2.2　环境绩效的维度构成（Trumpp et al.，2015）

表 2-4　环境绩效的内涵和维度划分

序号	作者/机构	环境管理绩效	环境实施绩效	其他维度
1	Wells 等（1992）	流程改进（Process Improvement）	环境结果（Environmental Results）	客户满意（Customer Satisfaction）
2	Azzone 等（1996）	环境政策（Environmental Policy）；环境管理系统：承诺、服从、利益相关者（Environmental Management System：Commitment，Compliance，Stakeholder）	产品和服务的环境绩效（Environmental Performance of Products and Services）	对环境现状的影响（Impact on the State of the Environment）

续表

序号	作者/机构	环境管理绩效	环境实施绩效	其他维度
3	Ilinitch（1998）	组织系统（Organizational System）	环境影响（Environmental Impacts）；遵守规章制度（Regulatory Compliance）	利益相关者关系（Stakeholder Relations）
4	Rikhardsson（1998）	环境管理系统：政策、目标（Environmental Management System：Policy and Objectives）	运营（Operations）；环境影响（Environmental Impact）	产品全寿命周期分析（Products Life Cycle Analysis）；财务问题（Financial Issues）
5	Jung 等（2001）	总体环境管理：政策、目标、信息系统、审计（General Environmental Management: Policy，Objectives，Information System，Audit）；流程/运营（Process/Operation）	投入（Input）；产出（Output）	结果：财务、非财务（Outcome: Financial，Non-financial）
6	Lefebvre 等（2003）	产品全寿命周期管理（Product Life Cycle Management）；环境管理系统：依照 ISO 14001（Environmental Management System: in Line with ISO 14001）；环境研发支出（Environmental R&D Expenditures）		
7	Rao 等（2006）	环境管理（Environmental Management）	环境绩效：投入、产出（Environmental Performance: Input，Output）	
8	Xie 等（2007）	环境管理绩效：组织系统、运营对策、环境追踪（Environmental Management Performance: Organizational System，Operational Countermeasures，Environmental Tracking）	环境实施绩效：投入、产出（Environmental Operational Performance: Inputs，Outputs）	利益相关者关系（Stakeholder Relations）

续表

序号	作者/机构	环境管理绩效	环境实施绩效	其他维度
9	ISO（2004）	环境管理绩效（Environmental Management Performance）	环境实施绩效（Environmental Operational Performance）	环境条件（Environmental Condition）

注：内容参考 Trumpp 等（2015）整理。

Jung 等（2001）将环境管理绩效概括为环境管理策略（政策）和环境管理实践（运营）两个维度。而 Trumpp 等（2015）则进一步将环境管理绩效细化为以下 5 个维度：①环境政策是指组织环境保护承诺的制度体现，表明组织改善环境绩效的理念与思路，如环境管理实施大纲、环境信息披露制度等；②环境目标是指组织将纸面上的环境政策转化为实际目标行动的情况，如环境管理体系的执行情况及社会舆论和大众的具体反馈等；③环境流程是指组织进行环境管理和处理环境问题的具体过程和实施方案，如环境管理方案的论证程序、环境事故的处理预案等；④组织结构是指组织环境管理的资源调配及人员配置情况，如人力资源的投入、管理人员的组织与培训等；⑤环境监督是指组织对其内部生产流程进行严格审查和考核，以及时纠正错误并持续改进，同时接受外部的意见反馈和监督。

2.3.3 小结与述评

对于中小型工程而言，项目的空间跨度小，工期相对短，施工过程中的环境问题并不一定非常突出，因此也易于管理和控制。但对于重大工程而言，项目的空间跨度大，工期相对长，如果不引入科学、系统的管理体系，或简单复制中小型项目的环境管理模式，则难以达到预期的目标，甚至导致环境问题的失控。质量管理领域的 PDCA 循环管理体系在工程项目，尤其是重大工程的环境管理体系中得到广泛应用，主要体现预防为主、领导承诺、全员参与和持续改进的科学管理思想。但值得注意的是，重大工程在环境目标和方针上的前瞻性、组织投入和团队建设的长期性与艰巨性、过程控制和问题监督的复杂性 3 个方面显著不同于中小型工程。因此重大工程环境管理绩效的评价在项目实践中也主要围绕上述内容展开。

在全球可持续发展的背景下，环境绩效成为组织管理研究领域关注的焦点。虽然学者们对于环境绩效的具体内涵诠释有所差异，但在其维度划分上形成了较为一致的观点，即将环境绩效分为环境管理绩效和环境实施绩效两大维度。其中 Trumpp 等（2015）经过系统的文献梳理，将环境管理绩效的内涵概括为环境政策、环境目标、环境流程、组织结构及环境监督 5 个方面，并据此提出在不同行业及各类组织中广泛应用的环境管理绩效测量与评价指标体系。依据 Jung（2001）的研究，上述环境管理绩效的 5 个方面可以进一步缩减为环境管理策略和环境管理实践两个方面。为区分组织在环境管理中所想（What Organization Plans）和所做（What Organization Practices）的差异性，本书在后续研究中沿用环境管理策略和环境管理实践两大维度的分类框架，以揭示环境管理策略和实践之间“鸿沟”的形成机制。对于重大工程环境管理绩效的评价，本书主要参考 Trumpp 等（2015）的研究。

2.4 理论基础

2.4.1 社会认同理论

（1）社会认同理论的提出

群体行为一直是社会心理学研究的重要分支，而社会认同理论正是此分支中最具影响力的理论之一（张莹瑞等，2006）。社会认同理论（Social Identification Theory，SIT）是受 Tajfel（1982）社会身份理论（Social Identity Theory）的启发而创建的。SIT 认为人们会结合自己或他人在某些社会群体的成员资格（Group Membership）来建构自己或他人的身份（赵红丹，2012）。根据社会群体成员资格而建构的身份被称为社会身份（Social Identity），结合个体独特素质而建构的身份被称为个人身份（Personal Identity）（Hogg et al.，2006）。随后，Turner（1978）所提出的自我分类理论（Self-categorization Theory）是对社会认同理论的拓展和完善。自我分类理论从高到低共包括 3 个层次：①以人类一般特征定义的自我类别——人类认同（Human Identity）；②以社会群体成员资格定义的自我类别——社会认同（Social Identity）；③以人际比较为基础的自我类别——个人认同（Personal Identity）。在自我分类理论的基础上，Hogg（2000）进一步提出主观不确定性降低理论（Subjective Uncertainty Reduction Theory）。减少不确定性是社会认同的重要动机。对世界的确定性感觉是人类最基本的需要之一。主观确定性能够提供人存在的意义，从而使个体努力降低其在社会生活及日常工作中的主观不确定性（雷开春，2011）。从社会身份理论、自我分类理论到主观不确定性降低理论，社会认同理论在上述 3 个阶段的发展过程中不断完善和进步。

（2）社会认同理论的内涵

社会认同的概念来源于心理学，心理学家 Tajfel（1978）最先对其内涵进行了明确界定，即个体认识到他（或她）属于特定的社会群体，同时也认识到作为群体成员带给他（或她）的情感和价值意义。上述概念共涉及两层含义：①个体对社会群体的知觉与自己归属的认识；②在知觉与认识后，个体会将社会群体与自我相连，使得该群体的知觉成为自我的一部分（赵红丹，2012）。

Tajfel 等（1986）详细区分了个体认同与社会认同，指出个体认同是对个体具体特点的自我描述，是个体特有的自我参照；而社会认同是由一个社会类别全体成员得出的自我描述。基于社会学视角，社会认同可以视为一个社会成员所共同拥有的信仰、价值和行动取向的集中体现。社会认同本质上属于一种集体观念，是群体增强内聚力的价值基础（李友梅，2007）。美国社会学家科尔曼（1990）将社会认同分为 7 类：对直接亲属的认同、对国家的认同、对雇主的认同、对主人的认同、对势力强大征服者的认同、对社区的认同及法人行动者对其他行动者的认同。

综上所述，无论是心理学还是社会学，都将社会认同作为群体成员的自我概念（Self-concept），能够对个体在群体内的感知、态度和行为产生显著影响。当个体对自我在群体方面的考虑越多，则对群体的认同感越强，相应地其态度和行为受群体成员资格的影响程度越高。

（3）社会认同理论的动机

个体在选择群体成员资格来建立社会身份时，会以一定的心理动机为基础，已有研究主要集中于提高自尊、提高认知安全感、满足归属感与个性需要、寻找存在的意义 4 个方面。当上述动机被激发后，个体相应的社会认同过程也随即启动（赵红丹，2012）。

① 提高自尊。

Tajfel（1982）认为个体建立社会身份的初衷是想借助群体的声誉和地位来提高自尊。首先，社会认同与社会比较有极为密切的联系。人们会评价和比较不同群体的优势和劣势、社会地位和声誉，争取使自己加入条件优越的群体，并以此认为自己具有群体一般成员的良好特征。其次，当个体认同的社会身份受到攻击时，人们会在思想或行动上捍卫群体的声誉。最后，当弱势群体的成员感受到其所属群体在声望和权势上都比不过其他群体时，为维护自尊会采取多种应对手段，其中包括模仿强势群体或离弃所属群体等（Abrams et al.，2006）。

② 提高认知安全感。

个体除通过社会认同提高自尊外，也希望在此基础上提高社会生活中的认知安全感（赵红丹，2012）。因为，社会认同有助于个体清楚地认识自己，了解自己所在群体的特征，以及与其他群体成员的差异性。通过上述认知，个体可以在社会生活中依据每个人的社会身份预测其行为，并懂得如何与其交往（Abrams et al.，1999）。综上所述，社会认同能够赋予人们在社会认知上的安全感（Epistemic Security）。

③ 满足归属感与个性需要。

在社会生活中，人们一方面希望保持个性，另一方面想要通过依附群体而获得归属感。当人们认同某个群体时，会觉得自己属于该群体。群体的成员越多，便会觉得志同道合的人越多，归属感也越强。具体而言，当保持个性的需求越大，或满足归属感的需求越小时，人们倾向于认同较为排外或成员较少的群体（Brewer，1991）。此外，满足归属感或保存个性的需要与外部环境密切相关，当人们觉得有能力影响和改变社会制度时，便会重视自己的权利主张，保持个性的需要更强。

④ 寻找存在的意义。

社会认同背后的动机还包括寻找存在的意义及疏解对死亡的恐惧（赵红丹，2012）。通常，个体在面对死亡时会感到一种恐惧（Terror），但是若能相信死后仍可以活在自己所认同群体的记忆中，上述恐惧感便能够暂时得到疏解（Solomon et al.，1991）。因此，在联想到死亡时，人们便会更加认同自己的社会身份，偏袒自己所认同的群体，歧视其他群体。

（4）社会认同的过程

Tajfel（1978）指出，社会认同的基本过程主要包括社会分类和社会比较。其中，社会分类是一个基本的认知过程。在社会分类中，人们首先确认各类群体的成员资格标准，然后将一些相互关联的个体定义为同一群体的成员，从而引导人们形成对各类群体组成特征的认识。人们通过了解自己所属的群体来认识自己，并通过参考自己所属群体的规范来确定自己的适当行为。在 Tajfel 研究成果的基础上，Turner（2010）进一步提出了自我分类理论。该理论认为：个体为更好地了解社会，将社会中的人划分为不同的种类（如内群体和外群体）。值得注意的是，当个体进行分类时，会将自我也纳入其中，即将符合内群体的特征赋予自我，以上就属于一种自我分类的过程。

社会比较使社会分类过程的意义更明显，通过积极区分满足个体获得自尊的需要（张莹瑞，2006）。具体而言，社会比较是人们为了评估自己而与其他类似个体进行比较的过程，即通过社会分类过程得出分类的清晰性与意义，以及通过积极区别性原则满足个体的自尊动机。因此，人们通过在群体中将自己与他人比较而获得自尊，也通过将自己视为一个有声誉群体的一员而看到自己的光辉（赵红丹，2012）。同时，人们在进行比较时还倾向于在一些维度上放大群体间的差异性，使自己所属的群体更易于获得积极的评价。上述结果是一种不对称的评价行为，偏向于认同自己所属的群体。

（5）社会认同的应用

社会认同理论在心理学和组织行为学等领域得到广泛应用，其中最具代表性的是组织认同理论的发展。组织认同（Organizational Identification）是在社会认同（Social Identity）概念的基础上发展而来的。Ashforth 等（1989）从认知特性视角将组织认同定义为：与组织一致或从属于组织的感知。而 O’Reilly 等（1986）从情感特性视角将组织认同定义为：个体作为组织成员的归属感、自豪感及对组织的忠诚。虽然对组织认同的定义视角不同，但都揭示出组织认同是从组织层面折射出的成员自我，反映的是成员自我概念（Self-concept）与组织之间的关系（宝贡敏，2006）。

组织认同的前因引起学者们的广泛关注，相关研究主要包括个体特性、组织特性和环境特性 3 大类，其中组织特性又包括社会责任形象、组织氛围、工作特性和文化特征等，如 Albert 等（2000）认为组织特性有利于组织区别于其他组织，进而赋予其成员更为突出的自我定义。Smidts 等（2001）发现组织沟通氛围显著影响组织认同。Kim 等（2010）指出组织的社会责任形象并未对其成员的组织认同产生直接影响，而是通过改变成员的外在自豪感（Perceived External Prestige）间接地影响组织认同和承诺。

关于组织认同的结果变量，相关研究可以分为内部整合和外部适应两个方面（魏钧等，2007）。其中，内部整合是指组织对内部的同化整合（Identification Aggregation），外部适应是指组织根据外部情况产生的适应性组织认同（Situated Identification）。从内部整合的角度审视，组织认同会显著激发团队成员的 OCB，增强其合作意愿、工作满意度和团队凝聚力（Dick et al.，2006；Der Vegt et al.，2003；Christ et al.，2003）；而从外部适应角度分析，组织认同会对其成员的组织承诺有显著的正向影响（Riketta et al.，2005；Cole et al.，2006）。

（6）小结与述评

社会认同理论起源于社会身份理论，并在 OCB 的研究中得到广泛应用。Newman 等（2015）基于社会认同理论研究了组织的社会责任（Corporate Social Responsibility，CSR）实践对其成员 OCB 的影响，发现针对不同利益相关者的 CSR 实践对 OCB 的影响截然不同。但围绕 ECB，却鲜有基于社会认同理论视角的实证研究。Hofman 等（2014）同样从社会认同理论视角研究了组织的 CSR 实践对其成员组织承诺（Organizational Commitment）的影响，发现针对组织外部利益相关者（政府、客户、社会公众）的 CSR 实践对组织承诺的影响并不显著，而针对组织内部利益相关者（员工）的 CSR 实践对组织承诺具有显著的影响。

上述两项研究揭示，组织的 CSR 实践对其成员的 OCB 具有重要的影响，但并不能一概而论；正如 Daily 等（2009）所推测的，组织承诺在 CSR 实践对 ECB 的影响中发挥着重要的中介作用。然而值得注意的是，在 ECB 的前因研究中，组织的环境社会责任实践往往被作为单一维度的变量进行考察，而忽视了针对不同利益相关者的环境社会责任实践对公民行为影响的差异性。并且 Daily 等（2009）从社会认同理论视角提出的概念模型尚未得到有效验证。上述问题均是未来 ECB 前因研究中需要重点解决的问题。

2.4.2 社会交换理论

20 世纪 50 年代中后期，美国国内社会矛盾日益激化，功能主义理论（Functional Theory）的局限性不断暴露，强调个性发展的观点逐渐成为主流，而仅把人视为团队组成部分的观点被遗弃。在此背景下，强调个体行为的社会交换理论登上历史舞台，并在组织行为领域得到广泛推广，其中以 Homans（1958）的行为主义交换（Exchange Behaviorism）、Thibaut 等（1959）的交换结果矩阵（Exchange Outcome Matrix）、Blau（1964）的交换结构主义（Exchange Structuralism）和 Emerson（1972）的交换网络（Exchange Network）最具代表性。

Homans 的基本观点与经济学中的理性人假设类似，认为个体在任何活动中都是追求最大利益和最小成本的（贾波，2012）。Homans（1958）指出个体的社会行动包括以下基本命题：①成功命题（某类行为在受到正向强化与激励后，个体倾向于采取此类行为）；②刺激命题（如果某种刺激总是与特定的行为共同出现，则相似的刺激就会导致相同的行为）；③价值命题（某类行为对个体的价值越大，则个体越有可能采取此类行为）；④剥夺-满足命题（如果个体总是能够得到某种报酬，则该报酬对个体的吸引力越小）；⑤攻击-赞同命题（如果某类行为未能带来预期的奖励或招致始料未及的惩罚，则个体会被激怒而采取攻击行为；反之，则可能会强化受到奖励的行为或弱化未受惩罚的行为）；⑥理性命题（个体面临选择时，会采取成本最小而利益最大的行为）。

Blau（1964）以 Homans 的研究为基础，从更加宏观的视角对社会交换进行系统研究，提出结构主义交换理论。Blau 认为社会交换关系包括个体之间的关系、个体与群体之间的关系、伙伴群体关系、对抗力量之间的冲突与合作、社区成员之间的联系等。在上述关系中，交换之所以能够维系，是因为每种社会关系中的主体都在与其他主体的交往中得到所需要的利益。

Blau 将社会交换中主体得到的利益分为内在性利益和外在性利益两大类（贾波，2012）。内在性利益是指从社会交换关系本身得到的利益，如关怀、忠诚、价值认同、存在感等内在感受；外在性利益是指从社会交往关系之外得到的利益，如工资、福利等外在物质。根据交换性质的不同，Blau 进一步将社会交换分为 3 种形式：①基于内在性利益的社会交换，相关行动者更注重社会交换关系中的内在感受；②基于外在性利益的社会交换，相关行动者更关注物质方面的获取，并将外在性利益作为选择交换伙伴的衡量标准；③混合型社会交换，既包括内在性利益交换，也包括外在性利益交换。混合型社会交换使行动者之间更易于建立长久的交换关系。

（1）社会交换理论的基本假设

社会交换理论（Social Exchange Theory，SET）来源于社会学家对古典经济学功利主义（Utilitarianism）假设的借鉴和修正（Turner，1978）。与功利主义的假设相比，社会交换理论更贴近真实的社会生活（周晓虹，2002）。人们在社会生活中进行物质和非物质资源的交换，旨在获得更多的交换收益，并通过社会交换行为建立和维持社会关系。社会交换理论认为：人们的一切行为都由能带来奖励和报酬的交换活动所支配，其基本假设体现在以下方面（赵红丹，2012）。

① 人并不像功利主义所描述的那样追求利润最大化，但是会在社会交易中努力获取利润。

② 人并非是纯粹理性的，但是会在社会交易中核算成本和收益。

③ 人并不掌握有关备选方案的全部信息，但是至少会关注部分可选方案，以此形成衡量成本与收益的基础。

④ 人通常在约束下行动，但仍然会在交易中为追求利益而相互竞争。

⑤ 人往往在交易中追求利益，但真正进入交换联系时，会受到其所掌握资源的约束。

⑥ 人确实在明确界定的市场中从事经济交易，但本质上以上交易仅仅是在所有社会脉络中发生于个体之间的、更为一般意义交换关系的特例。

⑦ 人确实在交易中追逐物质性的目的，但同时也交换非物质性的资源，如情感、服务和符号等。

（2）社会交换理论的基本原则

Blau 在综合功能主义、冲突理论（Conflict Theory）、符号互动理论（Symbolic Interaction Theory）和 Homans 的微观社会交换理论的基础上概括总结出社会交换理论的 5 大基本原则（赵红丹，2012）。

① 理性原则（Rationality Principle）。

理性原则认为社会交换是一种以换取回报为目标的行动。因此，参与交换过程的行动者与精打细算的“理性经济人”模型有着高度的相似性，两者均按照“行动=价值×可能性”的公式从事交换活动。

② 互惠原则（Reciprocity Principle）。

互惠原则认为互惠是社会交换的“启动机制”，因此，人们之间交换的报酬越多，就越有可能产生互惠义务并以此支配后续的交换。当其中一方破坏或违反互惠规范时，社会交换过程也就自行终止，甚至会导致冲突。具体行为模式如表 2-5 所示。

表 2-5　互惠原则下的行为模式

回报	结果	行为模式
自己：报酬（R）−成本（C）	结果（O）＞0	行为继续
	结果（O）＜0	行为终止
他人：报酬（R′）−成本（C′）	结果（O′）＞0	行为继续
	结果（O′）＜0	行为终止

注：R (Return)=报酬；C (Cost)=成本；O (Outcome)=结果。内容参考赵红丹（2012）整理。

③ 公平原则（Justice Principle）。

公平原则认为人们在社会交往中，都要对成本与报酬、投资与利润的具体分配比例做出估计。人们建立的交换关系越多，就越可能受到公平交换规范的制约；在社会交换中，越是不能实现公平规范，被剥夺者就越会倾向于消极地制裁违背规范的人，具体行为模式如表 2-6 所示。

表 2-6　公平原则下的行为模式

条件	结果
R/C> R′/C′	愿意继续交往，会感到内疚
R/C= R′/C′	愿意继续交往，会认为公平
R/C< R′/C′	不愿意继续交往，会感到失望、愤怒

注：自己的回报：R/C；他人的回报：R′/C′。内容参考赵红丹（2012）整理。

④ 边际效用原则（Marginal Utility Principle）。

边际效用原则认为人们在社会交换中，新增的某类行为得到满意度或价值的增量越小，则此类行为的边际效用越小，人们越不可能从事该行为。

⑤ 不均衡原则（Imbalance Principle）。

不平衡原则认为在社会单元中，某些交换关系越是稳定和均衡，其他交换关系就可能变得越不稳定和不均衡。

（3）社会交换理论的应用

社会交换理论历经半个世纪的实践检验，已在社会学、经济学、心理学和行为学等领域广泛应用。近20年来，社会交换理论更是成为组织行为领域最具影响力的理论基础之一，并催生出一大批的研究成果。其中最具代表性的研究成果体现在组织中的两类典型交换形式上：员工与所在组织之间的交换——组织支持感（Perceived Organizational Support，POS）及员工与上级的交换——领导–下属交换（Leader-member Exchange，LMX）。

① 组织支持感。

在传统的组织行为学研究中，学者们主要是从员工的需要、动机、承诺和忠诚等角度探讨组织与员工的关系。20世纪80年代中期，Eisenberger等（1986）提出一种与之相对的思想——组织对员工的支持和承诺，即所谓的组织支持感。具体而言，组织支持感是指员工对组织如何看待他们的贡献，并关心其利益的一种知觉和看法（赵红丹，2012）。基于社会交换理论，当员工感受到来自组织方面的支持时，会受到鼓舞和激励并产生回报义务，从而在工作中有好的表现。

组织支持感的概念自提出以来受到国内外学者们的高度关注，始终是组织行为领域的研究热点（陈建安等，2017；詹小慧等，2016；陈振明等，2016；颜爱民等，2016；Kurtessis et al.，2017；Wang et al.，2017；Zhong et al.，2016；Kim et al.，2016）。在组织支持感的前因变量上，已有研究主要聚焦于人力资源实践、心理契约、程序公平、主管支持、组织奖励等方面（Mayes et al.，2017；Coyle-Shapiro et al.，2005；Ambrose et al.，2003；Shanock et al.，2006；Wayne et al.，2002）。

在组织支持感的结果变量上，已有研究主要聚焦于组织支持感促进员工的组织承诺和工作绩效（Shanock et al.，2006；Chiang et al.，2012；Riggle et al.，2009；Hochwarter et al.，2003），激发其角色外的积极行为，如OCB、ECB（Chen et al.，2009；Paillé et al.，2013b），以及减少消极态度和行为，如离职倾向、退缩行为（Loi et al.，2006；Eder et al.，2008）。

② 领导–下属交换（LMX）。

围绕领导–下属交换的研究始于 1975 年，最初是针对新员工的社会化研究，结果表明领导对新员工角色的关注对于其职业初期的发展至关重要（Dansereau et al.，1975）。Graen 等（1995）通过多维尺度的文献分析将 LMX 研究 25 余年的发展历程归纳为 4 个阶段：发现领导者在工作群体内对待下属的方式是存在差异的，将领导–下属的关系单元切割为一对一的垂直对子（Vertical Dyad Linkage）；分析 LMX 关系的特点及其对组织所带来的影响；研究对子关系的构建过程；从群体（Group）或网络（Network）层次研究 LMX 关系。由于领导对待下属方式的差异性，在组织成员的集合中，往往包括小部分高质量的交换关系（圈内成员之间），和大部分低质量的交换关系（圈外成员和圈内成员之间）。Liden 等（1997）进一步指出，LMX 通常表现为两种完全不同的状态，一种是发生在领导与下属之间的、不超出工作合同要求范围的经济性或合同性交换；另一种则是发生在领导与其下属之间的、超出工作合同要求范围之外的社会性交换。第二种交换关系是建立在领导与下属之间相互理解、相互信任的基础上（赵红丹，2012）。LMX 与 OCB 的关系就建立在第二种社会性交换的基础上。

Wang 等（2005）研究了变革型领导通过 LMX 的中介进而影响员工角色内绩效和角色外公民行为的机制。尽管社会交换理论在 ECB 的研究中得到了广泛应用，但实质上主要是围绕组织支持感展开的，尚缺乏结合领导风格和 LMX 理论的研究。此外，值得注意的是，围绕特定管理情景展开的有关领导风格和 OCB 关系的研究不断涌现，如 Cha 等（2017）分析了 LMX 在餐饮行业对一线员工服务导向型组织公民行为（Service-oriented Organizational Citizenship Behavior）的影响。虽然重大工程情景下的公民行为研究受到越来越多的重视（陈震，2016a），但针对领导风格和 ECB 关系的研究尚属空白，还难以从社会交换理论层面解释 ECB 的形成机制。

（4）小结与述评

起源于古典经济学“理性人假设”的社会交换理论在研究组织成员的角色外行为（Extra-role Behaviors）中发挥了重要作用。Paillé 等（2014b）指出当成员感受到其所在组织将绿色化（Becoming Greener）作为重要的管理目标，并且组织努力发展并维持与自己的良好关系时，其会依据互惠原则更多表现出自觉、自愿的环境保护行为（Pro-environmental Behaviors），以回报组织。社会交换理论是 ECB 前因研究的重要理论基础，其中，反映组织与其成员交换关系的两大变量——组织支持感和上级主管支持感在 ECB 的研究中得到了广泛应用。Paillé 等（2015）分析了组织的环境政策通过组织支持感的中介传导进而影响其成员 ECB 的机制。而 Raineri 等（2016）研究了组织环境政策和上级主管支持对组织成员 ECB 的影响。

然而值得注意的是，上述研究仅仅关注到组织内部的环境政策，尚缺乏对组织外部制度环境的考量。实际上，组织所面临的外部制度环境会对其内部的社会交换关系产生重要的影响，但在 ECB 领域此类研究依然匮乏（Boiral et al.，2015），因此，外部制度环境对组织成员 ECB 的影响机制是亟待研究的问题。此外，Braun 等（2013）也曾提到社会交换理论中的互惠关系（Reciprocal Relationship）对于临时性项目组织中公民行为的影响。由于项目组织的临时性，互惠关系难以长期维系，随着工程项目的结束，互惠的伙伴关系也告一段落。因此，在临时性的重大工程情景中，从基于社会交换理论的互惠原则出发研究 ECB 的前因，可能会得到不同的结论。

2.4.3　制度理论

制度理论的相关思想可以追溯至 19 世纪中期，最初是将组织作为一种由参与者的特征和承诺反映所形成的适应性工具，强调制度化是循序渐进的过程，主要关注于组织内部的惯例和氛围（Selznick，1996），即所谓的“旧制度主义”。而制度理论架构的发展和成熟则始于20世纪中后期，将组织视为外部制度因素、规则和信念的集合，主要关注于组织外部的制度压力（Meyer et al.，1977），即所谓的“新制度主义”。在新制度主义中，组织追求合法性（Legitimacy）的过程被称为同构化（Isomorphism），而在同构化过程中起到重要影响的各类制度压力被称为同构化压力（Isomorphic Pressures）。

DiMaggio等（1983a）在《关于铁笼的再思考：组织场域下的制度同构和集体理性》中发展并奠定了新制度主义的理论基础，将同构化压力具体分为3类：强制压力、模仿压力和规范压力。Scott（2012）以此为基础，提出了3类同构化过程的潜在制度秩序，即新制度主义的3大要素或支柱：规制（Regulation）、规范（Norm）和文化-认知（Culture-cognition），以上3大要素本质上支持着不同的制度秩序，提供主张“合法性”的不同理由，涉及法律批准、道德授权和文化支持。

文化–认知要素是制度形成的基础。在形成潜在制度逻辑体系和假定前提的过程中，文化–认知不仅是信念的基础，同时也为规范和准则提供支持（谢鹏，2016）。与软性的文化–认知和规范要素相比，规制要素更加肤浅和表面化，并且更容易被操控（Evans，2004）。根据新制度主义，制度同构的结果就是实现组织的合法性。与制度的3大要素对应，合法性同样分为3类：实用合法性（Pragmatic Legitimacy）、道德合法性（Moral Legitimacy）和认知合法性（Cognitive Legitimacy）。①实用合法性是组织对其成员切身利益的考虑，既包括组织与其成员的直接交换，也包括政治、经济和社会等多重因素的相互制约与依赖。②道德合法性是对组织及其相关活动的规范性评价。与实用合法性不同，道德合法性是面向整个社会的，并不取决于组织的相关活动是否使其成员受益，更在于该活动是否做了正确的事情，反映的是一种社会福利价值观。道德合法性体现的是亲社会的逻辑，与狭隘的自利视角完全不同（谢鹏，2016）。③认知合法性主要基于理所应当的文化，反映的是认知的一致性和固定性。制度的 3 个要素、同构作用与合法性机制之间的对应关系如表 2-7 所示。

表 2-7　制度的构成要素

维度	规制性要素	规范性要素	文化–认知要素
构成基础	权宜应对	社会责任	共同理解
扩散机制	强制同构	规范同构	模仿同构
系列指标	规制、法律、奖惩	合格证明、资格认证	共同信念、共同行动逻辑
合法性机制	法律制裁	道德支配	文化支持

注：内容参考杨德磊（2016）及 Scott（2012）整理。

上述 3 类合法性并非完全独立，它们共同构成一个密切联系的连续体。外部强制性奖惩会约束组织成员的行为预期，并逐渐内化为组织特有的价值观和规范，对组织成员产生合法性的压力，而该压力逐渐被组织成员从认知方式上所接受，从而内化为组织成员的共同理解（陈扬等，2012），如图 2.3 所示。

强制压力是法律、法规和强制性政策所带来的压力。对于建筑业而言，强制压力通常来源于政府部门和带有“半官方”色彩的行业协会（Cao et al.，2014），如政府出台的环保法规和行业协会所推广的强制性环保标准等，能够督促重大工程改善环境管理绩效。模仿压力是组织在应对不确定性过程中所面临的压力（林润辉等，2016）。所有的组织都处于一个社会网络中，企业倾向于模仿网络中成功成员的行为以保持竞争力。随着建筑业市场竞争的日趋激烈，环境管理绩效的改善已经成为工程项目实施差异化战略，获取竞争优势的重要途径。通过改善环境管理绩效获得良好社会评价的项目，会成为其他项目竞相模仿的对象。规范压力来源于职业化，而职业化的过程离不开各类专业机构的影响（Phan et al.，2015）。规范压力

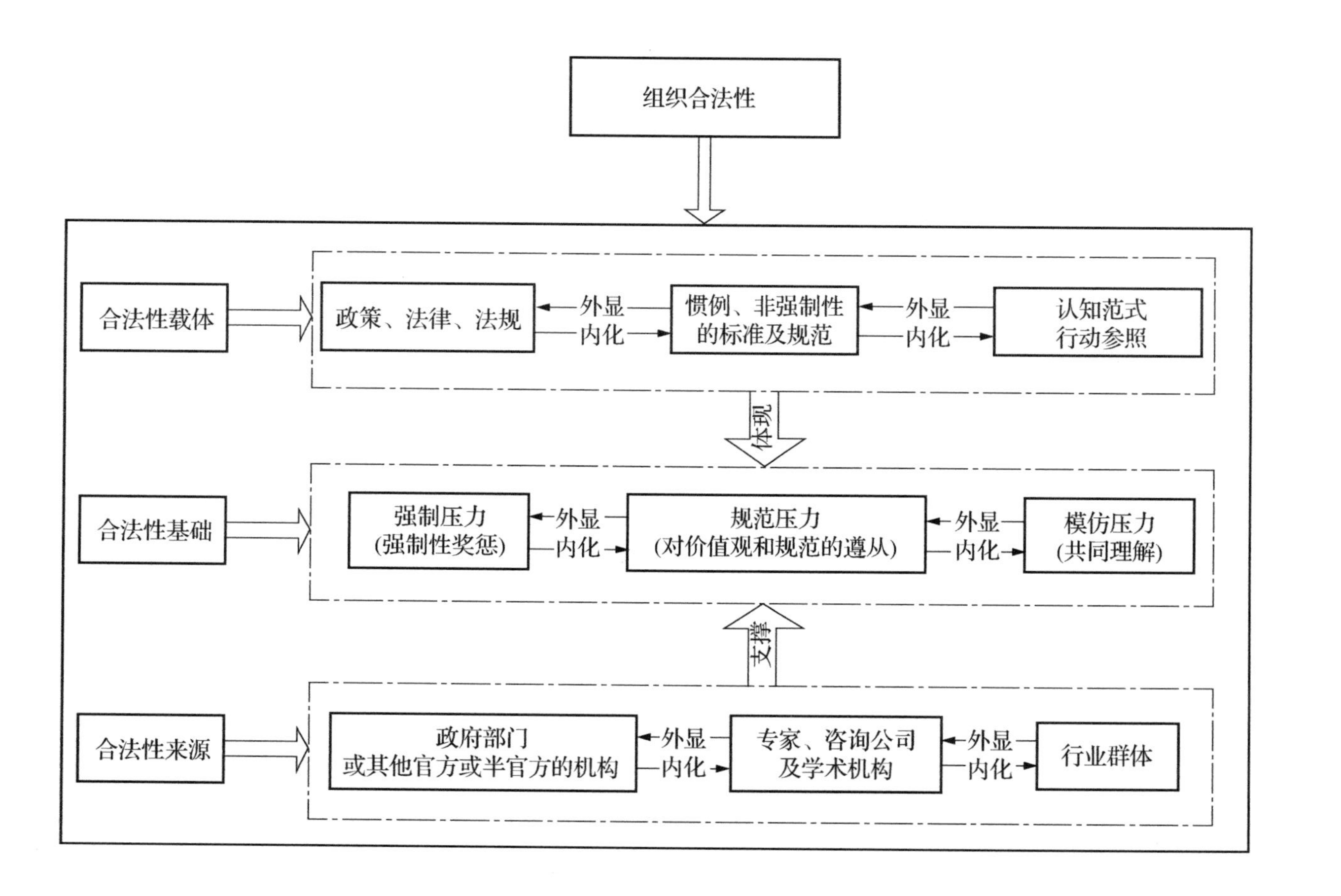

图 2.3　组织合法性（陈扬等，2012）

主要来自业界专家、专业咨询公司和学术团体等。随着可持续发展理念的深入，应用“绿色技术”创建环保示范项目逐渐成为一种行业规范。

制度理论是分析和解决工程项目组织管理问题的重要视角。Morris（2013）在《项目管理再造》中强调，与制度有关的行为逻辑应当成为项目管理的基本问题，并指出制度理论是实现项目管理理论重建及学科发展的重要工具。通过对组织及其成员行为同构化特征的刻画，制度理论为分析制度环境如何影响组织的管理实践活动及绩效表现提供了系统的研究框架，已在工程项目管理领域得到广泛应用，如 Cao 等（2014）分析了 3 类制度压力对工程项目 BIM 应用行为及其项目管理绩效的影响机制。He 等（2016）分析了 3 类制度压力对于工程项目的安全氛围及其成员安全行为的影响机制。与一般项目相比，重大工程的社会影响力更强，因此其所表现出的社会嵌入性更为突出。重大工程组织的合法化进程与其外部制度环境密切相关（Scott，2012）。重大工程所面临的制度压力是影响项目管理层的行为态度，促使其改进环境管理绩效的重要外部驱动力。因此，制度理论为解释重大工程管理层的 ECB 行动逻辑及环境管理绩效表现提供了重要的参考。

2.4.4 领导风格理论

关于领导风格的研究起源于 19 世纪，并在社会心理学、现代管理学和组织行为学的基础上逐渐发展成熟。按照发展阶段划分，领导风格理论的研究分为传统领导风格和现代领导风格（王赛君，2014）。与传统领导风格相比，现代领导风格的研究更多融合了变革的思想，并通过多样化的途径和多维度的视角研究领导现象及相关问题（马马度，2014）。

（1）传统领导风格理论

传统领导风格理论的研究经历了特质理论、行为理论及权变理论 3 个发展阶段。

① 特质理论强调寻找优秀领导者共有的特质，如生理、智力、个性等因素。Stogdill（1948）认为，可以依据领导者的个性特征预测其领导行为和结果。

② 行为理论强调有效的领导是建立在领导者良好行为表现的基础上，而不依赖于领导者的内在特质。Lewin（1926）的 3 类领导方式理论（专制式、民主式和放任式），以及 Stogdill（1948）的领导行为 4 分图理论（高关怀，低结构；高关怀，高结构；低关怀，低结构；低关怀，高结构）都是行为理论的代表，其中 Lewin（1926）是从上级控制的水平和下属参与的程度两个方面对领导方式进行区分；而 Stogdill（1948）则是从领导对员工的关心和对任务的重视两个维度对领导风格进行划分。

③ 权变理论强调领导者需要随着被领导者的特点和环境的变化而调整领导行为。具体而言，领导的有效性由领导者、被领导者和环境三者的关系决定。其中 Fiedler（1951）的权变模型（Contingency Model）、Hersey 等（1969）的情景领导模型（Situational Leadership Model）、House（1971）的路径目标理论（Path-goal Theory）及 Vroom 等（1973）的领导者–参与模型（Leader-participation Model）都是权变理论的典型代表。

（2）现代领导风格理论

由于影响领导有效性的因素繁多，传统领导风格理论在应用中的局限性日益凸显，以领导归因理论（Attribution Theory of Leadership）、魅力型领导理论（Charismatic Leadership Theory）及交易型和变革型领导理论（Transformational and Transactional Leadership Theory）为代表的现代领导风格理论逐渐占据主导。归因是指个体对他人或自身行为的原因进行理解的过程（丁立平等，2002）。Green 等（1979）的领导归因理论认为领导者对下级行为归因的公正性和准确性将影响下属执行领导指示及进行合作的意愿。典型的归因偏差是将工作的失败归因于下属，而把工作的成功归因于领导者。

House（1971）指出魅力型领导主要是领导者利用其自身才能和超凡魅力对下属进行鼓励，进而实现组织的绩效目标。Behling 等（1996）进一步归纳总结出魅力型领导的关键要素：鼓舞人心（Inspiration）、心怀怜悯（Display Empathy）、形象地传达使命（Dramatizes the Mission）、心存敬畏（Awe）、展示自信（Project Self-assurance）、改进领导形象（Enhances the Leader's Image）、授权（Empowerment）、相信下属的能力（Assures Followers of Their Competency）、为下属提供体验成功的机会（Provides Followers with Opportunities to Experience Success）。

Burns（1978）提出的交易型领导和变革型领导概念为领导风格理论的研究开辟了新思路。交易型领导属于一种契约式领导，即领导者和被领导者在工作中不断进行交换，领导者的资源奖励和被领导者的支持服从是交换的条件，双方在“默契契约”的约束下完成相互满足的过程（戚振江等，2001）。

交易型领导鼓励下属对自我利益的追逐，但是整个交换过程以下属对领导的顺从为前提，难以激发下属的工作热情和创造力。而变革型领导试图在领导和下属之间营造出能够提高双方工作热情的互动过程。变革型领导者通过让下属认识到所承担任务的重要意义，激发下属高层次需要（自我实现）的愿望，使其为超越个体利益的组织目标而奋斗（Bass，1995）。

（3）领导风格的定义与维度

① 交易型领导的定义与维度。

Burns（1978）在期望理论、公平理论、强化理论、社会交换理论、路径–目标理论和领导–下属交换理论的基础上，将交易型领导风格界定为：在利益最大化的原则指导下，领导者以交换方式对下属的贡献给予奖励，激励下属达成预定目标的行为。交易型领导者关注任务的完成情况和下属的顺从程度，更多依靠奖励和惩罚手段影响下属的行为。Sergiovanni（1990）将交易型领导通俗地概括为一种以物易物的领导风格，即领导者和下属为了各自的利益，通过约定而各取所需。Leithwood（1994）、Pillai 等（1999）、Robbins 等（2001）、Sims 等（2009）、McCleskey（2014）等则强调交易型领导中权变交换的重要性。

Bass（1985）率先提出变革型和交易型领导风格的七因素模型（Leadership Multifactor Model），其中变革型领导包括领导魅力（Charisma）、感召力（Inspirational）、智力激发（Intellectual Stimulation）和个性关怀（Individualized Consideration）4 个维度，而交易型领导包括权变奖励（Contingent Reward）、例外管理（Management-by-exception）和自由放任（Laissez-faire）3 个维度。

在此基础上，Avolio 等（1991）进一步将领导风格细分为变革型领导、交易型领导和放任型领导，即原属于交易型领导范畴的自由放任被单独划分为一种领导风格，因此，交易型领导范畴被缩减为权变奖励和例外管理两大维度。其中权变奖励是指领导者根据约定的协议和下属的目标完成程度，给予其相应的物质或非物质奖励。而例外管理分为主动（Active）例外管理和被动（Passive）例外管理（Hater et al.，1988）。主动例外管理是指领导者保持对下属工作情况的持续关注，并对其在工作中的疑惑和错误进行及时的解答和纠正；被动例外管理是指只有当下属的工作出现问题时，领导者才介入管理。

② 变革型领导的定义与维度。

Burns（1978）将变革型领导界定为，领导者为下属树立榜样，使下属认同其理念，从而能够全心全意投入工作的领导风格。Bass

（1985）进一步指出变革型领导者具有强烈的内在价值感，通过使下属认识到工作的重要意义而激发其工作热情，并营造相互信任的合作氛围，促使下属为超越个人利益的组织目标而奋斗。而 Yukl（1999）则认为，变革型领导主要通过改变下属的工作态度，使其建立起对组织目标的承诺，着重强调的是领导者要赋予下属充分的自主性。而 Waldman 等（2001）认为：变革型领导描述的是领导者与下属的关系，是领导者行为（传递使命感、表现高期望等）及对下属有利影响（心生敬佩、感受愉悦等）的组合。Bass（1985）将变革型领导归为 4 个维度：①领导魅力，是指领导者通过自身做出表率，为下属提供魅力榜样；②感召力，是指领导者向下属描绘清晰、有感染力的目标，以此激发其工作意愿和动机；③智力激发，是指领导者以预测性的沟通为基础，激励下属从新的角度寻找解决问题的途径，从而培养其创新精神；④个性关怀，是指领导者通过体恤和支持等方式，关注下属的个人发展需求，尤其是其成就需求，从而提高下属的工作满意度。尽管其中的领导魅力、感召力两个维度并不相同，但由于含义颇为相似，在实证研究中往往难以有效区分，因此 Bass（1988）将领导魅力和感召力 2 个维度合并，进一步将变革型领导缩减为 3 个维度——感召领导、智力激发和个性关怀。

Podsakoff 等（1990）将变革型领导概括为传递愿景（Identifying and Articulating a Vision）、榜样示范（Providing an Appropriate Model）、团队目标接纳（Fostering the Acceptance of Group Goals）、高绩效期望（High Performance Expectations）、个性关怀（Individual Support）和智力激发（Intellectual Stimulation）6 个维度。值得注意的是，随着变革型领导研究的深入，基于中国情景的研究也不断涌现。Chen X P 等基于中国企业组织的实证研究，将变革型领导的 6 个维度进一步归纳为关系导向（榜样示范、团队合作、个性关怀）和任务导向（传递愿景、高绩效期望、智力激发）两个方面。而李超平等（2005）则将中国情景下的变革型领导划分为 4 个维度：领导魅力、德行垂范、愿景激励与个性化关怀。经过横向对比发现，李超平等（2005）与 Bass（1985）的维度划分具有高度的相似性，只是德行垂范维度具有鲜明的中国特色。德行垂范含有“家长式”领导的意味，是指领导者以身作则、勇于奉献、牺牲自我利益等。值得注意的是，在李超平等（2005）的维度划分中并未包括智力激发因素，表明中国情景下的变革型领导缺乏对下属创造力和创新精神的激励。

（4）领导风格的测量

在领导风格的测量工具中，应用最为广泛的是 Bass 等（1990）开发的多因素领导行为量表（Multifactor Leadership Questionnaire，MLQ）。随后，Hunt（1991）、Bass 等（1993）及 Yukl（1999）对初始的 MLQ 进行反复修正后，形成 MLQ-5X 版本。

MLQ-5X 共包括 80 个题项（Avolio et al.，1999），其中归因魅力（Attributed Charisma）涉及 8 个题项，魅力行为（Charismatic Behaviour）涉及 10 个题项，感召力（Inspirational Motivation）涉及 10 个题项，智力激发（Intellectual Stimulation）涉及 10 个题项，个性关怀（Individualized Consideration）涉及 9 个题项，权变奖励（Contingent Reward）涉及 9 个题项，主动例外管理（Active Management-by-exception）涉及 8 个题项，而被动例外管理（Passive Management-by-exception）和放任型领导（Laissez-faire Leadership）共涉及 16 个题项。MLQ-5X 的维度结构如图 2.4 所示。

MLQ-5X 的题项由下属依据领导者的特质及行为习惯进行判定，经过反复修正后量表的信度和效度在不同国家和地区的大量实证研究中得到验证。但由于 MLQ-5X 的题项过多，会影响问卷的回收率和填写质量。因此，Jung 等（2000）及 Barling 等（2002）对 MLQ-5X 的题项进行缩减，形成了简化版的交易型领导和变革型领导风格量表。上述简化版量表在组织管理的不同领域得到广泛应用，如 De Koster 等（2011）的安全管理领域及 Robertson 等（2013）的环境管理领域，由此形成了安全变革型领导（Safety-specific Transformational Leadership）和环境变革型领导（Environmentally-specific Transformational Leadership）等概念。

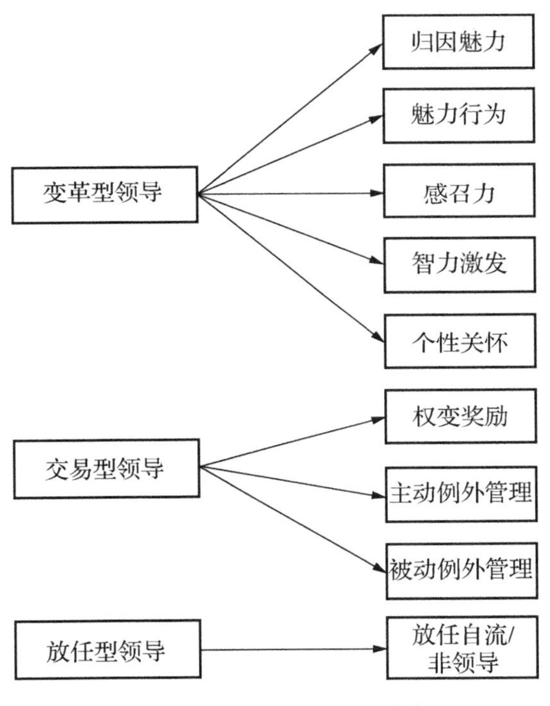

图 2.4　MLQ-5X 的维度结构

（5）小结与述评

以交易型领导和变革型领导为代表的现代领导风格理论在组织管理领域得到广泛应用。相关研究主要基于领导风格与领导有效性的关系展开分析，如领导风格对下属工作满意感（Berson et al.，2005）、角色内工作绩效（Walumbwa et al.，2011）及角色外公民行为（Cho et al.，2010）的影响等。变革型领导一直是学者们关注的焦点，而与交易型领导相关的研究则较为匮乏。根据 Google Scholar 的搜索结果（截至 2017 年 8 月 21 日），涉及关键词 Transformational Leadership 的论文记录有 158000 条；而涉及关键词 Transactional Leadership 的论文记录仅有 33700 条，约为前者的 1/5。以上检索结果也从侧面反映出交易型领导研究的欠缺性。在交易型领导和变革型领导风格并存的情况下，后续研究需要加强对两者的横向对比研究，尤其是分析两者对于组织效能影响的差异性，从而为组织领导力的提升提供启示。

领导风格的研究呈现情景化的发展趋势。所谓的“情景化”主要体现在两个方面：①国家和地区层面的情景化；②行业和专业层面的情景化。首先，领导风格根植于一个国家或民族的文化，因此越来越多与文化因素相关的变量，如权力距离（Liu et al.，2013；Ehrnrooth et al.，2016）、集体主义（Wang et al.，2013；Lin et al.，2014）等被引入领导风格的研究中。其次，领导风格离不开具体的专业背景，由此衍生出安全领导力（Barling et al.，2002）、品牌领导力（Morhart et al.，2009）、健康领导力（Gurt et al.，2011）、环境领导力（Robertson et al.，2013）等基于不同管理情景的新概念。在此背景下，基于中国情景的领导风格研究不断涌现，权力距离（廖建桥等，2010）、集体主义（王震等，2012）等文化因素受到高度重视，但融合考虑专业背景的领导风格研究依然匮乏，基于中国重大工程情景的环境领导力研究尚为空白。随着 PPP 模式在中国的“遍地开花”，大规模涌现的重大工程对项目领导者的环境领导力提出严峻挑战。如何有效利用交易型领导和变革型领导改善项目的环境管理绩效及改善项目成员的环保意识成为亟待解决的研究问题。

2.5 本章小结

本章通过梳理重大工程组织、ECB、社会认同理论、社会交换理论、制度理论、领导风格理论、环境管理绩效等领域的研究进展，为后续章节奠定了研究基础。其中，重大工程组织是本书研究的现实情景，ECB 是本书研究的主要对象，社会交换理论、社会认同理论、制度理论和领导风格理论是分析 ECB 内外部驱动因素及领导策略的重要理论视角，而环境管理绩效则是探讨 ECB 管理绩效影响机制时所涉及的关键概念。

① 本章通过对重大工程组织研究的文献计量学分析，提炼出重大工程组织模式、重大工程组织行为和重大工程组织绩效 3 大研究板块。在强调环境可持续的背景下，中国的重大工程面临越来越严厉的环境规制，正处于环境敏感期和价值重构期。有关重大工程组织模式的研究需要进一步关注外部制度环境的影响，尤其是“政府–市场”的二元作用，如不同类型的制度压力（强制压力、模仿压力、规范压力）会对重大工程的组织生态带来哪些冲击？对重大工程的环境管理绩效及其成员的环境行为习惯带来哪些改变？由于重大工程所面临的环境问题具有高度复杂性和深度不确定性，工作角色内的职能分工难以有效覆盖项目环境管理中的所有关键任务。项目成员因其高度主观能动性和创造力实施的、超出合同范围的 ECB 是影响重大工程环境管理绩效的关键因素，因此，有关重大工程组织行为的研究需要突破传统的工作任务与管理职能分工，进一步关注项目成员角色外的 ECB。上级的领导风格与下属的行为表现密切相关。不同的领导风格（交易型领导和变革型领导）究竟会对 ECB 的涌现产生哪些影响是未来重大工程领导力的重要研究方向之一，能够为重大工程管理理论的拓展开辟新的视角。在全球可持续发展的背景下，除传统的“铁三角”（质量、成本、进度）目标外，有关重大工程组织绩效的研究还需要加强对环境管理绩效的关注。

② OCB 经过 30 余年的演化形成诸多新的概念，如 ECB，并呈现与行业和国家（地区）情景相结合的发展态势。首先，通过对 30

篇具有代表性的OCB领域文献的系统梳理，归纳总结现有OCB研究的维度划分，其中Organ等（2005）的六维度框架是最具代表性且应用最广泛的。其次，对ECB概念的形成及发展历程展开分析，发现相关研究集中于永久性的企业组织，缺乏对于临时性项目组织（如重大工程）的考察，而且理论分析视角也较为单一，主要基于社会交换理论，广泛应用于OCB研究的社会认同理论尚未被挖掘。最后，归纳总结ECB的研究热点及趋势，进一步指出重大工程情景下ECB研究的理论与实践意义。

③ 社会认同理论是研究群体行为的重要理论视角。首先，从社会认同理论的提出过程，阐述其发展历程中的3个阶段，即社会身份理论、自我分类理论和主观不确定性降低理论。其次，从社会认同理论的内涵出发，归纳其动机和过程，指出组织认同是社会认同理论在组织行为领域的具体体现。最后，从组织认同的前因和结果变量两方面概括社会认同理论的应用情况。组织承诺是组织认同的“产物”（结果变量），组织的社会责任实践能够通过加强组织成员的组织承诺而激发其公民行为的动机。但值得注意的是，组织针对不同利益相关者的社会责任实践会对其成员的公民行为带来截然不同的影响。在ECB的前因研究中，环境责任实践通常被视为单一维度的变量，于是其实证解释力会“大打折扣”。后续研究需要对此问题予以重视。

④ 社会交换理论是在研究ECB的前因中应用最广泛的分析视角。首先，从社会交换理论提出的历史背景出发，分析其基本假设和原则，其中，社会交换理论的“互惠原则”是解释ECB动机时最常提及的。其次，归纳总结社会交换理论在组织行为领域的应用现状，发现组织支持感和领导–下属交换是其最典型的应用形式。最后，进一步指出，由于重大工程组织的临时性特征，项目内部的互惠关系难以长期维系，因此通过社会交换理论得出的实证结论可能与永久性的企业组织不同。

⑤ 从旧制度主义到新制度主义，制度理论经过了近一个世纪的发展。旧制度主义关注于组织内部的管理机制和策略，而新制度主义则关注于组织外部的制度环境和压力。脱胎于新制度主义的同构化压力理论在建筑业和组织行为领域得到广泛应用，显示出极强的理论解释力。为分析重大工程中的 ECB，同构化压力理论提供有益的视角补充，弥补旧制度主义视角下局限于项目内部环境管理实践和领导策略的不足，以更系统地考察项目外部环境中的各类因素如何影响 ECB。

⑥ 以交易型领导和变革型领导为代表的现代领导风格理论取代强调领导个人特质的传统领导理论，在组织行为研究中得到广泛应用。首先，通过对领导风格理论发展历程的系统梳理，发现领导风格的研究呈现情景化的趋势，一方面是与国家或地区的文化背景相融合；另一方面是与行业或专业背景相结合。其次，归纳总结现代领导风格理论的内涵与维度，以及相应的测量工具，其中 MLQ-5X 量表及其简化版本应用最为广泛。再次，进一步指出，尽管融合中国文化情景的领导力研究日益丰富，但鲜有结合行业或专业背景的考察。环境领导力的概念诞生于企业组织的环境管理专业领域，在强调环境可持续的背景下，受到越来越多西方学者的关注，但基于中国文化情景和重大工程专业背景的环境领导力研究尚为空白。

⑦ 进入 21 世纪，中国在环境保护方面的意识日益增强，重大工程的管理重心也从传统的“铁三角”（进度、质量和成本）向环境管理偏移。首先，从环境方针与目标、组织投入和团队建设、过程控制和问题监督 3 方面概括重大工程环境管理的实践情况。其次，通过系统的文献梳理，从理论视角诠释环境绩效的两大维度——环境管理绩效和环境实施绩效的内涵。再次，借鉴 Jung 等（2001）的研究进一步将环境管理绩效细分为环境管理策略和环境管理实践两个维度，指出后续研究需要重点揭示环境管理策略和实践之间“鸿沟”的形成机制。

第3章
研究设计与过程

本章重点分析整体的研究设计思路与具体的实施过程，包括一系列研究问题的识别与甄选、质性研究的思路、研究对象的特征梳理与分析、实地的调研过程以及基于 PLS 的结构方程建模等内容。

3.1 研究概述

本书在研究问题的识别和变量的选择上主要采用质性研究的策略。根据第 1 章的研究逻辑结构，本书在环境公民行为（Environmental Citizenship Behaviors，ECB）的内外部驱动因素、绩效影响机制和管理策略方面的研究则采用实地调研的策略。质性研究策略和实地调研策略均属于实证研究的范畴。由于质性研究缺乏系统的数据来源，因此需要结合半结构化访谈，并从公开渠道的二手数据间接获得；而实地数据则主要以问卷调研的方式获得，其中问卷设计和数据收集过程是否合理，以及所收集的数据是否符合研究的基本要求，直接关系到本书的研究质量。于是，本章按照杨德磊（2016）的建议，采取以下步骤保证整体研究思路与过程的系统性和科学性，如图 3.1 所示。

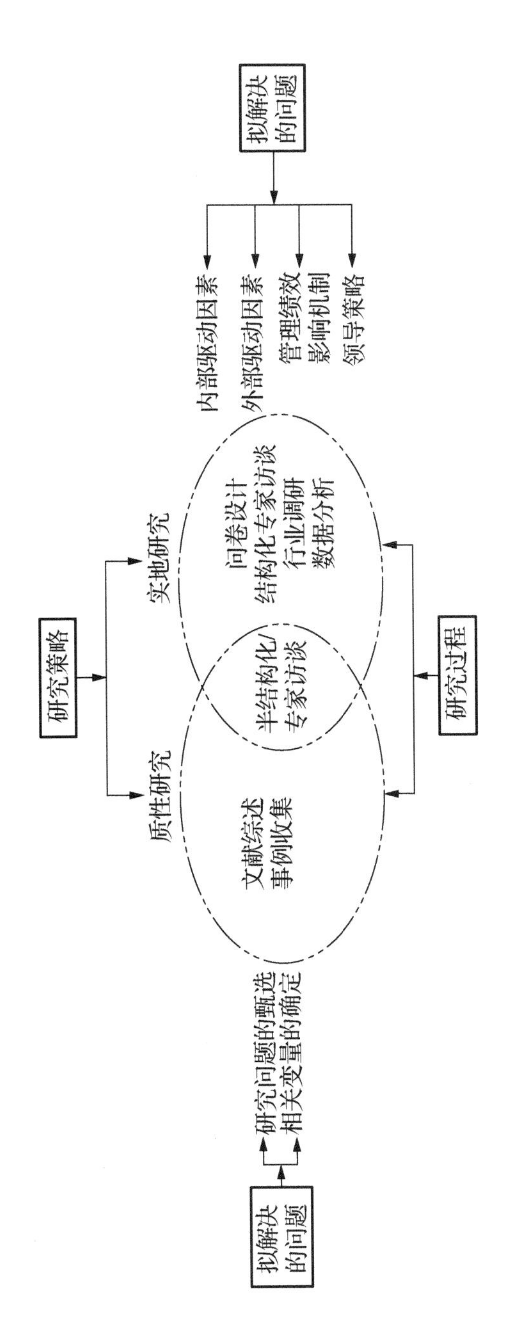

图 3.1　研究设计与过程（参考杨德磊，2016）

3.2 研究问题甄选

本章首先基于行业和理论背景提出初步的研究问题；然后鉴于探索性研究的开放性，本书通过对具有丰富重大工程实践经验的专家进行半结构化的访谈，对初步形成的研究问题进行甄选和优化，从而强化研究问题的实践基础。

3.2.1 重大工程 ECB 研究的专家访谈

本书通过半结构化的专家访谈方式提炼了适用于重大工程情景的 ECB 关键研究问题。首先，基于 ECB 的相关文献，初步确定了拟研究的问题和思路，形成访谈提纲（详见附录 A）。其次，2015 年 11 月—2016 年 3 月期间，进行了 2 轮半结构化的访谈。第 1 轮访谈（专家编号 1～6）邀请重大工程领域的 4 位实践界专家和两位学术界专家参加。针对第 1 轮访谈的结果反馈，对提纲进行修改和完善，如专家提出：仅仅根据项目复杂性或者社会影响力界定重大或非重大项目太模糊，建议增加投资标准的限定。根据陈震（2016a）的研究，重大工程进一步被明确界定为投资超过 10 亿元人民币的大型项目。此外，在访谈提纲中补充对 ECB 的事例说明，从而使其定义具体形象化。第 2 轮访谈（专家编号 7～23）邀请 15 位来自重大工程领域的实践界专家和两位学术专家参加。受访专家遍布全国各地，均有 5～23 年的重大工程管理实践或研究经验，访谈专家的详细背景信息如表 3-1 所示。半结构化的访谈内容包括以下两个方面。

① 邀请专家结合自身的项目实践经验或研究体会，对重大工程中的 ECB 进行事件举例，对研究概念的定义和范围提出意见。

② 请专家回答所列出的研究问题，并对研究设计和思路提出修改意见。研究问题包括：ECB 的动机有哪些？ECB 会受到哪些项目

表 3-1　半结构化访谈专家背景信息

专家编号	角色	性别	工作单位	职务	年龄	学历	重大工程工作年限	参与重大工程	所在地区
1	高校	男	同济大学	教授	41～50 岁	博士	16	世博会园区、迪士尼度假区	上海
2	高校	男	同济大学	教授	>50 岁	博士	23	世博会园区、迪士尼度假区	上海
3	政府	男	世博会工程建设指挥部	项目经理助理	31～40 岁	博士	5	世博会园区	上海
4	施工	男	中国建筑第八工程局天津分公司	项目经理助理	31～40 岁	硕士	6	天津供热并网工程	天津
5	业主	男	上海西岸开发（集团）有限公司	工程部经理	41～50 岁	本科	8	徐汇滨江西岸传媒港	上海
6	咨询	男	上海科瑞真诚项目管理有限公司	项目经理	41～50 岁	博士	15	迪士尼度假区、苏通大桥	上海、南通
7	政府	男	邯郸市交通运输局	公路工程管理处副处长	41～50 岁	硕士	12	107 国道漳河特大桥及道路工程	邯郸
8	政府	男	武汉市城乡建设委员会	轨道交通建设办公室副主任	>50 岁	本科	20	武汉地铁 2 号线	武汉
9	业主	男	上海新静安（集团）有限公司	工程部副部长	31～40 岁	硕士	7	静安寺交通枢纽综合建设项目	上海
10	业主	男	上海机场（集团）有限公司	项目经理助理	31～40 岁	硕士	10	浦东机场三期扩建工程	上海
11	业主	男	港珠澳大桥管理局	工程总监	41～50 岁	博士	18	港珠澳大桥等	珠海
12	业主	女	上海西岸开发（集团）有限公司	副总经理	31～40 岁	硕士	6	西岸传媒港	上海

续表

专家编号	角色	性别	工作单位	职务	年龄	学历	重大工程工作年限	参与重大工程	所在地区
13	业主	男	武汉天兴洲道桥投资开发有限公司	投资计划部部长	41～50 岁	硕士	16	天兴洲长江大桥、鹦鹉洲长江大桥	武汉
14	业主	男	武汉地铁集团有限公司	项目经理	31～40 岁	硕士	6	武汉地铁 7 号线	武汉
15	设计	女	上海建筑设计研究院有限公司	宁波分院设计总监	41～50 岁	硕士	12	宁波城市之光项目	宁波
16	咨询	男	上海同济工程咨询有限公司	项目经理	31～40 岁	博士	6	上海浦东中环线	上海
17	咨询	男	上海科瑞真诚项目管理有限公司	项目经理	41～50 岁	博士	12	无锡新区太湖科技园	无锡
18	咨询	男	上海科瑞真诚项目管理有限公司	副总经理	31～40 岁	博士	9	南宁火车东站、深圳前海合作区	南宁、深圳
19	施工	男	中国建筑第三工程局一公司	项目经理	31～40 岁	硕士	5	深圳地铁 9 号线	深圳
20	施工	男	中铁十一局集团有限公司	项目经理	41～50 岁	硕士	14	郑州地铁 2 号线	郑州
21	施工	女	武汉鸣辰建设集团有限公司	副总经理	>50 岁	本科	8	江岸经济开发区工业园	武汉
22	高校	男	武汉理工大学	教授	>50 岁	博士	16	鹦鹉洲长江大桥	武汉
23	高校	男	武汉理工大学	教授	41～50 岁	博士	12	三峡工程	武汉

内部实践的影响？ECB会受到哪些外部制度因素的影响？ECB能带来哪些积极的影响？ECB对于环境管理工作的开展会有哪些帮助？在项目实践中，如何促进ECB的涌现？管理者的领导风格对ECB的涌现会产生哪些影响？项目内部的氛围又对ECB产生哪些影响？

3.2.2　访谈整理

通过专家列举，本书共整理得到24条重大工程ECB的事例。关于研究问题的选择与设计，专家指出：ECB的研究具有理论和实践应用价值，但并不属于传统工程项目管理的范畴，在日常的施工日志等文档中缺乏相关内容的记录，因此对行为现象的解释和规律研究需进行深入的事例收集。

此外，专家还建议：ECB的调研需要重视立功、竞赛等争先创优活动的开展。

上述活动能够更形象地阐释重大工程情景下的ECB，并有助于优秀行为、优秀建议、优秀班组、优秀管理人员、优秀承包商等环保先进事例的收集。

关于研究问题的设计，受访专家认为在对每个研究子问题展开理论分析时，需要辅以实践素材的描述，作为整体研究框架的现实依据。专家提出，本书是探索性的实证研究，需要关注ECB的产生与重大工程特点的逻辑关联。重大工程是指投资规模大、复杂性高，对社会、经济和环境产生深远影响的大型项目。ECB的驱动因素应当关注重大工程本身的社会责任和历史使命，尤其是在环境可持续方面的表现。

在以行政为主导的建设管理模式影响下，专家认为：制度因素是众多外部因素中的关键和重点。受到PPP模式的不断冲击，中国重大工程的市场化程度越来越高。中国独特的体制及制度情景能够对重大工程项目成员的行为产生重要影响，相关的行为现象都可以在制度文化中寻找合理的解释。因此，本研究需要结合“政府–市场”的二元体系，考察各类制度因素对重大工程项目成员 ECB 的影响机制，其中政府的“业主–监管者”双重角色至关重要，是理解行为逻辑形成规律的关键突破点。此外，专家提出：下属的行为表现往往是上级“倒逼”的结果。换言之，重大工程管理者的领导方式与项目成员的 ECB 表现密切相关。因此，在制定 ECB 的领导策略时，需要重点关注重大工程管理者的领导风格。

鉴于上述专家的建议，本书对初步拟定的研究问题进行修改和完善，并将其转化为研究内容，两者的对应关系如表 3-2 所示。

表 3-2　研究问题与研究内容的对应关系

研究问题	研究内容	章节安排
重大工程自身的环境责任表现对项目成员的 ECB 产生哪些影响？	ECB 的内部驱动因素	第 4 章
重大工程所面临的外部制度环境会对项目成员的 ECB 产生哪些影响？	ECB 的外部驱动因素	第 5 章
ECB 能为重大工程的环境管理工作带来什么样的影响？	ECB 的管理绩效影响机制	第 6 章
重大工程的管理者该如何激发 ECB 的涌现，其领导风格会对成员的 ECB 带来什么样影响？	ECB 的领导策略	第 7 章

3.2.3　变量选择

根据上述访谈结果，本书进一步结合重大工程的管理文化情景对研究变量的选择进行细化，从而建立研究问题与研究内容的具体对应关系，如表 3-3 所示。

表 3-3　研究变量的选择结果

研究内容	自变量	因变量	中介或调节变量
ECB 的内部驱动因素	针对政府/业主、非业主、项目周边社区及其他社会公众的4类重大工程环境责任实践	ECB	环境承诺
ECB 的外部驱动因素	强制压力、模仿压力和规范压力	ECB	组织支持
ECB 的管理绩效影响机制	强制压力、模仿压力和规范压力	环境管理绩效（策略和实践）	ECB
ECB 的领导策略	变革型领导和交易型领导	ECB	环境承诺、权力距离取向及集体主义倾向

3.3　质性研究思路

根据第 2 章的文献综述情况，ECB 领域已经形成了较为丰富的研究成果，相关学者在对 ECB 进行拓展研究时，往往基于已有的成熟量表，对相关题项进行情景化的改编，因此，已有研究成果在突出组织情景特点的同时，也呈现出一定的继承性和延续性，由此形成相对系统的 ECB 研究体系。上述过程正是归纳与演绎相结合的情景化研究方法（陈晓萍等，2008）。

演绎法是从抽象理论到具体现象的过程。具体操作上，在基于演绎法的行为识别过程中，通过整合既有的文献，形成对 ECB 维度体系和表现形式的清晰认识。因此，演绎法也是一种“自上而下”的行为识别模式（杨德磊，2016）。而归纳法与演绎法的思路相逆，是从具体现象到抽象理论的“自下而上”的过程。具体而言，归纳法是结合定性的研究方法总结 ECB 在特定情景中的具体表现，在不脱离已有文献成果的前提下，形成新的行为量表。通过广泛收集关于 ECB 的现象描述，结合经典的行为维度分类框架，进一步凝练得出适合重大工程情景特点的量表题项。综上分析，基于演绎与归纳相结合的情景化研究方法是本书进行相关量表题项设计时重点借鉴的方法，一方面需要遵循情景化的研究范式，另一方面也不能脱离已有的 ECB 维度体系，即将 ECB 的研究成果与工程项目的情景特征相结合。

首先，从 ECB 的抽象概念出发，并结合组织公民行为（Organizational Citizenship Behaviors，OCB）的经典分类体系，通过演绎识别出 ECB 的具体维度；其次，根据 ECB 的维度划分，对重大工程的实践过程进行观测，收集符合上述概念释义的典型行为事例；再次，在观测和收集数据的基础上，通过归纳法对行为事例进行聚类，提炼出符合 ECB 维度体系的测量题项；最后，采用结构化的专家访谈、实地调研等实证研究方法，对上述测量题项进行可靠性检验，如图 3.2 所示。

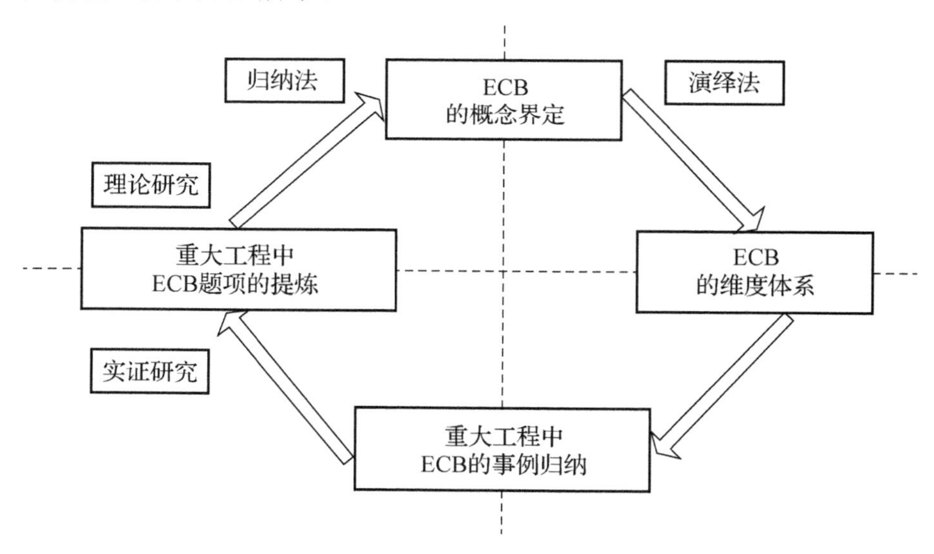

图 3.2　重大工程 ECB 的识别过程

3.4　研究对象的特征分析

对重大工程中 ECB 的识别和特征分析是对此类行为现象展开深

入实证研究的前提条件。ECB 并不属于传统项目管理内容的范畴，在日常的项目管理系统中缺乏系统的文件记录。结合 3.3 节的质性研究思路，本章采用归纳与演绎相结合的方法对 ECB 进行现象识别和特征分析。具体而言，本章通过公开资源收集重大工程中符合 ECB 定义的事例，然后采用文本挖掘的方法对事例进行聚类分析，具体步骤如表 3-4 所示。

表 3-4　重大工程 ECB 的识别步骤

研究阶段	研究内容	研究过程
步骤 1	文献综述	归纳与演绎
步骤 2	半结构化专家访谈	归纳
步骤 3	事例收集	归纳
步骤 4	结合理论进行事例归类	演绎

3.4.1　ECB 的理论诠释

ECB 来源于 Bateman 等（1983）所提出的 OCB 概念，两者的维度划分基本一致。根据第 2 章的文献综述结果，ECB 包括帮助、包容精神、组织忠诚、个体主动性和自我发展 5 个维度，而每个维度的具体含义和潜在题项如表 3-5 所示。

表 3-5　ECB 的维度含义和潜在题项

维度	含义	潜在题项
帮助	有益于环境和下一代的利他动机；努力使同事重视环境保护的行为；协助推广环境保护的举措；帮助环保部门完成相关的任务等	题项 1：我自觉帮助同事认识环境保护的重要性，并在日常工作中予以高度重视； 题项 2：我鼓励同事采取有益于环境保护的行为； 题项 3：我鼓励同事表达关于环境保护的想法和观点； 题项 4：我积极与同事进行交流，使其能够更好地认识环境问题
包容精神（或称运动员精神）	对于环境保护措施所带来的不便或额外工作能够表现出包容和积极的心态	题项 5：尽管工作繁忙，我依然愿意花时间分享一些有关环境保护的信息给新来的同事

续表

维度	含义	潜在题项
组织忠诚	遵循环境保护的政策和目标；将组织的环境理念传递给其他成员；在与环境保护相关的公共活动中代表组织形象积极参加与环境保护相关的各项活动	题项 6：我积极响应组织举办的各类环境保护活动； 题项 7：我采取有效的环保举措积极维护组织的形象
个体主动性	分享污染防治方面的知识、信息和建议；发起新的环境保护项目；公开质疑可能造成环境破坏的行为或举措	题项 11：尽管不是我的直接职责所在，我依然会向同事提供改善环境保护的措施建议； 题项 12：我为组织献计献策，以提升其环境绩效
自我发展	为更好地理解和掌握环境保护的理念而学习掌握相关的知识和技能；参与环境可持续发展方面的培训；主动了解可能对组织有益的环境信息（绿色技术、环境政策趋势等）	题项 13：我积极关注组织的相关环境政策及发展趋势

注：内容参考 Boiral（2009）及 Boiral 等（2012）整理。

为提高问卷的应答率及不同测量题项之间的区分度，Raineri 等（2016）对表 3-5 的 13 个题项进行缩减，提出了简化版的 ECB 量表，此量表共包括 7 个题项，如表 3-6 所示。简化版的量表在 ECB 的研究中得到广泛应用，能够适应不同类型的组织或行业背景。本书在问卷设计中，主要参考简化版的 ECB 量表，在充分反映 ECB 5 大维度的同时，避免题项数过多而降低问卷的应答率和填写质量。

表 3-6　ECB 的简化版量表

维度	适用题项
帮助	题项 1：我鼓励同事采取有益于环境保护的行为
包容精神	题项 2：尽管工作繁忙，我依然愿意抽出时间帮助同事更好地认识环境问题
组织忠诚	题项 3：我积极响应组织举办的各类环境保护活动； 题项 4：我采取有效的环保举措积极维护组织的形象

续表

维度	适用题项
个体主动性	题项 5：我为组织献计献策，以提升其环境绩效 题项 6：我自愿为解决组织所遇到的环境问题而贡献自己的力量
自我发展	题项 7：我积极关注组织的相关环境政策及发展趋势

注：内容参考 Raineri 等（2016）整理。

3.4.2　ECB 的事例收集

借鉴 Farh 等（2004）和 Braun 等（2012）基于客观事例进行 OCB 识别的研究思路，本书对公开的文本素材展开系统收集和整理。由于 ECB 不属于传统项目管理的内容范畴，并且概念较为抽象，因此难以从研究文献中直接获得相关的事例线索。本书的事例收集过程主要基于重大工程的纪实报告、官方网站和新闻报道等资料渠道。

在事例收集时，本书主要遵循以下原则。

① 国家或地方政府发展规划中的重点/重大工程项目；

② 对国家或区域的经济、社会和生态环境产生深远的影响；

③ 覆盖不同类型的工程项目。

综合考虑文本素材的可获得性，本书最终确定 12 项重大工程作为事例收集的对象，具体如表 3-7 所示。重大工程的社会关注度较高，在建设过程中涌现出一大批优秀的环保经验和先进的个人事迹，因此，重大工程往往采取纪实报告的方式对工程建设的全过程进行总结，为本书提供了丰富的研究素材。本书参考的纪实报告及相关书籍如表 3-8 所示。

表 3-7　ECB 事例收集的初步项目清单

项目类型	代表性项目	项目数量
交通运输	青藏铁路、京沪高铁	2
交通枢纽	上海虹桥交通枢纽	1
长大桥梁	苏通大桥、港珠澳大桥	2
水利水电	洋山深水港、三峡工程、南水北调	3

续表

项目类型	代表性项目	项目数量
工业能源	西气东输	1
大型赛事会展设施	北京奥运工程、上海世博园区	2
摩天大楼	上海中心	1
总计		12

表 3-8 ECB 的事例收集

编号	名称	编著者	重大工程
1	《重大工程项目建设的环境管理》	杨剑明	上海迪士尼度假区
2	《龙腾京沪：京沪高速铁路建设报告文学集》（上、下册）	京沪高速铁路股份有限公司	京沪高铁
3	《青藏铁路 19 标段施工技术与研究》	周志东、周春清	青藏铁路
4	《大桥工程综合集成管理——苏通大桥工程管理理论探索与思考》	盛昭瀚等	苏通大桥
5	《苏通大桥工程管理实践与基本经验》	游庆仲等	苏通大桥
6	《巨变：上海城市重大工程建设实录 世博城》	胡廷楣	上海世博园区
7	《上海环球金融中心工程总承包管理》	王伍仁、罗能钧	上海中心大厦
8	《北京奥运志》	北京市地方志编纂委员会	北京奥运工程
9	《北京奥运工程项目管理创新》	中国建筑业协会	北京奥运工程
10	《巨变：上海城市重大工程建设实录 虹桥综合交通枢纽》	田赛男	虹桥综合交通枢纽
11	《巨变：上海城市重大工程建设实录洋山深水港》	彭高瑞	洋山深水港
12	《崛起的世博园——世博园重大工程建设建功主业劳动竞赛创新与实践》	上海世博事务协调局	2010 上海世博园区

注：收集来源于纪实报告书籍。

此外，重大工程的官方网站、专题主页和新闻报道同样也是本书事例收集的重要来源。项目的官方网站通常由工程的建设委员会、管理局或建设管理有限公司主办，包括新闻资讯、工程动态、通知公告及项目文化等内容，如从港珠澳大桥管理局网站可以搜索到 67 条有关环境保护的新闻记录，以及“环保无死角、绿色入梦来”“HSE

明星和它背后的‘婆婆嘴团队’”等大量与环境管理相关的专题报道。表 3-9 列举了部分项目的相关网站及专题报道资源。

表 3-9 ECB 的事例收集

序号	网站	网址	资源类型	重大工程
1	港珠澳大桥管理局	http://www.hzmb.org/cn/default.asp	管理局网站	港珠澳大桥
2	中国长江三峡集团有限公司	http://www.ctg.com.cn/	建设单位网站	三峡工程
3	中国葛洲坝集团有限公司	http://www.cggc.ceec.net.cn	施工单位网站	三峡工程
4	上海世博发展集团有限公司	http://www.exposhanghaigroup.com/	建设单位网站	上海世博园区
5	南水北调中线干线工程建设管理局	http://www.nsbd.cn/	管理局网站	南水北调中线
6	南水北调工程管理司	http://www.nsbd.gov.cn/	建设单位网站	南水北调工程
7	江苏苏通大桥有限责任公司	http://www.stbridge.com.cn/	运营单位网站	苏通大桥
8	中国石油管道局工程有限公司	http://cpp.cnpc.com.cn/	建设单位网站	西气东输工程
9	青藏铁路公司（专栏）	http://www.qh.xinhuanet.com/qztlw/	新华网专栏	青藏铁路
10	建设与自然和谐的能源大动脉　西气东输工程环保记略	https://www.bmlink.com/news/466753.html	中国建材网专题	西气东输工程
11	三峡总公司孙志禹：三峡工程生态与环境保护	http://www.shidi.org/sf_7D618E5E4EA44C9CA4807CA4277EFEF3_151_cnplph.html	中国节能环保网专题	三峡工程
12	十年开凿惠民渠、共圆南水调京梦——中国电建南水北调中线施工纪略	http://www.cec.org.cn/zdlhuiyuandongtai/qita/2014-12-15/131314.html	施工单位网站	南水北调
13	注重环保　青藏铁路欲建成生态环保型铁路	http://news.163.com/2003w12/12398/2003w12_1071198587135.html	人民网专题	青藏铁路

注：内容来源于项目网络资源。

事例收集的项目分布如表3-10所示，包括交通运输3个、水利水电3个、长大桥梁2个、大型赛事会展设施2个、工业能源1个、摩天大楼1个，事例总量为150条，上述各类项目的事例占比分别为30%、27.3%、13.3%、15.4%、11.3%和2.7%。

表3-10 ECB事例收集的项目分布

编号	项目名称	事例数量	项目类型	项目背景
1	青藏铁路	27	交通运输	国家级五年规划项目
2	南水北调	21	水利水电	国家级五年规划项目
3	港珠澳大桥	18	长大桥梁	国家级五年规划项目
4	西气东输	17	工业能源	国家级五年规划项目
5	北京奥运工程	15	大型赛事会展设施	国家级五年规划项目
6	京沪高铁	14	交通运输	国家级五年规划项目
7	三峡工程	13	水利水电	国家级五年规划项目
8	上海世博园区	8	大型赛事会展设施	国家级五年规划项目
9	洋山深水港	7	水利水电	国家级五年规划项目
10	上海中心大厦	4	摩天大楼	省级五年规划项目
11	虹桥交通枢纽	4	交通运输	省级五年规划项目
12	苏通大桥	2	长大桥梁	省级五年规划项目
总计		150		

事例收集的工作量巨大，周期漫长，前后经历近6个月的时间。首先，大量阅读“组织绿色化”领域的相关文献，形成对ECB概念、范围和表现的全面深入理解；其次，基于ECB的定义在纪实报告书籍和项目网络资源中展开搜索，对个人和集体的先进环保事例进行识别，如在南水北调中线的施工过程中，ECB的“组织忠诚”维度体现得淋漓尽致，为项目塑造了良好的环保形象。本书将类似的完整故事整理为一条原始的事例，类似的过程循环往复，进而形成对重大工程中ECB现象的充分认识。

案例3-1：南水北调工程

南水北调工程建设过程自始至终贯穿着对生态环境保护的严格

要求，并形成了更加完整的水利工程生态保护体系。中国电力建设集团有限公司（简称中国电建）在生态保护中首先做到的就是不返工，实施低碳施工。返工一次不仅是对资源的一次重复消耗，更是对生态环境的一次干扰破坏。中国电建坚持将生态环保理念融入工程建设之中，尊重自然、保护环境。由于施工中经常会用到渣场，需要在沿线取土弃渣，为了保护地表土壤生态，施工人员会把农耕需要的渣场表皮土、腐殖土收集起来专门存放，待工程完成后再铺上去复耕，坚决不浪费一寸土地，以保证地表土的充分利用。这种做法不仅在穿黄工程中执行，全线施工都是如此。在施工沿线的高边坡上，随处可以发现只有在新疆、甘肃、内蒙古才有的大片红柳，以及满坡的植被花草。中国水利水电第十三工程局潮河七标段项目施工现场临近当地百姓种植的草莓地和枣树林，项目部采取洒水等多种措施减少尘土污染，与当地老百姓建立了良好的、融洽的关系。

事例收集工作（详见附录 C）为本研究提供了重要的现实基础：一方面保证了本书的研究对象源于重大工程实践中的客观现象，凸显了本研究的实践价值；另一方面，事例收集为后续的实证分析奠定了实践基础，有助于在行为理论研究与重大工程实践之间建立有效的映射关系，保证研究结论能够为客观实践提供切实可靠的启示和指导。

3.5　实地研究过程

3.5.1　问卷设计与变量测量

根据本书的研究方法设计，实地调研主要通过问卷调研的方式展开。为客观反映目前重大工程项目成员的 ECB 现状，在参考大量 OCB 研究范例（例如：杨德磊，2016；宋宇名，2016；陈震，2016a；

赵红丹，2012 等）的基础上，于 2015 年 7—11 月经过以下 4 个阶段，完成本书行业实地调研的相关工作，如图 3.3 所示。

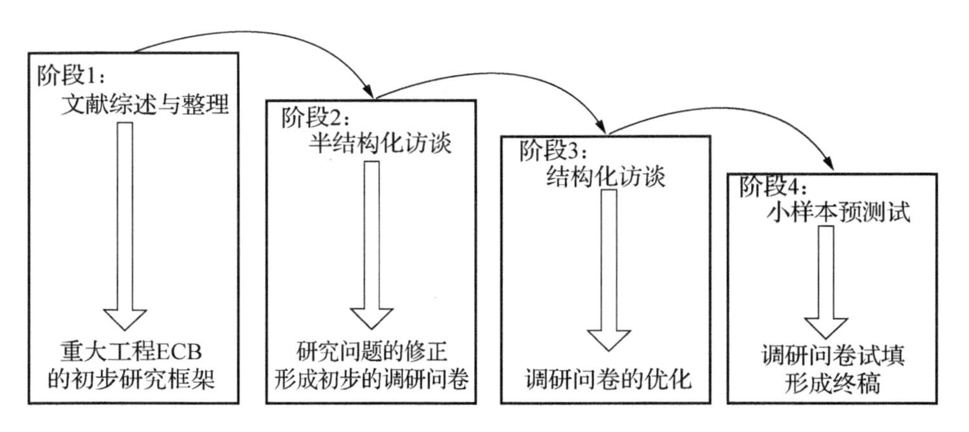

图 3.3　问卷设计的过程

① 阶段 1：基于文献综述的结果，提出重大工程 ECB 的初步研究框架，包括研究问题的清单和研究变量的选择，并在此基础上进一步形成半结构化访谈的提纲（附录 A）。

② 阶段 2：在半结构化的访谈过程中，首先请 23 位学术界和实践界的专家对每个研究问题提供相应的见解，然后由作者陈述本书的研究设计和整体思路，征询专家的意见，由此对研究问题和变量选择进行修订，形成初步的调研问卷。

③ 阶段 3：参考陈晓萍等（2008）的建议，将初步调研问卷发送至 23 位实践界人员（详见附录 D）。15 天后，邀请以上实践界人员进行结构化访谈，首先请他们对问卷各题项的合理性进行评分，1 表示合理，0 表示不合理，并陈述评分理由和修改建议。最后，邀请上述 23 位实践界人员填写完整的问卷。

④ 阶段 4：根据 23 位实践界人员的问卷填写结果，进行小样本测试。基于测试结果，对问卷题项进行调整并重新编号，形成本书最终版本的调研问卷，详见附录 B。

3.5.2 问卷可靠性分析和数据收集

问卷可靠性反映的是其整体设计的合理性和科学性。对于问卷中测量题项的表述方式，本书是以相关文献的经典量表为基础，经过两轮的专家访谈，并反复征询受访者的意见后确定的。问卷中的测量题项同时考虑了问题表述的明确性、客观性、简洁性，并与重大工程的环保实践特点相符。本书在问卷设计中，并没有说明研究的内在逻辑，以防止应答者因受到因果关系的暗示而出现应答的偏差。

为测量重大工程 ECB 的整体水平，分析 ECB 的内外部驱动因素、管理绩效影响机制及领导策略，本书作者于 2015 年 11 月—2016 年 3 月期间展开实地调研。由于 ECB 尚未成为通常意义上项目管理领域中的概念，为保证调研对象能够准确理解问卷的内容，本研究首先选择两轮访谈中 23 位专家及 23 位实践界人员所涉及的项目或企业作为初始的调研范围；然后，在受访者的协助下，本书首先对相关项目和企业的环境管理工作进行初步了解，确定问卷可能涉及的部门或人员，然后利用项目内部会议或网络平台进行 5～10 分钟的预调研培训，具体的实施步骤包括以下几步。

① 选择上海地区的 3 个在建重大工程（浦东机场 3 期工程、上海迪士尼度假区、西岸传媒港）及 4 家企业（上海建工集团、中国建筑第八工程局有限公司、上海隧道工程股份有限公司、中交第三航务工程局有限公司）的项目现场发放问卷 128 份，回收 96 份。

② 作者通过问卷星（https://www.wjx.cn/）、微信（Wechat）及邮件等网络平台对无法现场调研的项目（深圳地铁 9 号线、深圳平安金融中心、成都火车东站、徐州轨道交通 1 号线、天津地铁 6 号线等）和企业（中国建筑第三工程局有限公司、中铁大桥局集团有

限公司、中铁十一局集团有限公司等）发放问卷，总共联系 211 人，实际回收 145 份问卷。本书的问卷调研并不是完全随机的，而是通过现场或在线沟通的方式，了解应答者的项目经历、角色和职位等背景信息，以及填写意愿后有针对性地发出调研邀请，因此问卷的整体质量和回收率得以保证。

③ 本书总共调研了 297 人，收到回复 241 份，回复率为 81.14%。

3.5.3 样本统计

本次调研删除了填写不完整或答案出现连续一致的回复，筛选得到 198 份有效问卷作为样本来源，项目覆盖港珠澳大桥、上海迪士尼度假区、上海世博会园区建设、广西南宁东站片区基础设施群、苏通大桥、武汉光谷中心、国家会展中心、中国商飞成都民机示范产业园、厦门地铁 2 号线、成都地铁 7 号线、上海地铁 14 号线、大连港国家战略原油储备库、深圳地铁 9 号线、武汉地铁 7 号线、深圳平安金融中心、北京环球主体公园及度假区、合肥地铁 2 号线、天津地铁 6 号线等在建或已建成的重大工程共 98 项，项目清单详见附录 E（在问卷信息充分的情况下区分项目标段和分期）。

通过现场调研、问卷星和邮件收集到的有效问卷分别为 80、73 和 45，χ^2 检验和方差分析（ANOVA）显示不同来源的问卷信息不存在显著差异，具体过程详见 5.3.2 小节。样本项目的基本信息如表 3-11 所示。在调研项目中，国家级五年规划项目、省级五年规划项目和市级重大/重点项目合计占比 90.8%（其余 9 个项目由于缺乏必要的信息，无法统计其项目背景；但是由于上述 9 个项目的投资规模均大于 10 亿元，因此对其数据予以保留）。总体上，被调研项目在投资规模、项目背景和项目工期等方面能够突出重大工程的代表性，同时在地区分布上也兼具多样性。参与调研的 198 位重大工程专业人员的背景信息如表 3-12 和图 3.4 所示。受访者在工作年限和教育

表 3-11　重大工程 ECB 调研样本的项目基本信息

变量	类别	数量	比例/%
投资规模	<10 亿元[①]	4	4.1
	10 亿～50 亿元	81	82.6
	51 亿～100 亿元	8	8.2
	>100 亿元	5	5.1
项目背景	国家级五年规划项目	7	7.1
	省级五年规划项目	14	14.3
	市级重大/重点项目	68	69.4
	其他	9	9.2

变量	类别	数量	比例/%
项目工期	<24 个月	3	3.1
	24～36 个月	45	45.9
	36～48 个月	33	33.7
	48～60 个月	12	12.2
	>60 个月	5	5.1
地区分布	华东	37	37.8
	华北	24	24.5
	华南	16	16.3
	华中	12	12.2
	西部	9	9.2

表 3-12　重大工程 ECB 调研样本的人员背景信息

变量	类别	数量	变量	类别	数量
角色	业主	72	项目职位	项目经理	58
	施工方	61		部门经理	31
	咨询方	39		专业主管	45
	设计方	14		项目工程师	64
	材料供货方	12	性别	男	135
工作年限	<5 年	55		女	63
	6～10 年	61	教育程度	专科及以下	11
	11～15 年	48		本科	91
	16～20 岁	19		硕士	74
	>20 年	15		博士	22

① 根据附录 E 的项目清单和现场调研情况发现，受访者多以其所在标段的投资额作答，因此实际上项目的整体投资大于统计结果。但根据问卷作答情况，上述低于 10 亿元的 4 个项目都属于市级及以上的重大或重点项目，因此对于其数据予以保留。限于数据的可获得性，本书未对所列项目的投资规模进行逐一统计，统计结果以受访者的作答为准。

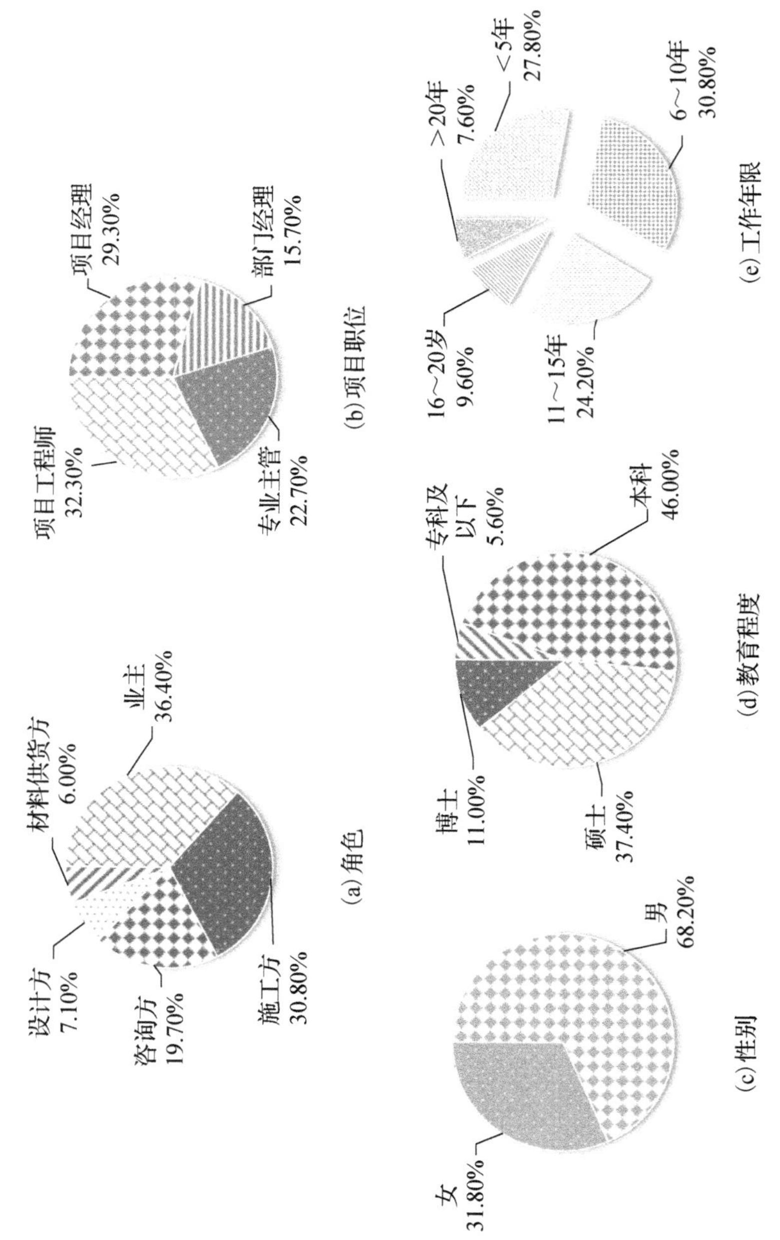

图 3.4　重大工程 ECB 调研样本的人员背景信息

程度等方面具有较好的代表性，能够保证对问卷内容的充分理解。此外，问卷中专门设置了问题“您熟悉项目所推行的环境政策和措施吗”，并包括了“熟悉”“不熟悉”和“不确定”3 个选项。“不确定”选项的设置是基于 Norton（2014）的建议，即预防应答者的强制性回答倾向。随后，只有选择“熟悉”选项的应答者才被保留在研究样本中，其他选择“不熟悉”或“不确定”选项的应答者在样本中被剔除。同时，60%以上的受访者为项目的中层及以上管理人员，因此能够对项目实施的整体情况形成较为充分的理解，并且具有较高的项目决策参与度。问卷反馈的结果能够较好地代表重大工程实践者的真实信息。根据本书的研究设计，受访者来自筛选后的业主、施工单位和咨询方，分别占比 36.4%、30.8%和 19.7%；限于设计方和材料供货方在项目环境管理过程中的参与度偏低，因此样本占比相对较低。

3.6　基于 PLS 的结构方程建模

3.6.1　应用 PLS–SEM 的原因

结构方程模型（Structural Equation Model，SEM）为应用统计领域发展最为迅速的分析方法之一，主要用于处理复杂的多变量数据，广泛应用于经济学、管理学、社会学、心理学、行为科学及医学等领域。SEM 的参数估计和检验方法分为两类：CB-SEM（Covariance-based SEM）和 PLS-SEM（Partial Least Squares SEM）。

CB-SEM 的建模原理是以协方差为基础，寻求样本方差矩阵和基于理论模型的协方差矩阵之间的“差异”最小，其建模目的是追求最优的参数，保证估计的精确度；而 PLS-SEM 是一种新型的多元统计分析技术，其建模原理是以方差为基础，寻求所有残差最小方差估计量来构建模型，其建模目的是预测，通过不断迭代使参数稳定（刘慧，2011）。与 CB-SEM 相比，PLS-SEM 目前已得到越来越广泛的关注和应用，其原因主要有以下几点（陈江，2013）。

① 如果研究的目的是理论检验和证实，则最适合的方法是 CB-SEM；但如果研究的目的是预测和理论发展，则最适合的方法是 PLS-SEM。

② 与 CB-SEM 相比，PLS-SEM 具有更小的样本量需求（30～100）和更强的复杂模型分析能力，并对数据具有更少的限制性假定。

具体而言，CB-SEM 或 PLS-SEM 的经验法则选取如表 3-13 所示。在基于 PLS-SEM 建模之前，需要验证数据是否具有正态分布的特性，具体包括两类检验方法。

表 3-13　CB-SEM 或 PLS-SEM 的经验法则选取

原因	情况类型	选择结果
研究目标	如果是预测关键目标构念或识别关键驱动因素	PLS-SEM
	如果是理论检验、理论证实或比较备选理论	CB-SEM
	如果是探索性研究或是现有结构理论的延伸	PLS-SEM
结构模型	如果结构模型是复杂的（众多构念和指标）	PLS-SEM
	如果模型是非递归的（存在因果循环的回路）	CB-SEM
数据特点	如果不符合正态分布	PLS-SEM
	如果样本量偏小（200 以内）	PLS-SEM

注：内容根据 Hair 等（2011）整理。

① 偏度系数和峰度系数，具体计算公式如下。

偏度计算公式为

$$u=\frac{|g_1-0|}{\sigma_{g_1}} \tag{3.1}$$

峰度计算公式为

$$u=\frac{|g_2-0|}{\sigma_{g_2}} \tag{3.2}$$

式中，g_1 表示偏度；g_2 表示峰度。计算 g_1 和 g_2 及其标准误差 σ_{g_1} 和 σ_{g_2}，并进行 U 检验，当两项检验均得出 $U<U_{0.05}=1.96$，即 $p>0.05$ 时，才

能认为数据服从正态分布。当偏度为负值时，数据呈现左偏，反之为右偏；当峰度为负值时，数据呈现低峰度，反之为高峰度。

② 非参数检验法，即 Kolmogorov-Smirnov 检验（D 检验）和 Shapiro-Wilk 检验（W 检验）。对于上述两项参数检验，如果 $p > 0.05$，表明数据符合正态分布。根据附录 F，所有观测指标的参数检验 p 值均小于 0.05，因此文本的数据不符合正态分布。PLS-SEM 方法最大的优势在于不要求建模数据符合正态分布等假设条件。PLS 建模的理论基础是预测条件（Kline，2015），即对于 $y = \beta_0 + \beta_1 x + \varepsilon$ 有 $\hat{y} = E[y \mid x] = \beta_0 + \beta_1 x$，要求 $E[\varepsilon] = 0$，$\mathrm{Cov}[x, y] = 0$。

根据附录 F，本书数据的偏度和峰度指标值并不符合正态分布的特点。此外，本研究的最大有效样本量为 198，低于 CB-SEM 建模最大有效样本量在 200 以上的经验法则要求。但本研究的样本量已远远超出最大构念路径（指标）数 10 倍的 PLS-SEM 的经验法则要求，如表 3-14 所示。因此，本研究选择 PLS 建模技术对相关数据展开实证分析。

表 3-14　研究的构念分类

章节	构念名称及其缩写	类型	路径（指标）数	作用
第 4 章	针对政府/业主的重大工程环境责任实践（MER-G）	外生	2	自变量
	针对非业主方的重大工程环境责任实践（MER-N）	外生	6	自变量
	针对周边社区的重大工程环境责任实践（MER-L）	外生	4	自变量
	针对社会公众的重大工程环境责任实践（MER-P）	外生	6	自变量
	环境承诺（EC）	内生	7	中介变量
	环境公民行为（ECB）	内生	7	因变量
第 5 章	强制压力（CP）	外生	3	自变量
	模仿压力（MP）	外生	3	自变量
	规范压力（NP）	外生	3	自变量

续表

章节	构念名称及其缩写	类型	路径（指标）数	作用
第 5 章	组织支持（OS）	内生	4	中介变量
	环境公民行为（ECB）	内生	7	因变量
第 6 章	强制压力（CP）	外生	3	自变量
	模仿压力（MP）	外生	3	自变量
	规范压力（NP）	外生	3	自变量
	环境公民行为（ECB）	内生	7	中介变量
	环境管理策略（EMS）	内生	3	因变量
	环境管理实践（EMP）	内生	3	因变量
第 7 章	变革型领导（TFL）	外生	8	自变量
	交易型领导（TSL）	外生	4	自变量
	权力距离（PD）	外生	6	调节变量
	集体主义（CO）	外生	4	调节变量
	环境承诺（EC）	内生	7	中介变量
	环境公民行为（ECB）	内生	7	因变量

综上所述，本研究选择 PLS-SEM 主要基于以下原因。

① 本书后续章节所涉及的问卷数据均不符合正态分布。

② 本书后续章节涉及二阶模型，并且需要验证中介效应。由于模型整体较为复杂，并且不存在因果循环的回路，所以更适合运用 PLS-SEM 进行验证。

③ 本研究是在识别 ECB 的内外部驱动因素的基础上，进一步结合制度理论研究 ECB 对环境管理绩效改善的“传导”作用，是对于经典理论研究视角的拓展。

3.6.2 模型特征

基于 PLS-SEM 技术所构建的模型主要分为两部分。

（1）结构模型

结构模型亦称为内部模型，反映的是潜在构念之间的路径关系。在结构模型中，PLS-SEM 仅允许递归性关系的存在，即没有因果循环的回路，因此潜在构念之间的路径只存在单向箭头。结构模型中的潜在构念又分为外生构念和内生构念。其中，外生构念只影响其他构念，而不受其他任何构念的影响。在路径关系中，外生构念只有指向其他构念的箭头，而没有任何箭头指向它。内生构念会受到模型中其他构念的影响，在路径关系中，至少有一个箭头指向它，即它被其他构念所决定和解释。结构模型的方程式如下。

$$\boldsymbol{\eta} = \boldsymbol{B\eta} + \boldsymbol{\Gamma\zeta} + \boldsymbol{\zeta} \tag{3.3}$$

式中，$\boldsymbol{\eta} = (\eta_1, \eta_2, \eta_3, \cdots, \eta_n)$ 是内生构念构成的向量；$\boldsymbol{\xi} = (\xi_1, \xi_2, \xi_3, \cdots, \xi_n)$ 是外生构念构成的向量；$\boldsymbol{B}(m \times m)$ 是内生构念的路径系数矩阵；$\boldsymbol{\Gamma}(m \times n)$ 是外生构念的路径系数矩阵；$\boldsymbol{\zeta}(m \times 1)$ 是残差项构成的向量，反映 $\boldsymbol{\eta}$ 在方程式中不能被解释的部分。

（2）测量模型

测量模型也称为外部模型，反映每个潜在构念和其指标变量之间的预测关系。PLS-SEM 能够处理反映型和构成型的测量模型。反映型的指标被视为潜在构念的“功能”，潜在构念的变化反映为指标变量的变化，两者的关系用单向箭头表示，方向是从潜在构念指向指标变量，而两者的相关系数在 PLS-SEM 中被称为外部载荷（Outer Loadings）。构成性的指标是潜在构念的子集，其在指标上的变化决定了潜在构念价值上的变化（Diamantopoulos et al.，2008），两者的关系同样用单向箭头表示，但方向是从指标变量指向潜在构念，而两者的相关系数在 PLS-SEM 中被称为外部权重（Outer Weights）。本研究只涉及反映型测量模型。测量模型的方程式如下。

$$\boldsymbol{y} = \boldsymbol{\Lambda}_y\boldsymbol{\eta} + \boldsymbol{\varepsilon}_y \,, \quad \boldsymbol{x} = \boldsymbol{\Lambda}_x\boldsymbol{\xi} + \boldsymbol{\varepsilon}_x \tag{3.4}$$

式中，$\boldsymbol{y} = (y_1, y_2, \cdots, y_p)$ 是内生构念的指标向量，即 $\boldsymbol{\eta}$ 的观测指标；而 $\boldsymbol{x} = (x_1, x_2, \cdots, x_q)$ 是外生构念的指标向量，即 $\boldsymbol{\xi}$ 的观测指标；$\boldsymbol{\Lambda}_y(p \times m)$ 和 $\boldsymbol{\Lambda}_x(q \times n)$ 是载荷矩阵；$\boldsymbol{\varepsilon}_y(p \times 1)$ 和 $\boldsymbol{\varepsilon}_x(q \times 1)$ 是残差向量。

综上分析，本书后续章节所涉及的构念及其类型如表 3-14 所示。

3.7 本章小结

本章从专家访谈、问卷设计、数据收集和研究对象的特征分析等方面对定性和定量的研究过程进行了全面阐述。研究问题的确立和相关变量的选择经过文献综述和专家访谈两个环节的系统梳理，保证研究问题具有充分的理论基础，并通过对 ECB 事例的整理和收集，为后续章节的实证研究提供丰富的现实依据。首先，问卷设计经过文献研究、半结构化访谈、结构化访谈和小样本测试 4 个步骤的不断修正，同时在可靠性方面进行深入分析，保证了问卷的合理性和科学性。其次，在样本选择及问卷的发放和回收过程中进行了缜密的前期准备工作和严格的条件限制，能够为有效的数据收集奠定基础。再次，通过比较 CB-SEM 和 PLS-SEM 的特点，阐述本研究建模方法的选择原因及思路。

第 4 章 重大工程环境公民行为的内部驱动因素[①]

基于旧制度主义关注组织内部实践机制的启示，本章进一步结合社会认同理论，研究重大工程项目成员的环境公民行为（ECB）及其内部驱动因素。组织的内部环境责任实践与其成员的公民行为密切相关。本章重点考察重大工程的环境责任实践对项目成员的环境承诺和 ECB 的影响机制。实证结果对于重大工程改进环境管理政策具有理论启示及实践参考。

4.1 研究概述

4.1.1 研究背景

重大项目是投资巨大、高度复杂（尤其是组织方面），并且对经济、社会和环境产生持续影响的临时性组织（Brookes et al.，2015）。在工程领域，重大项目通常是指由政府发起的大型基础设施工程，其特点包括巨大的资源消耗、显著的环境影响及高风险和高复杂性

① 本章主要内容源自附录论文 *Exploring the impact of megaproject environmental responsibility on organizational citizenship behaviors for the environment: a social identity perspective*（引自 *International Journal of Project Management*，SSCI 检索期刊）。

（Flyvbjerg，2014；Locatelli et al.，2010；Marrewijk et al.，2008）。在强调可持续发展的大背景下，改进环境绩效是重大工程最为迫切和重要的任务（Zeng et al.，2015）。在重大工程加强环境管理的过程中，最大的挑战是将“纸面上”的项目政策或规定转化为每位项目成员积极、自觉的行动（Locatelli et al.，2017b；Maier et al.，2014）。如果个体不能有效地参与，则环境管理的政策和体系会与日常的项目工作明显脱节，更多成为一种象征性的而非实质性的“面子工程”（Boiral et al.，2016）。Boiral（2009）将环境公民行为（Environmental Citizenship Behaviors，ECB）定义为：不能被正式管理体系明确界定的，但有助于改善环境管理工作的自觉自愿个体行为，如帮助解决环境问题、提供防治污染的建议，以及协助环境部门推广绿色技术等。

重大工程是一类复杂、动态和临时性的组织,与一般意义上的项目相比，重大工程中的工作角色和团队边界更加模糊，涉及内部团队间大量的非正式协调工作（Hanisch et al.，2014；Sainati et al.，2017）。作为一类角色外的自觉自愿行为，ECB 对于弥补重大工程正式管理体系（Formal Management System）的缺陷具有重要意义，并且能够为项目成功（Project Success）带来积极影响（Braun et al.，2013；Turner et al.，2012）。上海世博会项目高度重视环境问题，专门制定了一系列的环保措施加以应对（Zhang，2013），如发起“金点子”活动征集项目成员的建设性意见。类似的活动对于降低项目建设过程中的资源消耗及加强环境保护起到了重要的推动作用（He et al.，2015）。

4.1.2 研究目的和问题

本章通过提出和验证 ECB 的内部驱动因素模型,为重大工程管理的研究开辟了新的视角。根据 ECB 的相关文献，如果个体意识到其所在组织非常重视环境可持续，并且组织愿意支持环境责任实践，则个体往往会表现出更多的 ECB（Paillé et al.，2015；Raineri et al.，2016）。然而，尚不清楚的是组织的环境责任实践是如何影响其成员的 ECB（Paillé et al.，2014a；De Roeck et al.，2012）。环境承诺（Environmental Commitment）是个体对组织环境目标和价值观的认同和依附，能够作为连接组织环境责任实践和个体 ECB 的“桥梁”（Raineri et al.，2016）。综上分析，本章目的在于研究重大工程环境责任实践（Megaproject Environmental Responsibility Practices，MERP）与项目成员 ECB 之间的关系，并且考虑项目成员环境承诺的中介作用。

本章从利益相关者的视角对 MERP 进行界定，即考虑不同利益相关者群体诉求的重大工程环保举措，涉及政府/业主、非业主方参建单位（承包商、咨询方、设计方和供货方）、周边社区及其他社会公众等（Zeng et al.，2015）。针对上述 4 类利益相关者群体的 MERP 表现为完全不同的形式。为了更好地分析 ECB 的内部驱动因素，有必要对上述 4 类 MERP 进行区分。由此，提出以下研究问题。

在重大工程中，4 类 MERP 是如何影响项目成员的环境承诺及其 ECB 的？

本章的 4.2 节主要通过文献综述概括研究的理论基础并提出相关假设。4.3 节阐述研究的方法和分析的过程。4.4 节介绍实证数据的分析结果。4.5 节探讨研究的结论及对重大工程环境管理的启示。4.6 节和 4.7 节总结本章的主要观点并为后续研究提供建议。

4.2　研究假设的提出

4.2.1　环境承诺与 ECB

根据 Meyer 等（2001），环境承诺是一种依附于组织的环境目标，并对其负责的心理状态。基于理性行为理论（Ajzen et al.，1980）及

“价值–信仰–规范”理论（Stern et al.，1999），个体特定的态度与其所处的情景密切相关，并且带有一定的行为倾向（Raineri et al.，2016）。随着环境问题受到越来越多的关注，重大工程良好的环境管理绩效能够使项目成员感受到一种自豪感，而且更容易认同项目本身的环境目标和环境价值观（Environmental Values）。由 MERP 所激发出的环境承诺能够使项目成员认为与同事拥有一致的环境价值观。由此，他们更倾向于参与到帮助同事的行动中（如 ECB）。此外，他们也乐于付出更多、更大的努力以实现项目的环境目标。由此提出下列假设。

假设 4.1：项目成员的环境承诺对其 ECB 有积极的影响。

4.2.2 MERP 对环境承诺和 ECB 的影响

（1）MERP 的分类

环境责任是企业社会责任（Corporate Social Responsibility，CSR）的重要组成部分，即组织所采取的、希望积极影响其内外部利益相关者的环保实践（Rahman et al.，2012）。重大工程的利益相关者是影响项目实践或被项目实践影响的各类群体，包括内部利益相关者（政府/业主、承包商、咨询方、设计方以及供货方）和外部利益相关者（项目周边社区及其他社会公众）（Zeng et al.，2015），具体如图 4.1 所示。

考虑到角色的差异性，内部利益相关者可以进一步分为两类：①政府（项目的监管方和业主）；②除业主以外的其他项目参建方（承包商、咨询方、设计方和供货方）。政府通常是重大工程的“发起人”，因此其角色也是双重的，一方面依据法律、法规对项目进行监管；另一方面依据合同管理和实施项目。业主以外的其他参建方则仅负责按照合同约定实施项目。类似的，外部利益相关者也可以分为两类：①项目周边的社区；②社会公众。项目周边的社区直接受到重大工程实施过程的影响，如土地征收、房屋拆迁、居住环境的改变等。而其他外部利益相关者（包括媒体）则被归入社会公众类别。

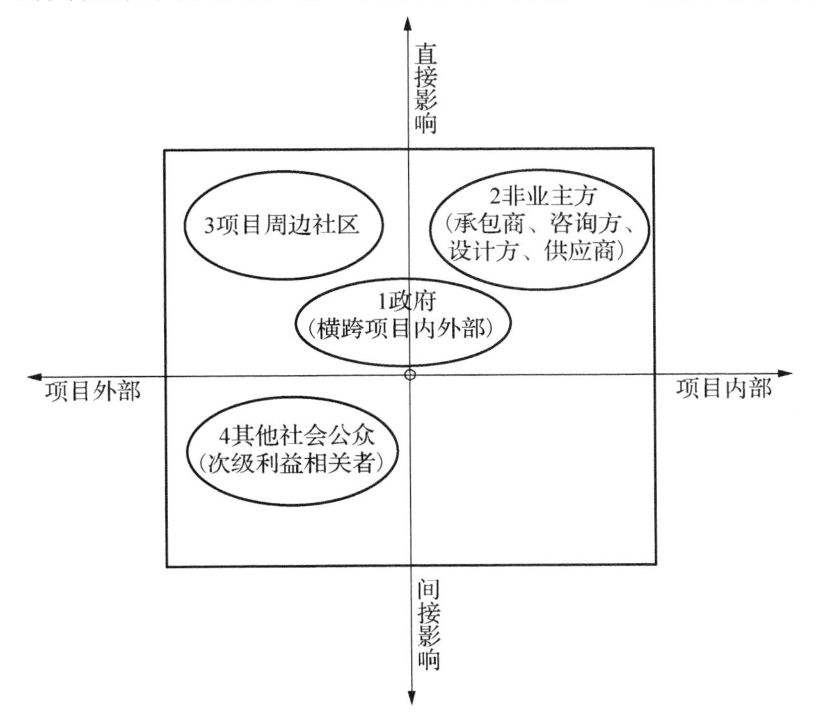

图 4.1　重大工程利益相关者群体的分类（参考 Zeng 等，2015）

基于社会认同理论，在不同社会群体中的成员身份可以界定为“个体作为特定社会群体成员所具有的特点和属性”（Ashforth et al.，1989）。特别的，个体的社会身份能够为他们提供思考和行动的参照。个体所在的企业组织就是其社会身份的标签。根据 Newman 等（2015）的研究，当个体认为其所在组织具有社会责任时，他们会建立起对组织的认同（Organizational Identification），并在此过程中自觉地承担起更多角色外（Extra-role）的利组织行为。类似的，重大工程组织是其参建方的一种社会身份标签。基于社会认同理论，本章认为参建方项目成员所“耳濡目染”的 MERP 能够促使其实施更多的 ECB，因为项目认同（Project Identification）的过程能够使他们为重大工程的环境目标和价值观感到自豪。由此，本章在后续小节依次提出假设 4.2a、假设 4.2b、假设 4.3a、假设 4.3b、假设 4.4a、假设 4.4b、假设 4.5a 和假设 4.5b。

（2）针对政府/业主的 MERP

第一类利益相关者群体是政府/业主。与常规项目相比，重大工程具有高度的复杂性和不确定性，因此环境管理工作面临巨大挑战。如果重大工程能够完全遵守相关的环保法律、法规及项目业主在招标文件中的各项环保要求，则有利于树立对政府负责的项目品牌形象（杨剑明，2016）。项目的声誉可以向政府传递积极的信号，改善监管与被监管的对立关系。由此，参建方项目成员的自尊心会得到提升，进而更加认同项目的环境价值观，并在与政府积极、主动地协作过程中表现出更多有益于环境管理绩效的角色外行为。综上所述，基于社会认同理论的相关研究观点（Carmeli et al.，2007；Newman et al.，2015），针对政府/业主的 MERP（如按照规定及时缴纳工程排污费、扬尘治理费等环保税费等），能够鼓励项目成员更加努力地实现重大工程的环境目标，并在此过程中帮助与其有着共同环境价值观的同事。基于此，提出下列假设。

假设 4.2a：针对政府/业主的 MERP 对项目成员的环境承诺有积极的影响。

假设 4.2b：针对政府/业主的 MERP 对项目成员的 ECB 有积极的影响。

（3）针对非业主方的 MERP

针对非业主方（承包商、咨询方、设计方和供货商）的 MERP 往往表现为多种形式：在项目现场创造良好的工作和生活环境，在处理与承包商或咨询方的环境问题争端时恪守公平承诺，提供拓展环保设计和施工知识的学习机会等，如泡沫微生物“环保厕所”入驻港珠澳大桥，为海上钻孔平台的作业施工人员带来了极大的便利，实现了无须下水管道，无溢流、无排放、无污染等节能低碳效应（港珠澳大桥管理局，2013）。当项目成员意识到重大工程能够满足其个人及同事的环境需求（Environmental Needs），则他们倾向于认为重大工程与其拥有共同的环境价值观。根据社会认同理论的相关文献（Newman et al.，2015；Zhang et al.，2014），针对非业主方的MERP能够促使项目成员采取更多的利他ECB，进而帮助项目更好地实现环境目标。由此提出下列假设。

假设4.3a：针对非业主方的MERP对项目成员的环境承诺有积极的影响。

假设4.3b：针对非业主方的MERP对项目成员的ECB有积极的影响。

（4）针对项目周边社区的MERP

重大工程能够改变项目所在地区的生态环境，而项目周边的社区往往“首当其冲”。正确处理与项目周边社区的关系是重大工程顺利实施，保证项目人员和财产安全，进一步拓展地区业务的重要问题。如果不能理顺与周边社区的关系，将引起群众不满甚至导致恶性群体性事件的发生，如鹤山核燃料项目的群体对抗事件（肖群鹰等，2016）。重大工程需要积极维系与社区的互动关系，通过有针对性的环保宣传减少居民的误解，并投入资金支持社区环境的改善，从而实现各方利益的平衡，实现多方共赢，保证项目目标的实现。依据社会认同理论，如果重大工程能够从周边社区获得有关项目环保实践的积极反馈，则会进一步增强项目成员的信任感，从而更加认同项目的环境价值观。因此，针对周边社区的MERP能够培养项目成员共同的环境承诺，进而促使其实施更多的ECB，并且为项目的环境目标付出更大的努力。由此提出下列假设。

假设4.4a：针对项目周边社区的MERP对项目成员的环境承诺

有积极的影响。

假设 4.4b：针对项目周边社区的 MERP 对项目成员的 ECB 有积极的影响。

（5）针对社会公众的 MERP

针对社会公众的 MERP 是指重大工程管理层所提出的环保理念及针对次级利益相关者[①]（Secondary Stakeholders）所采取的相应措施。随着社会公众对于重大工程环境责任越发重视，项目的一举一动会通过报纸、电视、网络等媒体暴露于公众视野中。新闻媒体一直以独立的监督者身份存在，重大工程出现任何不光彩的环境事故都可能被曝光，而重大工程积极履行环境责任并为地区可持续发展谋福利的行为也会得到宣扬和褒奖。良好的公众责任履行是重大工程展示良好环境形象的有效途径，如港珠澳大桥制定了一系列严格的措施保护海洋环境，降低工程施工对中华白海豚的不利影响，带来了良好的社会效应和公众口碑。当个体对组织的公众责任形象评价越高时，其工作的满意度和 OCB 水平也越强（王文彬等，2012）。基于社会认同理论（Bartels et al.，2010；Newman et al.，2015），当重大工程为社会与自然环境的可持续而不断采取措施时（甚至不惜成本超支或进度延后），项目成员往往会通过认同和支持重大工程环境目标的方式建立起共同的环境承诺。因此，项目成员会认为自己与其他同事拥有类似的特质及共同的价值观。最终，针对社会公众的 MERP 使项目成员不仅关注自身目标的实现，而且更愿意实施利他的 ECB。综上分析，提出下列假设。

假设 4.5a：针对社会公众的 MERP 对项目成员的环境承诺有积极的影响。

假设 4.5b：针对社会公众的 MERP 对项目成员的 ECB 有积极的影响。

---

① 项目外部和间接关联的利益相关者。

4.2.3 控制变量

为隔离组织及项目情景因素的影响，共有 4 个控制变量被纳入研究 MERP 与项目成员 ECB 关系的实证模型中。第 1 个控制变量的项目角色用来反映应答者是否来自业主（0=业主；1=非业主）。余下的 3 个控制变量中，项目规模通过被调研项目的投资额来反映（1=10 亿～50 亿元；2=50 亿～100 亿元；3=100 亿元以上）；项目类型用来反映被调研项目是否为基础重大工程（0=基础重大工程；1=非基础重大工程）[①]；项目工期通过施工阶段的持续时间来反映（1=小于 24 个月；2=24～36 个月；3=36～48 个月；4=48～60 个月；5=60 个月以上）。

4.3 研究方法

4.3.1 变量测量

环境责任的概念来源于企业社会责任，旨在反映组织在处理环境问题中的绩效表现。因此，问卷的环境责任部分主要依据企业社会责任的量表改编（Turker，2009a）。类似的改编在大量组织和行业中得到广泛验证（De Roeck et al.，2012；Ho et al.，2012；Sparks et al.，2013）。本章中，针对社会公众、项目周边社区、非业主方和政府/业主的环境责任题项分别是基于社会责任量表中与社会、客户[②]、员工和政府相关的题项改编而来。

对于环境承诺，7 个题项来自 Raineri 等（2016）的量表，用以反映项目成员对重大工程环境目标的认同感。ECB 的 7 个题项同样

① 基础重大工程是指为社会生产和公众生活提供必要服务的能源、交通和通信等领域的大型项目；非基础重大工程，如摩天大楼、大型会展设施、工业园区等为文化、商业领域提供增值服务的大型项目。

② 工程项目通常遵循“生产定制”（Production-to-order）的模式，致力于满足客户的各类需求（Cao et al.，2014）。周边社区是基础设施项目最主要的使用者，所扮演的角色类似于产品的“客户”（消费者）。

基于 Raineri 等（2016）的量表，用以反映项目成员在环保实践中的自觉行为表现。本章选择 Raineri 等（2016）量表的主要原因在于：题项表述相对宽泛和简短，因此能够应用于不同类型的组织和行业情景。类似的，改编后的环境承诺和 ECB 题项也经过深度访谈的完善和修正（详见 3.5.1 小节）。上述自变量和因变量均为反映性指标构念。相关题项的测量主要依据李克特 5 点式量表，1 表示完全不同意，5 表示非常同意。由于原始的量表来源于英文文献，因此首先需要将其翻译成中文。为保证中英文版本的一致性，本研究在复旦大学英语专业两位博士的协助下通过回译的方式确定最终的中文量表内容。

4.3.2 样本选择与程序

本研究邀请 23 位重大工程领域的专家[①]参加问卷的预测试（详见 3.5.1 小节），从而识别模糊的语言表述及验证相关构念的有效性。根据预测试环节的意见反馈，问卷得到了进一步的修正和完善，如在环境责任实践题项中有关环境影响（Environmental Impacts）的表述“我们项目实施绿色低碳技术以减少对环境的影响”被修正为“我们项目实施绿色低碳技术以减少对环境的负面影响”。在正式问卷发放前需要与应答者进行简短的沟通，向其介绍研究的目的，承诺信息的保密性，以及提供小礼物的馈赠等[②]。

表 4-1 是调研样本的人口统计学特征。在问卷调研中，应答者被要求依据其最近经历的重大工程来填写。由此，应答者能够相对清晰地描述重大工程的环境责任实践情况，并避免有意识地选择成功案例而导致的社会称许性偏差（Socially Desirable Responding）。此外，根据 Milfont（2009）的研究，社会称许性偏差对人们回应其

① 23 位参加预测试的专家来自重大工程的环境管理领域（如环保培训和环境监理等）。他们对环境法规和项目环境政策比较熟悉，并有超过 5 年的工作经验，详见附录 D。

② 每位填写问卷的应答者会收到印有同济 Logo 的纪念品（笔记本、圆珠笔和书签等），或者是通过微信发放的红包。

环保态度和行为的方式并无显著影响。综上所述，社会称许性偏差并不会对本研究的数据质量产生显著影响。经过筛除无效问卷（空白过多）和异常值（连续填写同一选项），最终得到包括业主、承包商和咨询方 3 种项目角色的 172 份[①]有效问卷。

表 4-1　调研样本的人口统计学特征

变量	类别	人数/人	比例/%
项目角色	业主	72	41.86
	承包商	61	35.47
	咨询方	39	22.67
项目类型	大型会展设施/产业园区	54	31.40
	地铁	35	20.35
	交通枢纽	31	18.02
	能源设施	23	13.37
	高铁	16	9.30
	桥梁	13	7.56
地点[a]	华东	76	44.19
	华南	32	18.60
	华北	29	16.86
	西部	21	12.21
	华中	14	8.14
职位	项目经理	58	33.72
	部门经理	29	16.86
	专业主管	41	23.84
	项目工程师	44	25.58
工作经验	≤5 年	45	26.16
	6～10 年	51	29.65
	11～15 年	42	24.42
	16～20 年	19	11.05
	＞20 年	15	8.72

注：地点[a]是指应答者的项目所在地。

① 总共收集有效问卷 198 份，考虑到设计方（N=14）和供货商（N=12）对于 MERP 的参与度较低，根据访谈专家的反馈建议，在本章的分析中仅保留业主（N=72）、承包商（N=61）和咨询方（N=39）的 172 份有效问卷。

在172位应答者中，58位（33.72%）是高层的项目经理，70位（40.70%）是中层的部门经理或专业主管，其余44位（25.58%）是实施层的项目工程师。在172份问卷中，有41.28%的问卷来自现场调研，余下36.63%和22.09%的问卷分别来自问卷星（http://www.sojump.com）和Email。ANOVA分析显示：来自3种渠道的问卷并无显著的差异（p值为0.118～0.861之间）①。

4.3.3 数据分析的工具

本章中，因子分析（Factor Analysis）被用于问卷数据的处理。作为一种有效的统计方法，因子分析被广泛应用于识别变量的内部结构（Hon et al.，2013）。因子分析结合主成分分析（Principal Component Analysis）能够识别潜在的因子结构，并进一步缩减测量题项（He et al.，2016）。为检验研究假设，本章采用基于PLS的结构方程模型。PLS是集成主成分分析、路径分析及回归的新型技术，能够在同一个结构方程模型（Structural Equation Modeling，SEM）中同时分析多个因变量（Ringle et al.，2012）。对于两类SEM的分析方法，本研究选择PLS-SEM而不是CB-SEM的原因概括如下（详见3.6.1小节）。

① PLS-SEM可以用于分析未知分布（Distribution-free）的样本，适合处理通过问卷收集的数据（Aibinu et al.，2010）。

② PLS-SEM适用于小样本的处理（Hair et al.，2016），而CB-SEM则通常需要200以上的样本量以达到模型适配性的精确估计（Hoelter，1983）。

③ PLS-SEM通过线性组合的方式对潜在构念进行估计，从而

① 针对3类受访群体（现场调研、问卷星、Email）的ANOVA分析结果表明：针对社会公众的MERP、针对项目周边社区的MERP、针对非业主方的MERP、针对政府/业主的MERP、环境承诺和ECB的p值分别为0.643、0.118、0.861、0.431、0.251和0.601。

避免因子的模糊性（Factor Indeterminacy）（Hair et al.，2011）。

④ PLS-SEM特别适合于理论发展和验证的初级阶段（Astrachan et al.，2014），与本研究的情况相符。值得注意的是，PLS-SEM 越来越广泛地应用于工程项目中的合作行为（Aibinu et al.，2008）、关系行为（Ning et al.， 2013）、环境行为（Yusof et al.，2016）及公民行为（Lim et al.，2017）的实证研究。

4.4 数据分析

4.4.1 因子分析

本章首先通过探索性因子分析（Exploratory Factor Analysis，EFA）对 MERP 的 18 个题项进行结构解析。Kaiser–Meyer–Olkin（KMO）值是 0.927>0.6，表明样本充足（Field，2009）。此外，Bartlett 球形检验结果显示 $\chi^2 = 2131.110$（$df = 153$，$p = 0.000 < 0.001$），表明变量之间的相关系数满足因子分析的要求（George et al.，2011）。

通过 EFA 发现，MERP 的题项共涉及 4 个构念，包括针对社会公众的重大工程环境责任实践（Megaproject Environmental Responsibility Practices Directed Toward the General Public，MERP-P）、针对项目周边社区的环境责任实践（Megaproject Environmental Responsibility Practices Directed Toward the Local Community，MERP-L）、针对非业主方的环境责任实践（Megaproject Environmental Responsibility Practices Directed Toward Non-owner Stakeholders，MERP-N）、针对政府/业主的重大工程环境责任实践（Megaproject Environmental Responsibility Practices Directed Toward Governments，MERP-G）。

如表 4-2 所示，每个潜在构念所涉及题项的因子载荷值均大于阈值 0.5，而且超过其他构念下的因子载荷值。上述结果验证了用 18 个题项反映 4 个潜在构念的合理性。类似地，EFA 同样应用于环境承诺（Environmental Commitment，EC）和 ECB 的题项分析，最终没有 EC 或 ECB 的题项被剔除。验证性因子分析（Confirmatory Factor Analysis，CFA）用于进一步检验构念 MERP 的 4 因素结构。CFA 的结果表明（表 4-3）：MERP 的因子结构有着较好的适配度。

表 4-2　MERP 的构成

构念	测量题项	因子载荷			
		因子 1	因子 2	因子 3	因子 4
MERP-N	MERP-N4	**0.915**	0.089	0.136	0.083
	MERP-N5	**0.902**	0.088	0.146	0.059
	MERP-N1	**0.813**	0.128	0.189	0.265
	MERP-N2	**0.707**	0.345	0.181	0.274
	MERP-N3	**0.703**	0.470	0.184	0.151
	MERP-N6	**0.584**	0.408	0.305	0.333
	MERP-P4	0.236	**0.815**	0.245	−0.004
MERP-P	MERP-P5	0.186	**0.795**	0.336	−0.006
	MERP-P6	0.221	**0.785**	0.188	0.107
	MERP-P2	0.159	**0.755**	0.061	0.393
	MERP-P1	0.064	**0.668**	−0.048	0.525
	MERP-P3	0.150	**0.559**	0.371	0.456
	MERP-L1	0.154	0.325	**0.773**	−0.066
MERP-L	MERP-L2	0.237	0.242	**0.721**	0.249
	MERP-L3	0.092	−0.248	**0.697**	0.412
	MERP-L4	0.416	0.284	**0.579**	0.074
MERP-G	MERP-G2	0.358	0.164	0.195	**0.723**
	MERP-G1	0.302	0.198	0.412	**0.550**
解释方差/%		23.99	22.73	15.18	11.15
累计解释方差/%		23.99	46.72	61.90	73.05

注：加粗数据是各构念所涉及题项的因子载荷值。

表 4-3　MERP 的 CFA

指标类别	指标	判别标准	环境责任实践	
			值	判别结果
绝对拟合指标	RMR	<0.05	0.030	是
	RMSEA	<0.08	0.064	是
	NFI	>0.90	0.915	是
	IFI	>0.90	0.958	是
	TLI	>0.90	0.934	是
	CFI	>0.90	0.957	是
相对拟合指标	PGFI	>0.50	0.523	是
	PNFI	>0.50	0.598	是
	PCFI	>0.50	0.625	是
	χ^2/df	<2.00	1.893	是
简约拟合指标	AIC	理论模型值小于独立模型值，且同时小于饱和模型值	331.330<342.000 331.330<2255.816	是
	CAIC	理论模型值小于独立模型值，且同时小于饱和模型值	625.802<1051.222 625.802<2330.471	是

4.4.2　实证模型的评估

本章进一步从内部一致性、聚合效度、区分效度等方面对测量题项进行评估。内部一致性是通过组成信度（Composite Reliability，CR）和 CITC 检验进行评估的。表 4-4 表明 CR 值全部大于 0.7，并且 CITC 值均大于 0.5（附录 G），因此每个构念所涉及题项的内部一致性良好（Hair et al.，2011）。聚合效度是指题项对于构念的实际反映程度。平均方差萃取（Average Variance Extracted，AVE）是衡量聚合效度的指标。如表 4-4 所示，AVE 值全部大于 0.5，表明聚合效度良好。此外，聚合效度的评价指标还包括每个题项的因子载荷。

表 4-4　内部驱动因素量表的有效性和构念的相关性

构念	CR	AVE	相关矩阵					
			MERP-P	MERP-L	MERP-N	MERP-G	EC	ECB
MERP-P	0.92	0.66	**0.81**					
MERP-L	0.86	0.61	0.58	**0.78**				
MERP-N	0.94	0.74	0.58	0.60	**0.86**			
MERP-G	0.89	0.81	0.54	0.58	0.59	**0.90**		
EC	0.93	0.67	0.62	0.61	0.68	0.59	**0.82**	
ECB	0.93	0.66	0.50	0.52	0.59	0.55	0.59	**0.81**

注：相关矩阵对角线中的加粗数据为 AVE 的平方根。

如表 4-5 所示，每个构念所涉及题项的标准化因子载荷值均大于 0.7，且不存在交叉载荷的问题。最后，AVE 的平方根值（相关矩阵的对角线）均大于构念之间的相关系数，表明量表具有较好的区分效度。

表 4-5　内部驱动因素量表题项的交叉载荷

编码	题项载荷					
	MERP-P	MERP-L	MERP-N	MERP-G	EC	ECB
MERP-P1	**0.76**	0.32	0.38	0.42	0.46	0.36
MERP-P2	**0.85**	0.42	0.48	0.46	0.51	0.33
MERP-P3	**0.80**	0.61	0.51	0.50	0.63	0.47
MERP-P4	**0.83**	0.50	0.50	0.39	0.41	0.35
MERP-P5	**0.83**	0.52	0.48	0.41	0.48	0.42
MERP-P6	**0.83**	0.46	0.49	0.42	0.52	0.48
MERP-L2	0.51	**0.86**	0.51	0.50	0.55	0.45
MERP-L3	0.32	**0.71**	0.35	0.42	0.42	0.33
MERP-L4	0.50	**0.79**	0.57	0.49	0.53	0.50
MERP-N1	0.42	0.51	**0.87**	0.52	0.57	0.52
MERP-N2	0.57	0.51	**0.86**	0.57	0.62	0.51
MERP-N3	0.64	0.53	**0.87**	0.51	0.61	0.55
MERP-N4	0.34	0.45	**0.87**	0.46	0.54	0.44
MERP-N5	0.34	0.44	**0.86**	0.42	0.50	0.47
MERP-N6	0.65	0.61	**0.83**	0.56	0.66	0.50
MERP-G1	0.49	0.57	0.52	**0.90**	0.54	0.51

续表

编码	题项载荷					
	MERP-P	MERP-L	MERP-N	MERP-G	EC	ECB
MERP-G2	0.47	0.46	0.55	**0.89**	0.52	0.48
EC1	0.52	0.55	0.63	0.53	**0.84**	0.54
EC2	0.42	0.45	0.50	0.40	**0.82**	0.48
EC3	0.40	0.46	0.50	0.40	**0.73**	0.34
EC4	0.60	0.58	0.62	0.56	**0.81**	0.53
EC5	0.50	0.50	0.54	0.45	**0.83**	0.45
EC6	0.65	0.47	0.58	0.55	**0.85**	0.53
EC7	0.41	0.45	0.47	0.45	**0.84**	0.48
ECB1	0.35	0.44	0.45	0.40	0.42	**0.77**
ECB2	0.44	0.45	0.51	0.49	0.53	**0.87**
ECB3	0.38	0.36	0.44	0.37	0.42	**0.76**
ECB4	0.42	0.43	0.43	0.42	0.45	**0.79**
ECB5	0.45	0.42	0.45	0.47	0.49	**0.80**
ECB6	0.41	0.46	0.56	0.47	0.56	**0.86**
ECB7	0.40	0.42	0.49	0.50	0.51	**0.85**

注：加粗数据表示构念所对应题项的标准化因子载荷值。

Harman 单因素分析用于判别共同方法偏差的可能性。分析结果表明：没有单个主导性因子的存在，其中最大的因子仅占总测量方差的 14.72%①，因此，共同方法偏差并不会对本研究的数据质量产生显著影响。

4.4.3　比较分析

调研样本包括不同的项目角色，其中 41.86%属于业主，35.47%属于承包商，22.67%属于咨询方（表 4-1）。与项目业主和咨询方相比，承包商拥有更多实施环保措施的直接经验，并且对 MERP 提供

① Harman 单因素分析应用于所有的自变量和因变量（MERP-P、MERP-L、MERP-N、MERP-G、EC 和 ECB），以及 4 个控制变量中。最大的 5 个因素仅占总测量方差的 14.72%、13.25%、12.92%、12.25% 和 7.76%。

了更为积极的评价，如表 4-6 所示。但是，ANOVA 检验的结果显示：上述差异性并不显著（p 值介于 0.125～0.744）。此外，针对环境承诺和 ECB 的 ANOVA 检验表明：业主、承包商和咨询方的行为表现并未有显著差异性[①]。以上结果说明项目角色对于调研样本的回应（Response）并未产生显著影响。

表 4-6 项目角色的比较分析

构念	全部样本		项目业主		承包商		咨询方		ANOVA	
	均值	标准差	均值	标准差	均值	标准差	均值	标准差	F-测试	p 值
MERP-P	3.35	0.62	3.31	0.65	3.40	0.59	3.33	0.62	0.296	0.744
MERP-L	3.63	0.50	3.60	0.51	3.70	0.48	3.60	0.51	0.751	0.474
MERP-N	3.75	0.68	3.74	0.67	3.86	0.69	3.58	0.65	2.101	0.125
MERP-G	4.17	0.55	4.13	0.60	4.21	0.51	4.17	0.53	0.415	0.661
EC	3.84	0.63	3.82	0.66	3.88	0.60	3.79	0.65	0.277	0.758
ECB	4.03	0.60	3.98	0.63	4.08	0.56	4.08	0.59	0.586	0.558

4.4.4 假设检验和结果分析

本章通过 Smart PLS 2.0 程序的 Bootstrapping 检验方法检验路径系数的显著性。因变量（ECB）的 R^2 值是 0.459，表明构念的绝大部分方差能够被模型解释。如图 4.2 所示，环境承诺对 ECB 的影响是显著的（$\beta = 0.239$，$p<0.01$），即假设 4.1 成立。

Bootstrapping 的结果同样表明：针对政府/业主、非业主方、项目周边社区和社会公众的 MERP 与环境承诺的关系都是显著的，因此假设 4.2a、4.3a、4.4a 和 4.5a 均成立。对于 MERP 与 ECB 的关系，仅有针对内部利益相关者（政府和非业主方）的 MERP 与 ECB 的关

① 针对 3 类项目角色（业主、承包商、咨询方）的 ANOVA 分析结果表明：针对社会公众的 MERP、项目周边社区的 MERP、非业主方的 MERP、政府/业主的 MERP、环境承诺和 ECB 的 p 值分别为 0.744、0.474、0.125、0.661、0.758 和 0.558。

系是显著的，因此假设 4.2b 和 4.3b 均成立。针对政府/业主的 MERP 与环境承诺及环境承诺与 ECB 之间均具有显著关系，表明环境承诺在上述两者之间起到部分中介的作用。

针对非业主方的 MERP 也有类似的结论。为研究 MERP 与项目成员 ECB 的关系，本章进一步构建了不含中介变量的实证模型，如图 4.3 所示。尽管环境承诺的中介作用被排除，但针对项目周边社区和社会公众的 MERP 对 ECB 的影响仍不显著，因此假设 4.4b 和 4.5b 均不成立。此外，对于控制变量而言，在图 4.2 和图 4.3 中，项目类型、项目工期、项目角色和项目规模对 ECB 的影响均不显著。

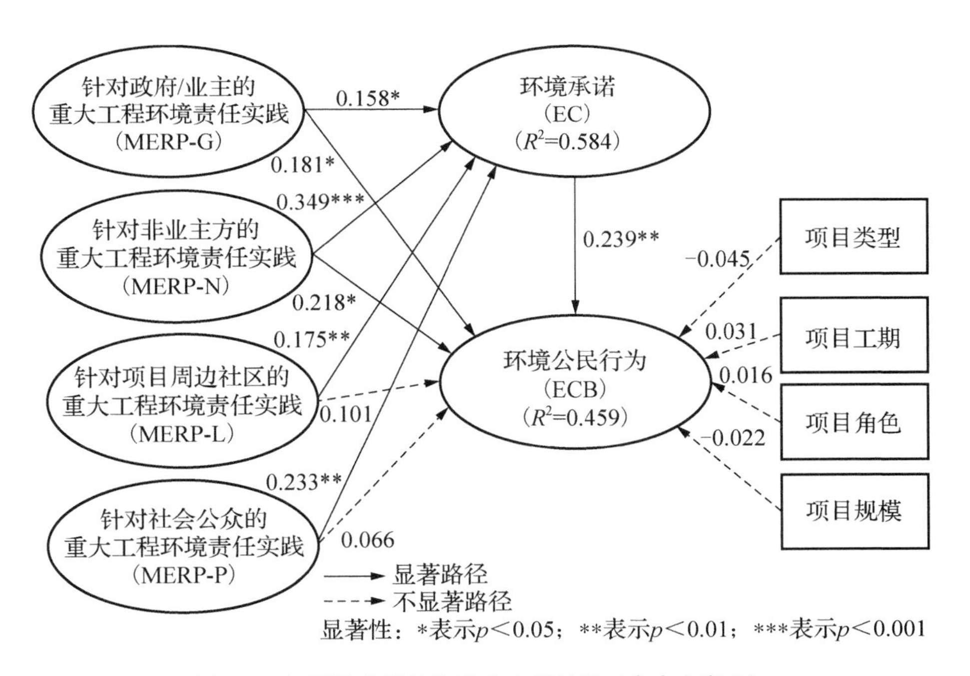

图 4.2　内部驱动因素的 PLS 分析结果（含中介变量）

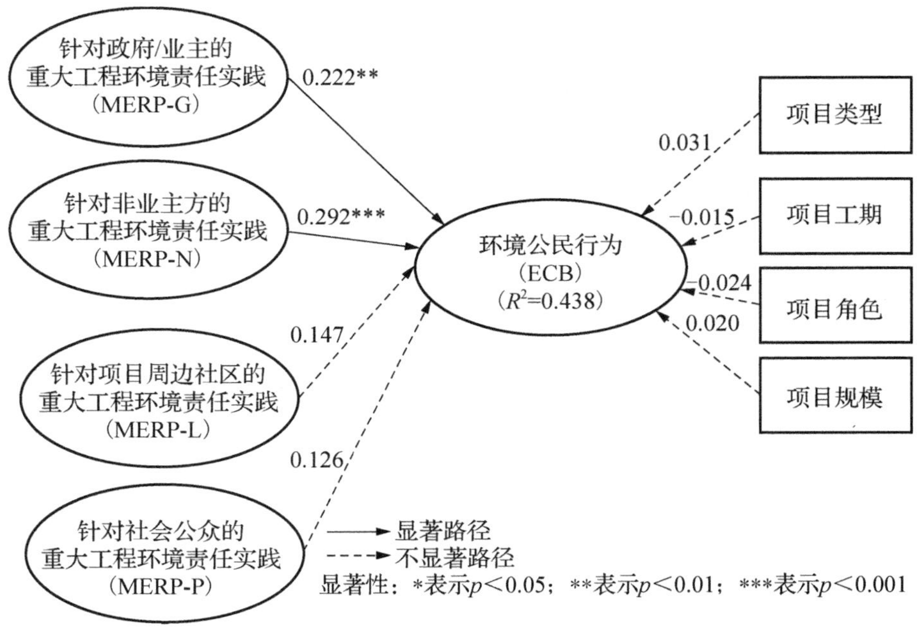

图 4.3　内部驱动因素的 PLS 分析结果（不含中介变量）

4.5　结果讨论

4.5.1　分析结果

近年来，在大规模的城镇化进程中，中国涌现出一大批政府投资的重大工程。在重大工程的新建和改扩建过程中，越来越突出的环境问题引起重大工程管理层的高度重视。重大工程环境管理的成败取决于项目成员能否自觉和“始终如一”地支持环境管理工作。因此，ECB 对于改进 MERP 具有重要的意义，尤其是通过唤起项目成员的自觉环境承诺而主动预防环境问题的发生。

不同类型的 MERP 对于 ECB 有着截然不同的影响。针对非业主方的 MERP 是 ECB 的首要内部驱动因素（图 4.3 所示路径系数为 0.292，p<0.001）。如此显著的正向影响在研究设计之初就有所预计，

因为针对非业主方 MERP 的测量题项与应答者的切身利益密切相关，如工作条件、培训机会及程序公平等。根据马斯洛的需求层次理论（Maslow’s Hierarchy of Needs），MERP-N 能够满足项目成员高层次的自我实现（Self-actualization）需求。构建环境管理体系（如 ISO 14000）和引入绿色技术等“硬”措施成为重大工程中的一种“时髦之举”，而对于“软”领域（如人力资源）的投入却较为匮乏。本章的实证结果表明：MERP-N 能够通过促进项目成员的 ECB 而改进项目的环境管理绩效。尽管在人力资本和培训方面的“花费”对重大工程的管理层缺乏吸引力，但持续的相关投入能够通过激发项目成员的环境承诺而使项目的环境管理工作获得长期回报。

针对政府/业主的 MERP 是 ECB 的第二大内部驱动因素（图 4.3 所示路径系数为 0.222，$p<0.01$）。有趣的是，上述结果与过去的相关研究并不一致。值得注意的是，Turker（2009b）发现，针对政府/业主的社会责任实践（Corporate Social Responsibility Practices Directed Towards the Government）对组织成员的组织承诺（Organizational Commitment）并无显著影响。Newman 等（2015）指出，针对政府的社会责任实践并不能有效激发组织成员的 OCB。本章“与众不同”的研究结果可能源于政府在重大工程中的双重角色。在中国，绝大多数的重大工程都是由中央或地方政府发起的，环境监管部门（如环保部）往往也牵涉其中（Zeng et al.，2015）。因此，政府的角色从外部监管者部分转变为内部参与者（项目业主）。针对政府/业主的 MERP 既包括满足法律法规的规定，又包括业主在项目招标文件和合同内的要求。基于此也就不难解释，为什么项目成员会油然而生极大的成就感，并形成对项目环境价值观的认同。访谈中专家指出：由于环境问题的复杂性和多样性，能够完整履行政府和业主的环保要求也是一项了不起的成就。

而针对项目外部利益相关者（项目周边社区及其他社会公众）

的 MERP 对 ECB 的影响并不显著。有趣的是，上述结果与过去的相关研究也不一致。Newman 等（2015）指出针对组织外部利益相关者（如社会公众）的社会责任实践对组织成员的 ECB 具有显著的影响。而本章出乎意料的结果可能与重大工程的根本任务密切相关。重大工程致力于提供基本的公共服务，从而造福项目所在地区乃至整个国家。访谈中专家强调：保护区域的生态环境是重大工程实施中的首要原则。

因此，如果项目成员对此类环境责任实践越习以为常，则其影响力会越弱。综上分析，项目成员对于针对项目内部利益相关者（业主方和非业主方）MERP 的反应积极性明显强过针对项目外部利益相关者的 MERP。尽管针对项目外部利益相关者的 MERP 受到越来越多的关注，但重大工程的环境管理绩效并不理想。在对重大工程管理层的访谈中发现，部分受访者对于针对项目周边社区及其他社会公众的 MERP 表示质疑，认为它们很大程度上仅仅是一种口号，而并未实现“宣称”的目标，如访谈中业主提到：许多针对项目周边社区或社会公众的环境责任实践主要是为了获得良好的社会声誉，而并不是为了改善环境管理绩效或提升项目成员的环保技能。

上述所谓的“漂绿”（Green-washing）行为往往是为表象服务的，并未真正解决组织内部的环境问题（Testa et al.，2015）。综上分析，针对项目外部利益相关者的 MERP 难以有效唤起项目成员的认同感并激发其 ECB。

4.5.2 管理启示

本章对于重大工程管理，特别是环境责任和公民行为等方面的研究，主要有以下贡献。本章通过分析重大工程情景下项目成员 ECB 的内部驱动因素，拓展了永久性企业组织的 ECB 和临时性项目组织的 OCB 研究。虽然过去相关研究已经开始关注环境责任，本研究却发现 4 类 MERP 对项目成员的环境承诺和 ECB 有着截然不同的影响。

本章的实证研究结果进一步印证了 Raineri 等（2016）的观点，即环境承诺在组织的环境责任实践及其成员的 ECB 之间起到关键的中介作用（Pivotal Role）。然而值得注意的是，仅仅是针对项目内部利益相关者的 MERP 对项目成员的 ECB 有显著的正向影响，而针对项目外部利益相关者的 MERP 并未产生显著影响。强调关注项目周边社区和社会公众的环保宣传口号是加强项目成员责任意识并激发其环境友好行为的重要方式。尽管本章的结果证实了环境宣传口号的重要作用，但是实际上“空泛”的政策倡导（Macro-policy Advocacy）对于激发项目成员的 ECB 是远远不够的。重大工程的管理层需要认识到改善针对项目内部利益相关者 MERP 的优先性，为项目成员提供更多的环境培训（Environmental Training）机会，以及在表达环境诉求（Environmental Appeals）方面的平等权利。在重大工程中，针对项目外部利益相关者的 MERP 被视为一种提高社会声誉的手段。在实施项目环境政策的过程中，项目管理者需要确立明确的目标并提供相应的支撑性措施，以避免项目成员对于 MERP 初衷的怀疑。针对环境管理绩效的改进措施需要有高效的内部沟通体系及项目成员的积极参与作为支撑，从而保证项目成员对 MERP 的正面认识。

本章从新的视角研究了 ECB 的各个维度如何体现在重大工程的环境管理中。成功的环境管理与社会、经济和技术等方面的因素密切相关，而上述一系列的因素并不能在工作任务分工中明确界定（Locatelli et al.，2012b）。Daily 等（2009）指出环境管理的成功与否一定程度上取决于个体超出工作职责范围的自觉行为。因此，角色外的 ECB 对于促进正式管理体系（Formal Management Systems）的有效运转并弥补其缺陷，以及推动隐性知识（Tacit Knowledge）的共享和激发合作精神而言极为重要（Boiral，2009）。ECB 并没有低估正式管理措施的价值或者干扰规范化管理体系的运转，而是与其和谐共存。在合同范围之外制定合理的奖惩措施对于ECB的涌现具有重要的意义。

4.6 研究结论

ECB是能够显著改善组织环境管理绩效的自觉、自愿个体行为。重大工程环境管理方面的相关研究往往忽视了ECB的关键作用。面临越来越严峻的环境管理挑战，如环境问题的复杂性（Complexity of Environmental Issues）、正式管理体系的缺陷（Deficiencies of Formal Management Systems）、隐性知识的必要性（Need to Consider Tacit Knowledge）、互助关系的重要性（Significance of Helping Relationships）、项目合法性的提升（Promotion of the Legitimacy of Projects），重大工程的管理层已经开始意识到ECB的重要性。

在日益增加的环保压力影响下，项目成员对于重大工程实施中的环境问题越来越敏感。本章从社会认同理论的视角分析重大工程的4类MERP是如何影响项目成员的环境承诺和ECB的。MERP与项目成员的环境承诺关系紧密，表明在环境责任实践方面的投入，特别是针对项目内部利益相关者的相关措施，将为重大工程带来巨大的“溢出价值”。如果想要得到项目成员广泛、积极的响应，则重大工程需要从内部入手“实实在在”地开展环境责任实践，而不能仅仅为“漂绿”而“摆摆样子”。环境责任实践的内化（Internalization）是指将环境管理的原则真正地融入项目的日常工作中而不是只做漂亮的“表面文章”。

4.7 本章小结

本章是从MERP视角，研究项目成员ECB的驱动力。首先，基于社会认同理论，构建了 4 类 MERP（MERP-G、MERP-N、MERP-L 和 MERP-P）对项目成员环境承诺和 ECB 影响的理论模型。其次，基于理论模型分析提出研究假设，并结合问卷调研结果，通过描述性统计、信度效度分析、因子分析、PLS-SEM 等方法对研究假设进行验证。再次，总结研究结论并提出未来的研究趋势和方向。在分析 ECB 的内部驱动因素后，下一步的研究需要关注影响 ECB 的外部因素，如制度环境对 ECB 的影响等。

第 5 章 重大工程环境公民行为的外部驱动因素[①]

基于新制度主义关注组织在外部制度压力下内化的启示，本章进一步结合社会交换理论，研究重大工程项目成员的环境公民行为（ECB）及其外部驱动因素。第 4 章是从项目内部的环境责任视角展开分析的，而本章则将视线进一步扩展至项目外部的制度环境，研究 3 类制度压力（强制压力、模仿压力和规范压力）对组织支持（项目对环境管理工作的支持力度）和项目成员 ECB 的影响机制。

5.1 研究概述

21 世纪世界人口总量预计将增加 50%并于 2100 年达到 110 亿（Max et al.，2017）。在此背景下，诸如交通、采矿、供水、能源、物流、医疗等行业领域，对于大型基础设施——重大工程的需求显著增加（Flyvbjerg，2014；Hu et al.，2013；Locatelli et al.，2017a；Almohsen et al.，2016）。重大工程是以复杂性高、资源消耗大、环

① 本章主要内容源自附录论文 *Investigating the impact of institutional pressures on organizational citizenship behaviors for the environment: evidence from megaprojects*（*Journal of Management in Engineering*，ASCE 出版，SCI 检索），*The effects of institutional pressures on organizational citizenship behaviors for the environment in managing megaprojects*（*Engineering Project Organization Conference 2017 & 5th International Megaprojects Workshop: Theory Meets Practice*，斯坦福大学）。

境影响深远等为特征的一类项目（Luo et al.，2016；Marrewijk et al.，2008；Wang et al.，2017a）。重大工程的施工过程消耗了大量的自然资源，进而引发了一系列的严重环境问题（Shen L et al.，2010；Zeng et al.，2015）。重大工程施工活动的环境问题引发世界范围内的广泛关注，从而促使重大工程进一步朝着“处理高效、响应及时”的方向改进环境管理工作。

环境管理绩效的改进不仅依赖于正式的环境管理体系、措施或技术，还需要项目成员非正式的、积极主动的行为，如针对现场的污染防治主动提出意见或建议，公开质疑（举报）可能导致环境污染的施工活动，以及配合项目的环境管理部门推动绿色技术的实施等（Fuertes et al.，2013；Wang et al.，2017a；Yusof et al.，2016）。上述行为蕴含着一种公民精神，反映的是个体愿意为组织的环境管理工作付出额外努力的积极态度（Boiral，2009）。重大工程在投入大量资源改善环境管理绩效的过程中，所面临的关键挑战是激发项目成员支持环保工作的行为意愿，使其积极主动地承担预防和解决环境问题的责任。离开项目成员的积极参与，环境管理体系将变得效率低下，环保措施难以有效施行，而绿色技术的推广则会“大打折扣”。

为培育个体积极主动的行为意愿，近期不断有研究将组织支持（Organizational Support）和环境公民行为（Environmental Citizenship Behaviors，ECB）相联系。然而，已有的 ECB 研究较为零散，并且主要关注于组织内部的支持性政策，忽视了组织外部的制度环境。根据 DiMaggio 等（1983a）所述，制度环境表现为 3 类制度压力，即强制压力（Coercive Pressures）、模仿压力（Mimetic Pressures）和规范压力（Normative Pressures），并且能够对个体的行为方式产生巨大的影响。具体而言，制度压力对于促进主动性的环境举措及鼓励“绿色行为”（Green Behaviors）起到极为关键的作用（Liu et al.，2010；Testa et al.，2018）。但是，究竟 3 类制度压力对 ECB 带来何种程度的影响尚未可知。正如 Boiral 等（2015）所强调的“外部制度压力能够促使组织加强对环境管理的支持，并最终激发组织成员的 ECB；在新兴的 ECB 领域和相对成熟的制度理论之间存在明显的研究空白（Research Gap）”。因此，本章的研究主要基于以下问题。

在重大工程中，3 类制度压力是如何影响组织支持及项目成员 ECB 的？

本章从全新的视角分析 ECB 的外部驱动因素。研究结论能够为有效驾驭制度力量改善重大工程的环境管理绩效提供参考。本章余下内容安排如下：5.2 节主要梳理研究的理论基础并提出相关假设；5.3 节阐述研究的方法和实施过程。5.4 节介绍数据分析和假设检验的结果；5.5 节探讨研究的结论、启示、局限性和未来展望；5.6 节和 5.7 节归纳总结本章的主要观点。

5.2 研究假设的提出

为使施工阶段的负面环境影响最小化，重大工程不仅构建了严格的环境管理体系（如 HSE 管理体系），还引入了大量的“绿色”工具（如环境评估和绿色认证等），然而，重大工程环境管理的有效性却一直不尽如人意（Flyvbjerg et al.，2003）。由此，重大工程管理层开始意识到环境问题的多样性和复杂性（Molle et al.，2008），以及正式管理体系（规则僵化）的局限性（He et al.，2015；Hu et al.，2015；Luo et al.，2016）。

作为一类非常规的复杂项目，重大工程在很大程度上依赖于大量个体积极主动的创造性贡献，以实现预期的项目目标（Locatelli et al.，2017a；Maier et al.，2014）。作为一类自发性和创新性的“绿色”行为，ECB 在重大工程的环境管理中受到了极大的重视，如上海迪士尼项目（2016 年年初竣工）采取了一系列的激励性措施鼓励项目成员的环境友好行为，包括预防施工污染事故的发生、提出减少工程材料废物的建议，以及与项目的环境管理部门展开协作等（杨剑明，2016）。

然而值得注意的是，尽管ECB被越来越多地作为一种改善环境管理绩效的“非正式”手段，但是相关研究依然处于起步阶段，尤其是在重大工程中，驱动项目成员 ECB 的“制度–心理”机制（Institutional-psychological Mechanism）尚不清晰。为填补上述研究空白，本章基于以下概念模型展开研究。

5.2.1 组织支持与ECB

组织支持是指组织保护环境的努力程度，反映的是组织从业务战略层面对环境管理的重视情况和支持意愿（Banerjee et al.，2003）。对重大工程而言，组织内部的支持是指在制定环境政策时的清晰性，塑造项目价值观时对环境保护的重视程度，以及支持环境管理工作的实际力度等方面的表现（Paillé et al.，2014b）。当项目成员受到环境政策或措施的支持和鼓励时，他们愿意为帮助重大工程实现环境目标而参与到日常的环保活动中（Hu et al.，2011；Paillé et al.，2015）。

Schaninger等（2005）认为，基于互惠原则的社会交换发生在个体从组织不断获取价值的时候。给予和索取（Give and Take）构成社会交换关系的基础。Paillé 等（2013a）结合社会交换理论实证检验了组织支持与ECB之间的积极关系，因此，基于社会交换理论，本章认为当重大工程的管理层致力于改善项目的环境管理工作，并为其下属提供相应的支持性措施时，后者愿意参与到ECB中以回报（Repay）前者。基于上述观点，提出下列假设。

假设 5.1：在重大工程中，组织支持对项目成员的ECB有积极的影响。

5.2.2 制度压力对 ECB 的影响

Boiral（2009）指出来自政府或其他利益相关者的制度压力属于外部动因（External Motivations）和情景变量（Contextual Variables），能够营造出一种鼓励在日常工作中关注环境问题的组织氛围。基于 DiMaggio 等（1983a）的制度理论，ECB 可能会受到 3 类制度压力的影响，包括强制压力、模仿压力和规范压力。

（1）强制压力

强制压力是由权力部门（如政府）所施加的强迫性压力（Zhang B et al.，2015）。重大工程由于在空气、水、噪声和土地等方面的污染问题而备受环境监管部门的关注（Zeng et al.，2015）。依据 Stern 等（1999）的“价值–信仰–规范”理论（Value-belief-norm Theory），作为对严格环境审查和监管的回应，重大工程的项目成员往往会经历思想理念的巨大转变——对环境管理的相关工作更加重视和支持，形成内在的强烈责任感（Wang et al.，2015；Wang et al.，2017b；Yusof et al.，2016）。强制压力所提供的行为准则体系能够促使项目管理层加强对环保工作的投入，进而激发个体的非正式、自觉行为（Lo et al.，2012）。基于此，提出下列假设。

假设 5.2a：在重大工程中，强制压力对组织支持有积极的影响。

假设 5.2b：在重大工程中，强制压力对项目成员的 ECB 有积极的影响。

（2）模仿压力

模仿压力是组织期望复制同行成功经验时所面临的压力（DiMaggio et al.，1983a）。正如 Zhang B 等（2015）提到的，组织需要以行业的成功案例为标杆（Benchmark），甚至直接采取模仿策略以保持在动态、不确定环境中的竞争优势。由于环境问题的复杂性和多样性，正式的环境管理体系（如 ISO 14000）并不能涵盖所有可能有助于解决环境问题的举措（Boiral，2009）。在缺少明文的、指定的或程序性的要求时，重大工程的项目成员需要参照其他项目的环境管理经验。此外，由于重大工程本质上是高度复杂和不确定的项目，项目成员很容易受到其他特征类似项目的影响（He et al.，2016；Locatelli et al.，2017b）。由于重大工程的环境管理绩效饱受诟病，项目管理层需要加大支持力度以保持在行业实践中的领先优势。Boiral等（2015）提出，“示范效应”（Leading by Example）是影响个体环境承诺的关键因素，能够促进ECB的涌现。换言之，其他类似项目在环境管理上的良好表现和成功经验能够成为本项目的模仿和学习对象，进而激发本项目成员的ECB。由此，提出下列假设。

假设5.3a：在重大工程中，模仿压力对组织支持有积极的影响。

假设5.3b：在重大工程中，模仿压力对项目成员的ECB有积极的影响。

（3）规范压力

规范压力主要源于专业化，包括经验法则（Rules-of-Thumb）、标准及规范（Phan et al.，2015）。环保领域的专业机构需要界定到底哪些行为是可取的，即明确行业的具体标准和期望（Cao et al.，2014），而上述标准和期望是通过行业内的信息交流活动进行传播的，包括行业会议、专业咨询、职业培训等（He et al.，2016）。相应地，在重大工程的实施过程中，规范压力主要是由行业专家、咨询公司和学术团体（如高等院校）所施加的。与强制压力相比，规范压力对组织成员态度和行为的影响相对“温和”（Cao et al.，2014）。由于重大工程对环境影响的深远性，行业专家的环境论证与评估是项目决策中不可或缺的一环。此外，咨询公司和高等院校也能够施加规范压力以督促重大工程加强环保方面的投入。在对环境问题的重要性及行业期望有深入了解的情况下，项目管理层往往会对环境管理工作表现出强烈的关注和责任意识，并加强对环保工作的投入。通过制订合理的培训计划及组织日常的“工作坊”（Workshops），重大工程的项目成员能够不断积累专业性（Professionalization），进一步增强环保意识，从而涌现出更多的ECB（Dubey，2015；Paillé et al.，2015； Wang et al.，2017b）。由此，提出下列假设。

假设 5.4a：在重大工程中，规范压力对组织支持有积极的影响。

假设 5.4b：在重大工程中，规范压力对项目成员的 ECB 有积极的影响。

基于上述假设，本章提出以下研究概念模型，如图 5.1 所示。

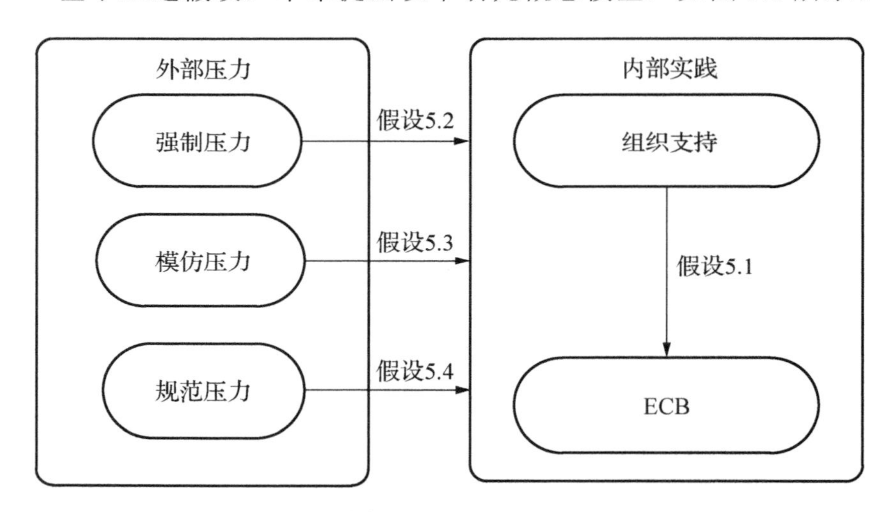

图 5.1 外部驱动因素的研究概念模型

5.3 研 究 方 法

5.3.1 变量测量

在制度压力的相关题项中，强制压力的测量基于 Cao 等（2014）和 Zhang B 等（2015b）的研究，主要是从政府机构、行业协会和第三方环境监理 3 方面进行考察。模仿压力反映的是同类型项目的环保实践情况。类似的题项在中国的工程项目中得到充分验证（He et al.，2016）。根据 Cao 等（2014）和 Dubey 等（2015）的研究得出，规范压力反映的是专业机构在重大工程环境规范形成中的影响和作用，涉及行业专家、咨询公司和学术团体。组织支持反映的是重大工程项目成员在环保实践中所感受到的支持力度。基于 Raineri 等（2016），共有 4 个题项被用于测量组织支持。ECB 的测量主要基于 Raineri 等（2016）和 Wang 等（2017a）的研究，共包括 7 个题项。上述题项均是通过李克特 5 点式量表进行测量的，其中 1 表示（完全不同意），而 5 表示（非常同意）。题项中英文版本的内容一致性通过回译的方式加以保证（Paillé et al.，2014a）。

5.3.2　样本选择与程序

本章预测试的具体过程同 4.4.2 小节的描述。根据 23 位预测试应答者的意见反馈，问卷中的部分题项得以进一步的修正，如在强制压力的题项中，“第三方环境监理要求我们重视环境问题”被补充进来。因为，中国在重大工程的实施过程中强制推行环境监理制度。环境监理起到的作用是弥补政府或行业协会监管力度不足的问题，其所施加的压力带有强制性特征。

最近十年，中国正在经历前所未有的基础设施投资浪潮（Ansar et al.，2016），一系列不断涌现的重大工程成为本研究的一手数据来源。只有直接参与重大工程环保实践的项目成员才能成为目标调研群体。这些应答者熟悉与环保相关的法律、法规及所在项目的环境政策，而且具有参与执行环保措施的经验（如绿色设计与规划、环境培训与监理、绿色施工及材料供应等）。

为提高问卷的回收质量，调研人员会向每位应答者解释研究的主要目的，并保证信息的保密性（仅用于学术研究）。问卷的发放渠道和相关题项的设置同 4.3.2 小节的描述。最终，共回收 241 份问卷。

经过筛选后，共保留198份[①]问卷，其中72位来自业主、61位来自承包商、39位来自咨询方、26位来自设计方和材料供货商（表5-1）。针对上述样本的χ^2检验和方差分析（ANOVA）结果如下：强制压力、模仿压力、规范压力、组织支持和ECB的p值分别为0.485、0.644、0.281、0.650和0.936。以上结果表明上述不同角色应答者的回应不存在显著差异（p值均大于0.05）。

表5-1　调研样本的人口统计学特征

变量	类别	人数	比例/%
项目角色	业主	72	36.36
	承包商	61	30.81
	咨询方	39	19.70
	设计方	14	7.07
	材料供货方	12	6.06
项目类型	大型会展设施/产业园区	63	31.82
	地铁	41	20.71
	交通枢纽	37	18.69
	能源设施	25	12.62
	高铁	18	9.09
	桥梁	14	7.07
地点[①]	华东	95	47.98
	华南	36	18.18
	华北	32	16.16
	西部	21	10.61
	华中	14	7.07
职位	项目经理	58	29.29
	部门经理	31	15.66
	专业主管	45	22.73
	项目工程师	64	32.32

① 除业主、施工方和咨询方以外，本章的样本还包括设计方和供货商。由于《公共建筑绿色设计标准》（DGTJ08-2143—2014）等的推出及绿色建筑材料认证体系的完善，重大工程现场的设计方和材料供货商对于制度环境比较敏感，而且也涉及项目的日常环境管理工作，故纳入本章的数据分析样本中。

续表

变量	类别	人数	比例/%
工作经验	≤5 年	55	27.78
	6～10 年	61	30.81
	11～15 年	48	24.24
	16～20 年	19	9.59
	>20 年	15	7.58

注：① 表示应答者的项目所在地。

5.3.3　数据分析的工具

本章通过探索性因子分析（Exploratory Factor Analysis，EFA）和验证性因子分析（Confirmatory Factor Analysis，CFA）检验模型的可靠性和有效性。探索性因子分析能够识别构念的潜在维度划分，而验证性因子分析用来进一步检验探索性因子分析的结果（Cao et al.，2017）。PLS 用于分析本章的研究假设。类似于 4.3.3 小节，本章使用偏最小二乘法（Partial Least Squares，PLS）的最主要原因在于它对样本量和数据分布的要求比较宽松。具体而言，PLS 尤其适用于理论的初步验证及少于 200 的样本量，而且也能处理未知分布的问卷数据（Aibinu et al.，2010）。

5.4　数 据 分 析

5.4.1　因子分析

EFA 用于梳理制度压力的 10 个题项。Kaiser–Meyer–Olkin（KMO）值为 0.812>0.6，表明样本充足（Field，2009）。此外，Bartlett 球形检验结果显示 $\chi^2 = 640.859$（$df = 45$，$p = 0.000 < 0.001$），表明变量间的相关系数满足因子分析要求（George et al.，2011）。Hair 等（2010）指出每个构念下题项的载荷不应小于 0.5。由此，模仿压力

的题项 4（载荷值=0.365）被删除。类似地，EFA 的过程同样应用于组织支持（Organizational Support，OS）和 ECB 的题项分析，最终没有题项被剔除。

紧接着对制度压力余下的 9 个题项进行因子分析。KMO 值是 0.795，超出 0.6 的阈值，且 Bartlett 球形检验结果也达到显著（χ^2 = 588.820，df=36，$p = 0.000 < 0.001$）。最后从制度压力的 9 个题项中提取 3 个因子分别代表强制压力（Coercive Pressures，CP）、模仿压力（Mimetic Pressures，MP）和规范压力（Normative Pressures，NP）。如表 5-2 所示，每个潜在构念所涉及题项的因子载荷值均大于阈值 0.5，而且超过其他构念下的因子载荷值。上述结果验证了用 9 个题项反映 3 个潜在构念，即 CP、MP 和 NP 的合理性。CFA 分析用于进一步验证制度压力构念的 3 因素结构。如表 5-3 所示，CFA 的分析结果表明：制度压力构念的因子结构具有较好的适配度。

表 5-2　制度压力的探索性因子分析

构念	测量题项	因子载荷		
		因子 1	因子 2	因子 3
NP	NP2	**0.851**	0.199	0.082
	NP1	**0.829**	0.094	0.178
	NP3	**0.755**	0.045	0.303
CP	CP2	0.126	**0.829**	−0.007
	CP1	0.170	**0.810**	0.120
	CP3	0.008	**0.788**	0.268
MP	MP1	0.067	0.181	**0.856**
	MP2	0.204	0.141	**0.778**
	MP3	0.424	0.031	**0.726**
解释方差/%		24.432	23.016	22.917
累计解释方差/%		24.432	47.448	70.365

注：表中加粗字体表示每个潜在构念所涉及题项的因子荷载值。

表 5-3　制度压力的验证性因子分析

指标类别	指标	判别标准	制度压力	
			值	判别结果
绝对适配度指数	RMR	<0.05	0.018	是
	RMSEA	<0.08	0.064	是
	GFI	>0.90	0.953	是
	AGFI	>0.90	0.913	是
增值适配度指数	NFI	>0.90	0.927	是
	IFI	>0.90	0.966	是
	TLI	>0.90	0.948	是
	CFI	>0.90	0.965	是
简约适配度指数	PGFI	>0.50	0.508	是
	PNFI	>0.50	0.618	是
	PCFI	>0.50	0.643	是
	χ^2/df	<2.00	1.818	是
	AIC	理论模型值小于独立模型值， 且同时小于饱和模型值	85.624<90.000 85.624<618.505	是
	CAIC	理论模型值小于独立模型值， 且同时小于饱和模型值	175.678<282.972 175.678<657.099	是

5.4.2　实证模型的评估

与 4.4.2 小节类似，本章同样是从内部一致性、聚合效度、区分效度等方面对测量题项进行全面评估。内部一致性是通过组成信度（Composite Reliability，CR）和 Cronbach's α（克朗巴哈系数）来评估的。表 5-4 表明 CR 值和 Cronbach's α 系数全部大于 0.7，并且 CITC 值均大于 0.5（附录 G），因此每个构念所涉及题项的内部一致性良好（Hair et al.，2011）。聚合效度是指题项对于构念的实际反映程度。平均方差萃取（Average Variance Extracted，AVE）是衡量聚合效度的指标。如表 5-4 所示，AVE 值均大于 0.5，表明聚合效度较好。此外，聚合效度的评价指标还包括每个题项的因子载荷。如表 5-5 所示，每个构念所涉及题项的标准化因子载荷值均大于 0.7，且不存在交叉载荷的问题。AVE 的平方根值（相关矩阵的对角线）均大于构念之间的相关系数，表明量表具有较好的区分效度。

表 5-4 外部驱动因素量表的有效性和构念的相关性

构念	CR	Cronbach's α	AVE	相关矩阵				
				CP	MP	NP	OS	ECB
CP	0.866	0.771	0.683	**0.826**				
MP	0.865	0.766	0.681	0.330	**0.825**			
NP	0.880	0.795	0.710	0.296	0.442	**0.843**		
OS	0.842	0.750	0.571	0.293	0.501	0.473	**0.756**	
ECB	0.927	0.908	0.646	0.302	0.552	0.525	0.529	**0.804**

注：相关矩阵对角线中的加粗数据为平均方差萃取量（AVE）的平方根。

表 5-5 外部驱动因素量表题项的交叉载荷

编码	题项载荷				
	CP	MP	NP	OS	ECB
CP1	**0.872**	0.292	0.302	0.270	0.305
CP2	**0.791**	0.194	0.213	0.212	0.196
CP3	**0.816**	0.322	0.206	0.239	0.226
MP1	0.314	**0.835**	0.277	0.384	0.431
MP2	0.272	**0.833**	0.343	0.469	0.457
MP3	0.233	**0.808**	0.469	0.383	0.476
NP1	0.245	0.376	**0.854**	0.421	0.430
NP2	0.291	0.314	**0.862**	0.399	0.465
NP3	0.210	0.430	**0.811**	0.375	0.430
OS1	0.264	0.348	0.342	**0.735**	0.458
OS2	0.157	0.378	0.369	**0.767**	0.417
OS3	0.210	0.404	0.307	**0.771**	0.410
OS4	0.256	0.388	0.417	**0.732**	0.302
ECB1	0.172	0.383	0.362	0.413	**0.774**
ECB2	0.255	0.523	0.459	0.458	**0.867**
ECB3	0.301	0.416	0.407	0.484	**0.761**

续表

编码	题项载荷				
	CP	MP	NP	OS	ECB
ECB4	0.110	0.372	0.385	0.362	**0.756**
ECB5	0.264	0.484	0.418	0.379	**0.814**
ECB6	0.314	0.487	0.460	0.473	**0.838**
ECB7	0.250	0.417	0.449	0.392	**0.808**

注：加粗数据表示构念所对应题项的标准化因子载荷值。

由于定量的数据全部来自问卷，因此可能存在共同方法偏差的风险（Podsakoff et al.，2003）。Harman 单因子方差分析用于检验共同方法偏差风险的可能性。Harman 的检验结果表明：没有单个主导性因子的存在，其中最大的因子仅占总测量方差的 21.886%，这表明共同方法偏差并不会对本研究的数据质量产生显著影响。

5.4.3　假设检验和结果分析

本节通过 Bootstrapping 检验路径系数的显著性，其中抽样数量取为 5000。如图 5.2 所示，因变量（ECB）的 R^2 是 0.446，表明构念绝大部分的方差能够被模型解释。组织支持对 ECB 的影响是显著的（$\beta = 0.239$，$p < 0.001$），于是假设 5.1 是成立的。Bootstrapping 的结果同样表明模仿压力（$\beta = 0.340$，$p < 0.001$）和规范压力（$\beta = 0.296$，$p < 0.001$）与组织支持的关系均是显著的，因此假设 5.3a 和 5.4a 都是成立的。然而，强制压力对组织支持的影响并不显著，因此假设 5.2a 不成立。

在制度压力和 ECB 的关系中，只有强制压力（$\beta = 0.056$，$p > 0.05$）的影响不显著（包含中介变量组织支持的情况下）。而模仿压力（$\beta = 0.297$，$p < 0.001$）和规范压力（$\beta = 0.264$，$p < 0.001$）对 ECB 的影响都是显著的，表明假设 5.3b 和假设 5.4b 均成立。考虑到模仿压力和组织支持及组织支持与 ECB 的显著关系，进一步得出模仿压力对 ECB

的影响受到组织支持部分中介的结论。对于规范压力也能够得出类似的结论。

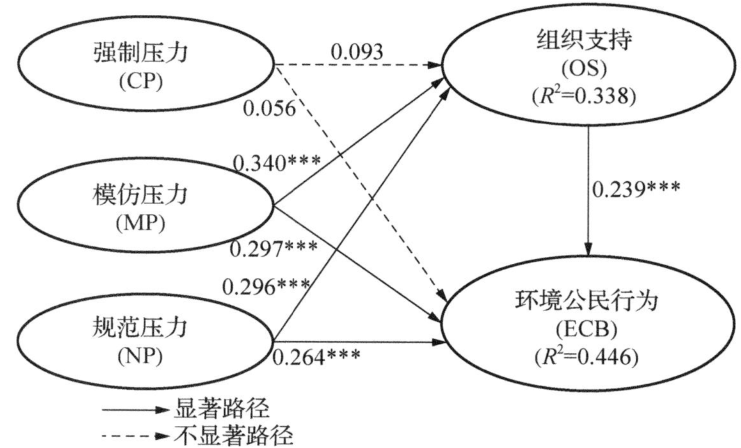

图 5.2　外部驱动因素的 PLS 分析结果（含中介变量）

为进一步探索强制压力、模仿压力及规范压力对 ECB 的影响，本章提出不含中介变量的实证模型。如图 5.3 所示，尽管组织支持的中介效果被排除，强制压力对 ECB 的直接影响仍不显著。因此，假设 5.2b 不成立。本章所有研究假设的检验结果汇总于表 5-6。

表 5-6　外部驱动因素研究假设的结果汇总

路径	标准化路径系数 β	t 值	判别结果
假设 5.1：OS–ECB	0.239	4.178	支持
假设 5.2a：CP–OS	0.093	1.483	不支持
假设 5.2b：CP–ECB	0.056	1.074	不支持
假设 5.3a：MP–OS	0.340	5.190	支持
假设 5.3b：MP–ECB	0.297	4.393	支持
假设 5.4a：NP–OS	0.296	5.147	支持
假设 5.4b：NP–ECB	0.264	4.925	支持

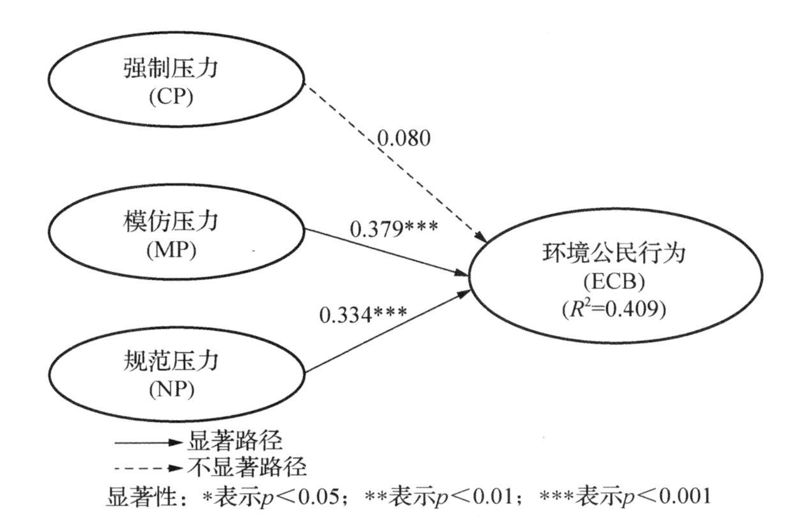

图 5.3　外部驱动因素的 PLS 分析结果（不含中介变量）

5.5　结果讨论

5.5.1　讨论与启示

本章的主要目标是研究重大工程中 ECB 形成的外部驱动机制。总体而言，实证结果表明内部的组织支持在制度压力和 ECB 之间起到重要的桥梁（传导）作用。然而，值得注意的是，组织支持并不等同于引入环境管理体系或绿色技术，而且不同类型的制度压力对 ECB 有着不尽相同的影响。实施环境管理体系成为推动项目组织（Project-based Organizations）“绿色化”进程的有效途径（Zhang X et al.，2015）。但是，如果项目成员的参与度不足，则环境管理体系将与日常的施工活动明显脱节，并且可能沦为一种“面子工程”（Boiral et al.，2018；Wang et al.，2017a；Yusof et al.，2016），正如访谈专家指出的：对于部分项目而言，环境管理体系成为一种取悦政府的昂贵噱头；许多针对环境管理的组织支持措施仅仅停留在纸面文件上。

本章为解释诸如“为什么有些重大工程似乎在环境管理工作中付出了巨大的努力，但仍收效甚微？”等问题提供了全新的视角。对于以上“事倍功半”的重大工程而言，环境管理体系的实施往往成为改善项目外部社会声誉的一种有效手段，而不是真正改进项目内部的环境管理绩效，即所谓的“漂绿”（De Roeck et al.，2012）。当重大工程实施环境管理体系的真实动机受到质疑时，项目成员往往不愿意参与到 ECB 中。本章的研究结果进一步表明：培育项目成员 ECB 最有效的方式是在重大工程的合同中明确确立环境管理工作的优先性。此外，环境管理战略导向的确立还需要与组织的具体支持性措施相结合（如环保培训和内部沟通等），从而向所有项目成员发出重视环境保护的明确信号。

从组织支持的视角分析 ECB 的驱动机制仅仅是看到问题的一面。由于环境可持续受到越来越多的重视，重大工程面临着外部不同利益相关者（如政府监管部门、行业协会）所带来的巨大环保压力（Wang et al.，2017b；Zeng et al.，2015）。项目的外部制度环境是塑造项目氛围并影响项目成员环境行为的重要因素（Yusof et al.，2016）。Boiral 等（2015）推测，制度压力（政府环境规则制度、其他利益相关者的期望）对 ECB 的涌现有积极的影响。有趣的是，本章的结果证实了模仿压力和规范压力对 ECB 的促进作用；然而，强制压力对 ECB 的影响并不显著。

重大工程是大型、独特的项目，其中政府部门往往充当项目业主。因此重大工程往往处于监管的“真空地带”（Locatelli et al.，2017a）。在中国，重大工程通常由中央或地方政府发起，而且政府的相关监管部门往往也牵涉其中，如三峡工程的建设委员会包括国务院的副总理、重庆市市长、环保部副部长等。由政府完全主导的模式对于提升重大工程的实施效率具有重要作用；同时上述模式也带来巨大的隐性风险（如腐败），可能导致监管机制的失灵。在“强政府、弱监管”（Strong Government and Weak Regulations）的情景下（Zeng et al.，2015），强制压力难以有效改善项目成员参与重大工程环保实践的意愿。基于此，有必要引入独立的第三方审计填补监管的空白，更重要的是，指导和鼓励项目成员的环保实践。

除强制压力以外，模仿压力和规范压力对ECB均有显著影响。值得注意的是，模仿压力是ECB最强的外部驱动因素，这恰恰也印证了“示范效应”对ECB的关键影响（Boiral et al.，2015）。其他“样板工程”的实际表现比所谓的规范文件更具有说服力。因此，为加强项目成员自觉参与环保实践的意愿，一种有效的途径就是建立与同行项目的常规交流和沟通机制。换言之，重大工程的项目成员需要不断接触最佳的行业环保实践，如上海住房和城乡建设委员会在2016年发起重点工程实事立功竞赛，通过对先进集体或个人的优秀事迹进行宣传和表彰，激发其他一线工程建设者的工作热情和奉献精神。ECB的另一个外部驱动因素是规范压力，规范压力对ECB的影响明显弱于模仿压力。行业协会在传播环保政策及推广前沿绿色技术的过程中发挥着关键作用。然而，本研究的访谈者也提出：行业协会在重大工程中的实际参与程度并不高。

这也部分解释了为什么规范压力对ECB的影响并不是主导的。为解决上述问题，一种可能的途径是将来自行业协会的现场代表（如LEED认证的专业人员）引入重大工程的环保实践中。

5.5.2 局限性和未来研究展望

本章通过分析项目成员ECB的外部驱动因素进一步拓展了工程项目领域的环境行为研究（Wu et al.，2017；Yusof et al.，2016）。尽管具有上述贡献，本章仍然存在以下局限性需要进一步研究。首先，本章是基于中国情景的实证研究。后续研究可以对比分析在不同国家或地区的制度情景下，ECB外部驱动因素的差异性。其次，本章虽然采取一系列的措施降低共同方法偏差或社会称许性偏差，但本研究依然属于横断面研究（Cross-sectional Study），所有的一手数据都来自问卷调研。未来的研究可以采取纵向的研究设计（Longitudinal Research Design），验证变量相关关系的稳定性，并引入评价行为表现的客观指标体系（如第三方的评估）。

5.6 研究结论

在巨大的环保责任压力下，重大工程的施工过程的关注点从传统的“铁三角”（成本、质量和进度）转向环境可持续。大部分重大工程的环境可持续研究往往忽视 ECB 对改进环境管理绩效的重要影响，而且项目成员 ECB 形成的“制度–心理”机制（Institutional-psychological Mechanism）尚不清晰。为填补上述研究空白，本章分析了重大工程中 ECB 的外部驱动因素。本章的研究结论为运用制度压力提升重大工程的环境管理绩效提供了新的视角。

尽管已有研究提出制度压力是 ECB 的外部驱动因素，但本章的探索性研究发现上述压力所产生的影响并不是单一的。其中，模仿压力是 ECB 最重要的外部驱动因素，其次是规范压力。然而来自政府部门的强制压力对 ECB 的影响并不显著。未来有关 ECB 外部驱动因素的研究不能仅用一个变量代表来自不同利益相关者的压力总和。上述方式会削弱制度理论视角的实证解释力。此外，本章还发现模仿压力和规范压力对 ECB 既有直接也有间接的影响，从而发现组织支持起到部分中介的作用。由此表明：通过将社会交换过程（项目组织及其成员的互惠性）和制度化过程（追求社会合法性）相结合，能够有效增强重大工程项目成员的 ECB 意识。

5.7 本章小结

本章在第 4 章的基础上，进一步将研究视角扩展至重大工程的外部制度环境，重点分析项目成员 ECB 的外驱力。首先，基于社会交换理论，构建了 3 类制度压力（强制压力、模仿压力和规范压力）对组织支持（项目在环保方面的支持力度）和 ECB 影响的理论模型。其次，基于理论模型分析提出研究假设，并结合问卷调研结果，通过描述性统计、信度效度分析、因子分析、PLS 结构方程模型等方法对研究假设进行验证。最后，总结研究结论并提出未来的研究趋势和发展方向。在从重大工程的内外部分析 ECB 的驱动因素（前因）后，后续研究需要关注 ECB 的结果（影响），如 ECB 对环境管理绩效的影响等。

第 6 章
重大工程环境公民行为的管理绩效影响机制①

本章是第 5 章研究的延续，同样基于新制度主义，重点分析外部制度环境与项目内部环境管理绩效的关系，以及重大工程项目管理层的环境公民行为在上述关系中的传导作用。本章仅保留 128 位项目管理层的问卷，采用基于 PLS 的实证模型展开研究。研究结论为“政府 - 市场”二元制度背景下提升中国重大工程的环境管理绩效水平提供参考。

6.1 研究概述

重大工程是为社会生产、经济发展和人民生活提供基础性公共服务的大型项目（Flyvbjerg et al.，2003），通常由政府委托的项目法人负责实施，具有不确定性、复杂性及政治性等特点（Marrewijk et al.，2008）。三峡大坝、青藏铁路等重大工程的陆续上马和成功实施

① 本章主要内容源自附录论文“制度压力、环境公民行为与环境管理绩效：基于中国重大工程的实证研究”(《系统管理学报》，2018 年 1 月）和 *Linking institutional pressures and environmental management practices in mega construction project: the mediating role of project managers' organizational citizenship behaviors for the environment*（*International Conference on Construction and Real Estate Management*，ASCE 出版，2017 年 11 月）。

创造了一系列举世瞩目的工程奇迹，但随之而来的环境问题也引发了政府和建筑业的密切关注和担忧。三峡工程的项目法人——长江三峡工程开发总公司曾于 2005 年被环保部列入违法“黑名单”（Zeng et al.，2015）；而青藏铁路的实施由于对藏羚羊的迁徙构成潜在威胁而饱受争议（Qiu，2007）。2002 年年底，环保部、铁道部、水利部、国家电力公司、中国石油天然气集团有限公司联合发布《关于在重点建设项目中开展工程环境监理试点的通知》，并在青藏铁路格尔木至拉萨段、西气东输管道工程、上海国际航运中心洋山深水港区一期工程、四川岷江紫坪铺水利枢纽等 13 项重大工程中推广（杨剑明，2016）。在此基础上，一系列有关工程项目环境管理的制度和条例陆续出台，如环保部办公厅发布的《关于进一步推进建设项目环境监理试点工作的通知》（环办〔2012〕5 号）及《建设项目环境影响评价信息公开机制方案》（环发〔2015〕162 号）等。

无一例外的是，上述制度条例都特别强调对于重大工程环境管理政策上的监管或引导，尤其是加强环境审计方面的工作（丁镇棠等，2011）。但环境管理最终还是要落实到具体的项目组织或个体上。站在组织的立场上，项目管理层往往对政府的环境管理工作怀有一种抵触情绪（Zhang X et al.，2015）。首先，环境规制会对于项目目标的实现造成影响，受到环境评估等审批流程的影响，项目可能面临进度严重滞后、融资成本大幅攀升的“尴尬处境”。其次，无论是推广“硬”的绿色低碳技术抑或“软”的环境管理制度，都意味着额外的预算，而以上投入（尤其是“软”支出）又很难带来明显的直接效益。此外，纵观建筑业环境管理的发展历程，也一直存在“重技术、轻管理”的错误思想（Zhang X et al.，2015）。

当重大工程的管理体系不能有效保障公众利益时，为维护多数人或弱势群体的权利，政府需要进行适当的调控。重大工程的上马往往能够对区域生态环境造成巨大甚至是不可逆的影响（Zeng et al.，

2015）。与其他领域“亡羊补牢”式的管理有所不同，重大工程的风险防范及环境规制具有高度的前瞻性，如发改委2013年专门印发《关于重大固定资产投资项目社会稳定风险分析与风险评估的试用编制大纲及说明》（余伟萍等，2016）。在行政指令和管理标准（说明）所组成的“预防式”环境规制体系内，重大工程环境管理绩效的改善与组织的制度化/合法化过程高度契合（林润辉等，2016）。因此，制度理论能够为重大工程的环境管理合法化提供合理的分析视角，但究竟制度压力在何种程度上促进项目改善环境管理绩效尚存疑问。与西方强调完全市场竞争的背景不尽相同，中国重大工程的实施带有明显的“官方色彩”（白居等，2016b）。在“政府–市场”二元制度背景的影响下，目前悬而未决的问题：到底是政府的强制压力，还是建筑业的规范压力，抑或市场竞争产生的模仿压力能够有效影响重大工程？如果上述问题不能得到解决，则难以充分利用制度工具提升重大工程的环境管理绩效。

作为决定组织发展方向的核心群体，管理层对环境问题的重视程度是影响重大工程环境管理绩效的核心因素（Boiral et al.，2018）。Zhang B 等（2015）提出管理层的“环境承诺”（Environmental Commitment）是连接外部制度压力与组织环保实践的“桥梁”。换言之，管理层对于环境问题的重视程度及对于环保实践的承诺是外部压力转换为内部驱动力,进而推动组织改善环境管理绩效的关键“中介”因素。

离开管理层的支持，来自外部利益相关者的压力则难以真正提升重大工程的环保意愿。但已有研究（Colwell et al.，2013）往往过于关注管理层的“口头”承诺，而忽视其在日常工作的实际行为表现。基于此，Boiral 等（2015）提出将环境公民行为（Environmental Citizenship Behaviors，ECB）作为环境承诺的替代变量，从而反映管理层对于环境问题的认识和关心程度。与一般意义上的组织公民行为（Organizational Citizenship Behaviors，OCB）相似，ECB 是工作角色外的一类利他（或利项目）的自觉行为，如纠正同事的环境不友好行为及为项目的环保实践“献言献策”等。目前，外部制度压力通过 ECB 的中介作用改善环境管理绩效的观点仅仅停留在理论假设层面，尚缺乏实证研究的检验（Boiral et al.，2015）。与此同时，虽然 ECB 对于改善环境管理绩效的重要意义受到越来越多的重视（Alt et al.，2016），但其在重大工程管理领域的研究依旧匮乏。

综上所述，本章旨在探索外部制度压力对于重大工程环境管理绩效的影响机理“黑箱”，并进一步探讨 ECB 在其中所起的“桥梁”作用，为有效借助制度工具加强管理层的环保意识，进而改善环境管理绩效提供理论指导和实践依据。工期拖延、预算超支、安全环境事故频发是重大工程管理所面临的“痼疾”。传统的基于事件或问题的被动管理模式难以适应重大工程复杂多变的管理情景，而强调管理者“主人翁”意识和个体主动性的人本化管理正成为重大工程管理的“新常态”（何清华等，2017）。基于“政府–市场”二元制度背景和中国本土化的管理情景，本章在西方企业组织 ECB 研究的基础上，进一步结合重大工程环保实践的特点，探讨 ECB 对环境管理绩效的作用机理。

6.2　研究假设的提出

新制度主义提出，组织的行为和决策往往受到其所在社会网络各个利益相关者的影响。在环保领域，越来越多的研究从新制度主义视角阐述企业环保实践的动机，认为组织可以通过改善环境管理绩效满足外部利益相关者的需求，进而提升其在激烈的市场竞争中的生存和发展能力（李怡娜等，2011；Daddi et al.，2016）。

6.2.1 变量及维度设计

制度理论在环境管理领域得到极为广泛的应用，通过对制度压力的维度分解，发现强制压力、模仿压力和规范压力对于组织的环保实践具有显著不同的影响力（Betts et al.，2015；Liu et al.，2010）。与第 5 章类似，本章借鉴 DiMaggio 等（1983a）对制度压力的经典分类体系，并参考 He 等（2016）的研究量表，从强制压力、模仿压力和规范压力 3 个维度定义符合重大工程管理情景的测量题项，并通过专家访谈和实地调研对题项内容进行修改和完善（详见 3.5 节）。

与第 4 章和第 5 章类似，本章同样基于 Raineri 等（2016）和 Wang 等（2017a）的研究对 ECB 进行测量。环境管理绩效是指组织在环境管理策略和实践两方面的实际表现（Tung et al.，2014），如是否有完善的环境管理体系和资源投入计划属于策略方面的表现，而是否严格执行相关制度并达到预期目标则属于实践方面的表现。本章参考 Tung 等（2014）的研究量表，分别从上述两个方面提出环境管理绩效的测量题项。

6.2.2 假设提出

（1）制度压力与 ECB 及环境管理绩效的关系假设

重大工程需要改进环境管理的流程，加强组织投入以应对越来越严厉的环境规制。然而，强制压力对环保实践的显著正向影响并非总能得到实证检验的支持（Suk et al.，2013）。部分原因在于强制压力并未对重大工程本身产生直接的影响，而是首先影响到项目管理层的态度和理念。因此，如果管理层在日常工作中“言行不一”，只做表面文章，而不能有效贯彻环境规制的要求，则重大工程的环境管理绩效难以真正得到改善。值得注意的是，强制压力可以在一定程度上加强管理层的环保意识，培养其在日常工作中的环保行为习惯，进而能够设身处地为改善环境管理绩效“排忧解难”。具体而言，环境管理绩效的改善来自两方面：一方面是环境管理策略的完善，如科学合理的环保培训体系，明确的环保投入规划等；另一方面是环境管理实践的加强，如环境管理体系条例得到严格执行，获得环保示范工地的称号等。综上所述，提出下列假设。

假设6.1a：强制压力对ECB有积极的影响。

假设6.1b：强制压力对环境管理策略有积极的影响。

假设6.1c：强制压力对环境管理实践有积极的影响。

作为对区域环境带来深远影响的大型复杂项目，重大工程实施过程中的环境管理工作面临高度的不确定性。在预期目标和实现途径都较为模糊的情况下，模仿其他同类型项目的环境管理经验成为重大工程最容易做出的选择，同时也是最“保险”的策略。模仿压力能够激发管理层以身作则的奉献精神（Boiral et al.，2015），即在日常工作中自觉节约资源和保护环境，并努力“复制”同类型项目的成功环保经验，进而提升本项目的环境管理绩效。基于上述分析，提出下列假设。

假设6.2a：模仿压力对ECB有积极的影响。

假设6.2b：模仿压力对环境管理策略有积极的影响。

假设6.2c：模仿压力对环境管理实践有积极的影响。

重大工程的上马和实施需要经过系统的专家论证和咨询环节。业界专家的意见及专业环保咨询公司的评估报告是管理层制定环境政策的重要依据。ISO 14000等环保规范和体系一旦成为重大工程的“标准配置”，则会给尚未部署的项目带来巨大压力，以致跟进者需要更多地兼顾行业期望（Zhu et al.，2013）。在此背景下，管理层的环保意识得到加强，并会在日常工作中严格执行环保规范和政策的要求，进一步提升项目的整体环境管理绩效。综上所述，提出下列假设。

假设 6.3a：规范压力对 ECB 有积极的影响。

假设 6.3b：规范压力对环境管理策略有积极的影响。

假设 6.3c：规范压力对环境管理实践有积极的影响。

（2）ECB 与环境管理绩效的关系假设

Prajogo 等（2012）指出外部制度压力是促进组织内部环境管理绩效改善的重要推动力，但其对组织内部环保实践的具体作用机制尚不清晰。为揭开外部制度压力与组织内部环保实践之间的“黑箱”，Zhang B 等（2015b）从管理层的环境承诺视角对上述作用机制进行了全面的审视。研究发现：管理层的环境承诺是外部制度压力影响内部环境管理绩效的关键中介因素。随着对管理层环境承诺研究的深入，Boiral 等（2015）注意到管理层的“口头”承诺并不能有效反映其环保意愿，而应关注其日常行为表现。换言之，如果管理层在日常工作中能够不断涌现出 ECB，则表明其环境承诺是较为可靠的；反之，则表明管理层可能在做“表面文章”，并没有深入体会环境管理的重要性。按照 Boiral 等（2015）的建议，当管理层能够以身作则在日常工作中践行环境承诺时，表明重大工程的环境管理工作已经得到足够的重视，一方面管理层会加大投入完善环境管理的制度体系，另一方面管理层的表率行为则会凝聚整个项目团队的环境管理工作热情，推动预期计划和目标的顺利实现（Prajogo et al.，2012）。由此，提出下列假设。

假设 6.4a：ECB 对环境管理策略有积极的影响。

假设 6.4b：ECB 对环境管理实践有积极的影响。

基于上述假设，本章提出以下研究概念模型，如图 6.1 所示。

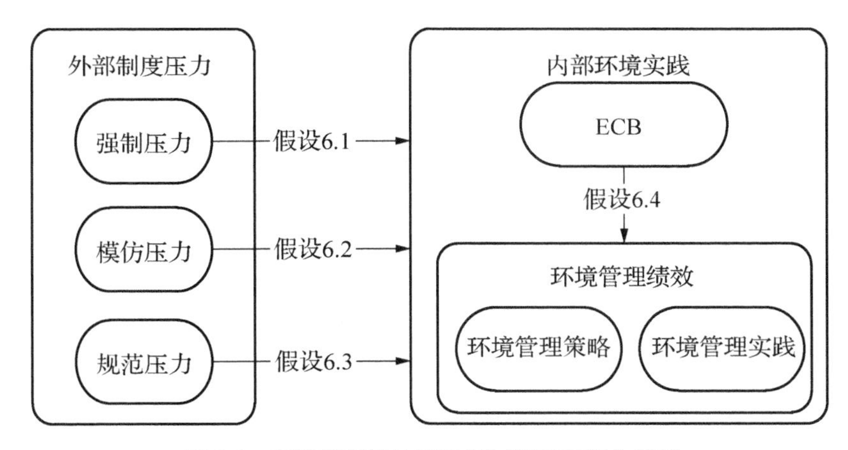

图 6.1　环境管理绩效影响机制的研究概念模型

6.3 研究方法

通过对与制度压力、ECB 和环境管理绩效相关的成熟量表进行全面梳理，进而选择合适的测量题项，并由重大工程领域的专家进行系统评估，详见 3.5 节。在初始量表完成后，通过 Smart PLS 2.0 进行小样本测试，剔除因子载荷低于 0.6 的题项。Smart PLS 2.0 与 Amos、Lisrel 等结构方程分析软件相比，优势体现在小样本的处理方面（适合 30～100 的样本量）（Lim et al.，2017）。问卷采用匿名调研方式，不涉及应答者的个人隐私，所有受访者都是自愿受邀参与的。对于 198 份有效问卷应答者的工作岗位进行筛选后，发现共有 128 位属于项目的中层或高层领导（项目经理、部门经理和专业主管），如表 6-1 所示。

表 6-1　调研样本的人口统计学特征

变量	类别	数量	比例/%
项目角色	业主	58	45.3
	施工方	43	33.6
	咨询方	27	21.1

续表

变量	类别	数量	比例/%
项目岗位	项目经理	58	45.3
	部门经理	29	22.7
	专业主管	41	32.0
项目类型	大型赛事会展设施	39	30.5
	交通枢纽	26	20.3
	地铁	19	14.8
	能源基地	17	13.3
	高铁	14	10.9
	长大桥梁	13	10.2
项目区域	华东	53	41.4
	华南	31	24.2
	华北	25	19.5
	华中	11	8.6
	西部	8	6.3
工作经验	5 年及以下	30	23.4
	6～10 年	42	32.8
	11～15 年	29	22.7
	16～20 年	15	11.7
	20 年以上	12	9.4

6.4 数据分析

6.4.1 量表的信度与效度检验

本章运用 Smart PLS 2.0 对量表进行区分效度、聚合效度及信度的检验，包括强制压力（Coercive Pressures，CP）、模仿压力（Mimetic Pressures，MP）、规范压力（Normative Pressures，NP）、ECB、环境管理策略（Environmental Management Strategy，EMS）及环境管理实践（Environmental Management Practices，EMP）等构念，如表 6-2 和表 6-3 所示。

表 6-2　管理绩效影响机制量表的区分效度检验

构念	CP	MP	NP	ECB	EMS	EMP
CP	**0.830**					
MP	0.284	**0.822**				
NP	0.205	0.462	**0.859**			
ECB	0.259	0.584	0.563	**0.812**		
EMS	0.359	0.463	0.381	0.491	**0.815**	
EMP	0.242	0.532	0.481	0.611	0.458	**0.811**

注：加粗数据为平均方差萃取量（AVE）的平方根。

表 6-3　管理绩效影响机制量表的聚合效度和信度检验

构念	题项	因子载荷	AVE	CR	Cronbach's α
CP	CP1	0.883	0.690	0.869	0.780
	CP2	0.794			
	CP3	0.811			
MP	MP1	0.815	0.675	0.862	0.760
	MP2	0.799			
	MP3	0.850			
NP	NP1	0.868	0.738	0.894	0.823
	NP2	0.868			
	NP3	0.841			
ECB	ECB1	0.758	0.659	0.931	0.913
	ECB2	0.893			
	ECB3	0.745			
	ECB4	0.770			
	ECB5	0.835			
	ECB6	0.852			
	ECB7	0.820			
EMS	EMS1	0.844	0.664	0.855	0.747
	EMS2	0.801			
	EMS3	0.798			
EMP	EMP1	0.842	0.658	0.852	0.740
	EMP2	0.802			
	EMP3	0.788			

检验结果发现，所有题项在各自构念下的因子载荷值显著高于其他构念下的载荷值，并且平均方差萃取（Average Variance Extracted，AVE）的平方根值大于构念之间的相关系数，表明量表的区分效度良好（陈昊等，2016）；所有构念的 AVE 均大于 0.5，并且所有题项在各自构念下的因子载荷值均大于 0.7，表明量表具有较好的聚合效度（陈昊等，2016）；所有构念的组合信度（Composite Reliability，CR）在 0.8 以上，Cronbach's α 系数大于 0.7，并且所有的题项总体相关系数（Corrected Item-total Correlation，CITC）值均大于 0.5（附录 G），表明量表具有较好的信度。

6.4.2 假设检验

（1）结构模型分析

通过 Smart PLS 2.0 对结构方程模型进行分析，假设检验的结果如图 6.2 所示。制度压力对环境管理策略和实践影响的 R^2 值分别为 0.337 和 0.438，表明所构建的模型能够对变量环境管理绩效进行较好的解释。

模仿压力与 ECB 之间的路径系数（$\beta = 0.394$，$p < 0.001$），以及规范压力与 ECB 之间的路径系数（$\beta = 0.367$，$p < 0.001$）都具有统计显著性，因此假设 6.2a 和假设 6.3a 均得到了验证。然而，强制压力与 ECB 之间的路径系数（$\beta = 0.072$，$p > 0.05$）在 5%的置信水平上并未通过显著性检验，因此，假设 6.1a 不成立。

关于制度压力对环境管理策略的影响，在同时考虑 ECB 中介效应的情况下，强制压力（$\beta = 0.213$，$p < 0.01$）、模仿压力（$\beta = 0.205$，$p < 0.001$）和规范压力（$\beta = 0.095$，$p < 0.05$）的影响仍然是显著的，因此假设 6.1b、假设 6.2b 和假设 6.3b 均直接得到了验证。值得注意的是，尽管 3 类制度压力对环境管理策略的影响均是显著的，但强制压力和模仿压力的影响强度要远高于规范压力。

关于制度压力对环境管理实践的影响，在同时考虑 ECB 中介效应的情况下，模仿压力和规范压力的影响仍然是显著的，因此假设 6.2c 和假设 6.3c 同样直接得到了验证。然而，在同时考虑 ECB 影响的情况下，强制压力与环境管理实践之间的路径系数（$\beta = 0.048$，$p > 0.05$）在 5%的置信水平上并未通过显著性检验，因此假设 6.1c 是否成立尚有待进一步（不考虑中介影响）的检验。

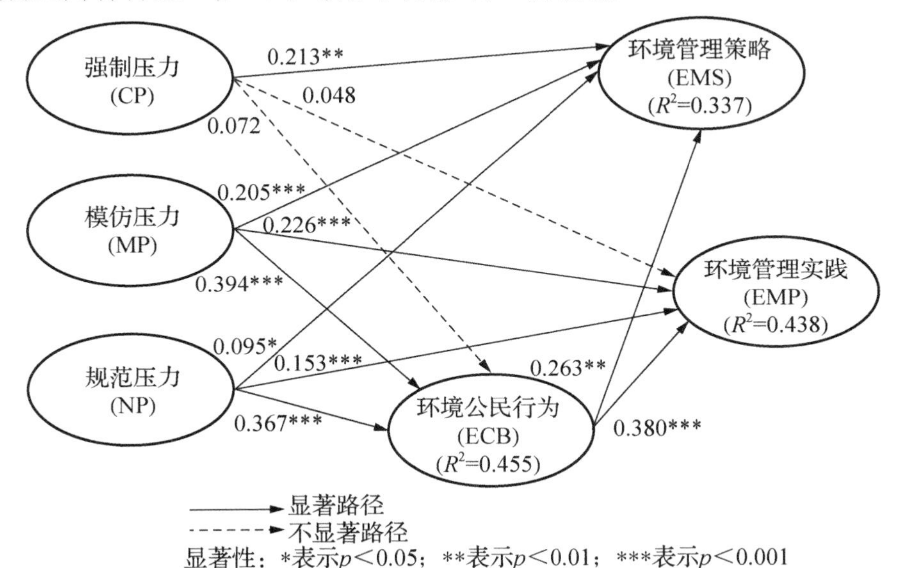

图 6.2　管理绩效影响机制的 PLS 分析结果（含中介变量）

基于上述分析结果发现一个有趣的现象：强制压力和规范压力对于环境管理策略和环境管理实践的影响强度竟然“大相径庭”。对于环境管理策略，强制压力的影响强度远远高于规范压力的影响强度；而出乎意料的是，对于环境管理实践，反而是规范压力的影响强度远远高于强制压力的影响强度。因此，一方面表明制度压力的影响是复杂的，另一方面间接证实环境管理策略的实施（资源投入）并不代表环境管理实践的改善（目标达成），两者之间存在巨大的“鸿沟”。此外，ECB 对环境管理策略和环境管理实践的影响都具有统计显著性，因此假设 6.4a 和假设 6.4b 均得到验证。

为进一步揭示制度压力影响环境管理策略和环境管理实践的内在机制，本章构建了不包括 ECB 的替代模型，以考察强制压力、模仿压力和规范压力对环境管理绩效两大维度的直接影响强度，如图 6.3 所示。在具体分析过程中，模型路径系数的估计通过 Bootstrapping（N=5000）实现。关于制度压力对环境管理实践的影响，在不考虑中介变量 ECB 时，强制压力的影响仍然不显著（$\beta = 0.070$，$p > 0.05$），因此假设 6.1c 不成立。上述假设的验证结果汇总于表 6-4。

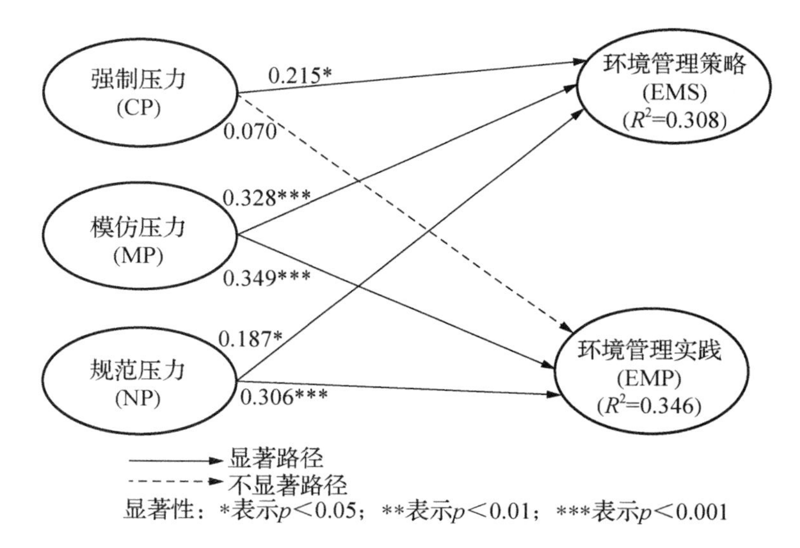

图 6.3　管理绩效影响机制的 PLS 分析结果（不含中介变量）

表 6-4　制度压力影响作用的假设检验结果

变量	R^2	假设编号	假设路径	路径系数	t 值	路径系数显著程度	验证结果
ECB	0.455	6.1a	CP—ECB	0.072	1.208	p>0.05	未通过
		6.2a	MP—ECB	0.394	5.616	p<0.001	通过
		6.3a	NP—ECB	0.367	5.630	p<0.001	通过

续表

变量	R^2	假设编号	假设路径	路径系数	t 值	路径系数显著程度	验证结果
EMS	0.337	6.1b	CP—EMS	0.213	2.720	$p<0.01$	通过
		6.2b	MP—EMS	0.205	3.918	$p<0.001$	通过
		6.3b	NP—EMS	0.095	2.138	$p<0.05$	通过
		6.4a	ECB—EMS	0.263	3.052	$p<0.01$	通过
EMP	0.438	6.1c	CP—EMP	0.048	1.073	$p>0.05$	未通过
		6.2c	MP—EMP	0.226	4.676	$p<0.001$	通过
		6.3c	NP—EMP	0.153	3.385	$p<0.001$	通过
		6.4b	ECB—EMP	0.380	4.383	$p<0.001$	通过

（2）ECB 的中介效应分析

目前广泛使用的中介效应分析方法主要包括：因果步骤法、Sobel 检验法、乘积分布法、Bootstrapping。Mackinnon 等（2004）对 Sobel 检验法、乘积分布法和 Bootstrapping 的模拟研究表明，Bootstrapping 能够提供最为准确的置信区间估计，并且具有最高的统计功效。考虑到上述方法的差异性及互补性，本章综合运用因果步骤法和 Bootstrapping 分析变量 ECB 在 3 类制度压力与环境管理策略及环境管理实践之间的中介效应。因果步骤法旨在对相关中介作用提供直观的解释，而 Bootstrapping 则可以对中介效应进行精确的显著性检验。

基于因果步骤法的中介效应分析过程主要通过 Smart PLS 2.0 实现，并遵循 Andrews 等（2004）提出的中介效应检验步骤。首先，如图 6.3 所示，3 类制度压力与环境管理策略之间的关系均具有统计显著性。其次，对强制压力、模仿压力和规范压力与 ECB 之间的关系进行单独分析，发现模仿压力（$\beta = 0.396$，$p<0.001$）和规范压力（$\beta = 0.369$，$p<0.001$）的影响作用均具有统计显著性，而强制压力（$\beta = 0.072$，$p>0.05$）的影响作用不显著，因此无须进一步分析 ECB

在强制压力与环境管理策略之间的中介效应，如图 6.4 所示。再次，对 ECB 与环境管理策略之间的关系进行单独分析，发现影响路径系数高度显著（$\beta = 0.493$，$p<0.001$），如图 6.5 所示。最后，如图 6.2 和图 6.3 所示，在加入中介变量 ECB 后，模仿压力与环境管理策略之间的路径系数明显下降（从 0.328 降为 0.205，$p<0.001$），规范压力与环境管理策略之间的路径系数明显下降（从 0.187 降为 0.095，$p<0.05$），但仍具有统计显著性。综上所述，ECB 在模仿压力和规范压力与环境管理策略之间具有部分中介的作用。

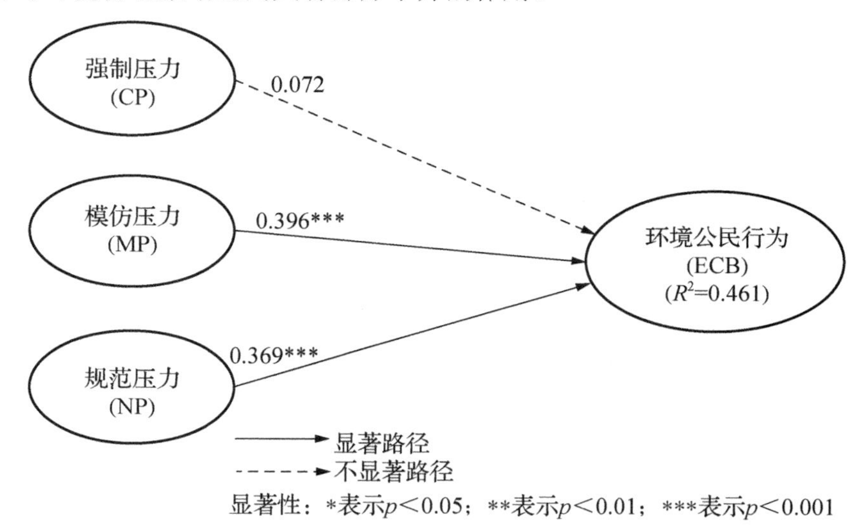

图 6.4　3 类制度压力影响 ECB 的 PLS 分析结果

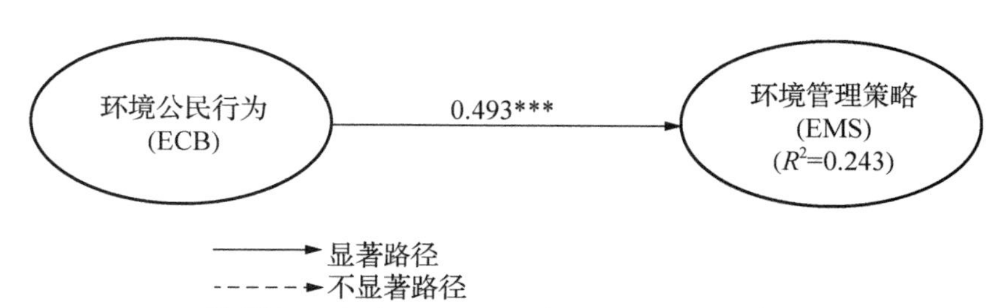

图 6.5　ECB 影响环境管理策略的 PLS 分析结果

类似地，基于因果分析法进一步检验 ECB 在 3 类制度压力与环境管理实践之间的中介作用。首先，如图 6.3 所示，模仿压力及规范压力与环境管理实践之间的关系均具有统计显著性，而强制压力与环境管理实践之间的关系并不显著，因此无须继续分析 ECB 在强制压力与环境管理实践之间的中介效应。其次，对模仿压力和规范压力与 ECB 之间的关系进行单独分析，发现模仿压力（$\beta = 0.414$，$p < 0.001$）和规范压力（$\beta = 0.375$，$p < 0.001$）的影响均具有统计显著性，如图 6.6 所示。再次，对 ECB 与环境管理实践之间的关系进行单独分析，发现影响路径系数高度显著（$\beta = 0.615$，$p < 0.001$），如图 6.7 所示。最后，如图 6.2 和图 6.3 所示，在加入中介变量 ECB 后，模仿压力与环境管理实践之间的路径系数明显下降（从 0.349 降为 0.226，$p < 0.001$），规范压力与环境管理实践之间的路径系数明显下降（从 0.306 降为 0.153，$p < 0.001$），但仍具有统计显著性。综上分析，ECB 在模仿压力和规范压力与环境管理实践之间具有部分中介的作用。

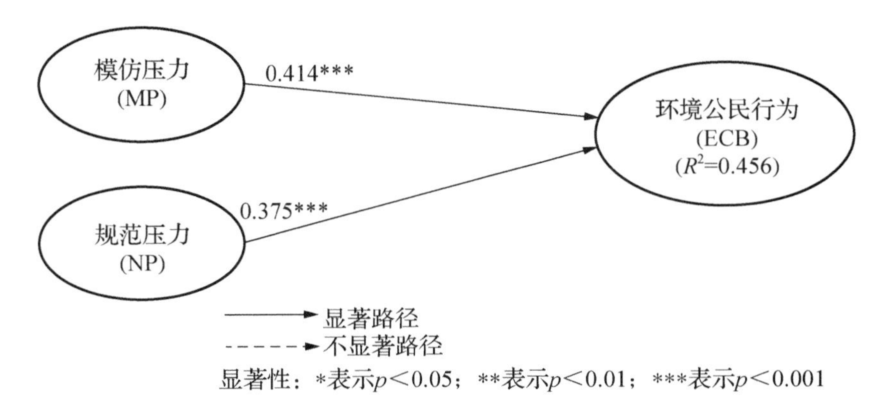

图 6.6　两类制度压力影响 ECB 的 PLS 分析结果

基于 Bootstrapping 的中介效应分析主要通过 SPSS Statistics 20.0 及俄亥俄州立大学 Hayes（2013）教授所开发的 SPSS 宏程序“Process”

实现。Bootstrapping 检验结果显示，ECB 在模仿压力和规范压力与环境管理策略之间的中介效应，偏差校正后的 95%置信区间均不包含 0，表明两类中介效应都具有统计显著性；而 ECB 在强制压力和环境管理策略之间的中介效应，偏差校正后的95%置信区间包含 0，因此中介效应不显著，如表 6-5 所示。

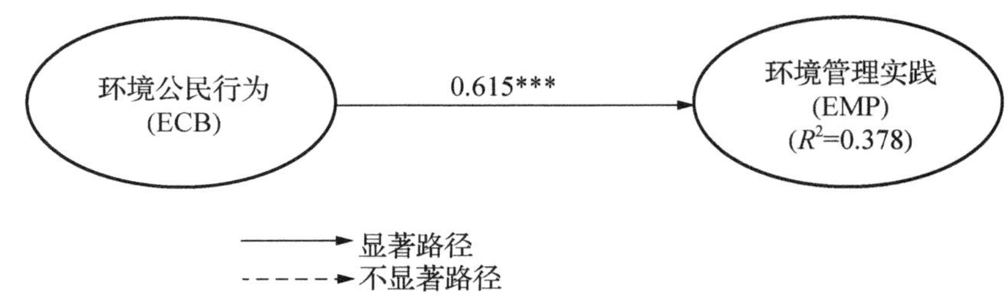

图 6.7　ECB 影响环境管理实践的 PLS 分析结果

表 6-5　ECB 中介效应的偏差校正 Bootstrapping 检验

中介路径			95%置信区间		显著性
自变量	因变量	中介变量	下限	上限	
CP	EMS	ECB	−0.001	0.089	不显著
MP			0.018	0.190	显著
NP			0.011	0.106	显著
CP	EMP	ECB	0.000	0.099	不显著
MP			0.038	0.224	显著
NP			0.018	0.135	显著

注：①在对 3 类制度压力的影响作用进行逐一分析时，均将其他两类制度压力作为协变量处理，以考虑 3 类制度压力的共同影响；②Bootstrapping 抽样数量为 5000。

类似地，ECB 在模仿压力和规范压力与环境管理实践之间的中介效应，偏差校正后的 95%置信区间均不包含 0，表明两类中介效应都具有统计显著性；而 ECB 在强制压力和环境管理实践之间的中介效应，偏差校正后的 95%置信区间包含 0，因此中介效应不显著。Bootstrapping 中介效应显著性检验结果与基于因果步骤法的分析结果具有较好的一致性。

6.5 结 果 讨 论

有关重大工程环境管理的诸多监管性法律、法规、指导文件及行业标准所隐含的前提是制度压力的正向作用，但尚未有实证研究证明其中的关系及作用机理。本章旨在揭示外部制度环境中的 3 类压力如何影响重大工程管理层的态度及行为表现，进而改变项目整体的环境管理策略及环境管理实践效果。研究结果验证了制度压力对重大工程环境管理绩效影响的整体显著性，表明重大工程项目管理层的日常行为及管理举措与工程所嵌入的外部制度环境密切相关。然而，强制压力、模仿压力及规范压力对环境管理绩效的具体作用效果存在明显的差异。

6.5.1 强制压力的影响

强制压力对于重大工程环境管理绩效两大维度的影响存在显著差异。强制压力对于重大工程环境管理策略的影响是显著的。但实证数据未能验证强制压力与环境管理实践的显著关系。上述反常结论可能与重大工程的特点及组织的“漂绿”（Green-washing）行为有关。

随着 PPP（Public Private Partnership）模式的广泛推广，在中央和地方政府的共同推动下，中国在基础设施领域掀起一轮重大工程的建设热潮。截至 2016 年 2 月 29 日，中国共有 7100 个项目纳入 PPP 综合信息平台系统，总投资约 8.3 万亿元人民币，涉及能源、交通运输、水利建设、市政工程、片区开发等 19 个行业（张璐晶，2016）。但强制压力对于重大工程的约束强度往往是有限的，甚至存在部分政府部门对项目的环境污染问题“睁一只眼，闭一只眼”。访谈中的业主指出：我们与政府关系密切，有时迫于工期压力，有些环保要求（如扬尘控制和夜间施工）并未严格遵守。

但是随着环境监理制度的强制实施和细化完善，上述情况正在发生改变。环境监理负责监督项目环境管理体系的运行，当资源投入不足或相关计划措施存在问题时，能够直接下达整改命令。由此，强制压力可以对重大工程的环境管理策略带来较为显著的影响。然而，从图 6.2 强制压力与 ECB 之间的关系不难发现，自上而下的强制政策和要求并未能引起管理层自下而上的配合。强制压力的施行可能引发重大工程的“漂绿”行为，如项目仅仅呼吁对环境污染的重视，或虽然将 ISO 14000 引入管理系统中，但在日常工作中并未兑现环境承诺或按照环境管理体系的要求严格执行。迫于强制压力的约束，重大工程一方面为维系环保的“面子”加强环境管理体系的投入，另一方面为“创效益”“赶工期”对部分环保要求“选择性”忽略，从而出现上述结果。

6.5.2 模仿压力的影响

模仿压力对于重大工程环境管理绩效两个维度的影响均是显著的，且管理层的 ECB 在上述关系中具有部分中介的作用。与强制压力和规范压力相比，模仿压力对环境管理策略和环境管理实践的影响效果更为显著。上述结果表明，随着私人资本越来越多地涌入基础设施领域，追求经济利益和保持竞争优势成为重大工程的核心目标。当同类型项目在环保实践中“大获全胜”并取得良好口碑和竞争优势时，重大工程的管理层会产生危机感，并采取相应追赶措施以改进本项目的环境管理绩效。重大工程的上马动辄耗资数十亿，像三峡工程、南水北调等特大项目则以千亿计，不仅是投资的成倍增加，庞大的体量也为项目的质量、安全和环境管理带来巨大的挑战，任何管理中的小纰漏在重大工程的实施中都可能被指数级放大。重大工程深陷“大即脆弱”（Big is Fragile）的泥沼（Flyvbjerg，2017），于是“模仿”和“复制”同类型项目的成功经验成为最“安全”的管理方式。此外，诸如 2016 年上海市重点工程实事立功竞赛等区域性活动的开展，不断在重大工程管理中营造出“比、学、赶、超”的竞争氛围，对于项目管理层环保意识的改善具有重要意义。弘扬工匠精神，打造精品工程，减少对城市环境的影响，是类似立功竞赛活动的主旨。上海市的轨道交通重点工程在立功竞赛中，“争少占路、早还路”，并在加强施工现场的扬尘控制，以及督促运输企业减少渣土的“跑、冒、滴、漏”等方面均实现突破。因此，不难理解为什么模仿压力对于环境管理绩效的影响最为显著。综上分析，模仿压力在加强重大工程管理层“环保危机意识”的同时，也能够直接促进环境管理绩效的改善，从而与实证研究中得出的 ECB 部分中介作用的结果一致。

6.5.3　规范压力的影响

规范压力对于重大工程环境管理绩效两个维度的影响均是显著的，但存在显著性差异；管理层的 ECB 在上述关系中起到部分中介的作用。业界专家、咨询公司和高等院校是重大工程管理层进行决策的重要智库和外部信息来源。专家论证会、行业研讨会等专题交流活动对于提升重大工程的决策质量和工作透明度具有重要意义。此外，规范压力作为行业约束和监督力量的体现，能够对重大工程管理层的日常行为产生潜移默化的影响，加强其对环境问题的认知，进而间接地促进项目环境管理绩效的改善。

但需要注意的是，中国重大工程的决策过程尚缺乏有效的规范约束机制，存在一定的盲目性和不透明等问题（Flyvbjerg，2017）。由此，规范压力对于环境管理策略的影响会明显弱化，从而出现作用路径显著性偏低的结果（β=0.095，p <0.05）。虽然对于重大工程环境管理决策或策略的制定影响偏弱，但以行业经验、标准等为载体的规范压力能够发挥引领和示范作用，对于改进环境管理的实践具有重要的指导意义，于是相应的作用路径显著性较高（$\beta = 0.153$，p <0.001）。

6.6 研究结论

6.6.1 理论意义及实践启示

本章将制度理论应用于重大工程的环境管理领域，基于 PLS 的实证研究在拓展对项目管理层环境承诺及行为规律认识的同时，亦对环境管理策略和环境管理实践绩效的改进提供了管理启示。首先，本章的实证研究验证了制度压力对于重大工程环境管理绩效影响的整体显著性，表明项目管理层的 ECB 及环境管理策略的制定和落实与工程所嵌入的制度环境密切相关。因此，制度工具可视为推动重大工程环境管理绩效改善的重要手段，但需要注意的是，政府部门应避免不合理地盲目施加压力而造成项目的“漂绿”行为。当项目管理层并未真正认识到环境问题的重要性而仅仅迫于政府的压力采取相应措施时，环境管理便会变成浮于表面的象征性工作，其真正目的在于改善项目的“绿色”形象而不是提升环境管理的实际效果。

其次，本章的实证研究结果显示项目管理层的 ECB 在模仿压力和规范压力影响环境管理绩效的过程中具有重要的中介作用。与口头的环境承诺相比，ECB 能够更为有效地反映项目管理层的环保意识。当政府部门、行业协会、专业咨询公司等各类机构或团体从外部施加压力时，需要注意对于项目管理层的影响并追踪反馈，即更多关注制度压力的效度而不是强度。循序渐进的“稳压”政策可能比一锤子买卖的“高压”政策效果更好。

再次，本章通过对不同类型制度压力的作用效果进行比较，发现模仿压力的影响最大，其次是规范压力，而强制压力对环境管理实践的影响并不显著。业界专家、咨询公司和学术团体不仅需要作为“外部智库”参与到项目的重大决策论证中，而且应进一步在重大工程的日常策略制定中发挥指导作用，从而对项目管理层施以更大的影响。此外，在运用制度工具改进环境管理绩效的过程中，需要避免对政策规制或行业规范的过度依赖，转而应进一步加强模范先锋项目的宣传，并通过设置更为多元化的行业奖项及组织各类竞赛活动，充分营造项目之间的激烈竞争氛围。

6.6.2　研究局限性及展望

环境管理绩效属于“软”指标，其评价方式不同于项目投资、质量或进度等“硬”指标。由于缺少客观数据的支撑，本研究采取匿名问卷调研的方式确定项目的环境管理绩效水平。尽管 Boiral 等（2015）指出主观和客观评价均是衡量组织管理绩效的有效和可靠方式，但以单一问卷方式评估重大工程的环境管理绩效仍存在偏差的可能性。后续研究可进一步开发项目环境管理绩效的客观指标评价体系，从而弥补问卷调研的局限性。

6.7　本章小结

本章在第 5 章的基础上，进一步将研究视角扩展至重大工程的环境管理绩效，重点揭示外部制度压力在促进项目内部环境绩效改善的过程中，管理层 ECB 所起到的传导作用。

首先，构建了 3 类制度压力（强制压力、模仿压力和规范压力）对 ECB 和两类环境管理绩效（环境管理策略和环境管理实践）影响的理论模型。

其次，基于理论模型提出研究假设，并结合问卷调研结果，通过描述性统计、信度效度分析、因子分析、PLS 结构方程模型等方法对研究假设进行验证。

再次，总结研究结论并提出未来的研究趋势和方向。ECB 是环境管理体系有效运转的“润滑剂”，是外部制度压力驱动内部环境管理绩效改善的重要传导机制。在分析 ECB 的驱动因素和中介作用后，后续研究需要关注 ECB 的领导策略，从而为重大工程的管理层提供理论与实践启示。

第 7 章
重大工程环境公民行为的领导策略①

第 6 章聚焦于重大工程项目管理层的行为及其对环境管理绩效的影响。本章是第 6 章的延伸，进一步分析项目管理层的行为风格与其下属环境公民行为（ECB）的关系。基于旧制度主义关注组织内部领导、管理机制的启示，本章重点考察变革型和交易型两类领导风格对项目成员的环境承诺和 ECB 的影响机理及中国情景下两类最突出的文化特征——权力距离取向和集体主义倾向的调节作用。基于 HRM 和 PLS 的实证研究结果对中国文化背景下重大工程环境管理能力的提升具有理论和实践上的参考。

7.1 研究概述

重大工程作为一种社会性的大规模活动，集聚了一个国家或地区的海量资源，其建设过程将深刻影响项目辐射区域的生态环境（任宏，2012；Zeng et al.，2015）。与一般（常规投资规模）工程相比，

① 本章主要内容源自附录论文 *Leveraging transformational and transactional leadership to cultivate the organizational citizenship behaviors for the environment in megaprojects*（*International Journal of Project Management*，SSCI 检索期刊）。

重大工程的环保工作面临复杂多变的管理情景，为项目管理者带来严峻的考验（杨剑明，2016）。重大工程管理者的领导力是项目复杂性的解决方案（白居，2016a），即在官僚制项目组织中，适应工作的动态进展并随情景变化做出应激反应的一种行为（Uhl-Bien et al.，2009）。复杂项目管理者的领导风格是影响项目成功的关键因素（Sotiriou et al.，2001），对项目成员的组织行为（Sadeh et al.，2006）、项目的效能（Kissi et al.，2013）、项目利益相关者的满意度（Andersen，2010）均能产生显著影响。高效的项目管理者能够依据环境变化修正计划，通过合适的领导风格积极引导项目成员的组织行为，改进项目管理绩效（Turner et al.，2005）。“绿色化”是指组织激励其成员的 ECB，改进环境管理绩效，并解决与外部利益相关者环境纠纷的过程。管理者的领导风格及其行为表现是影响组织成员 ECB 的关键所在。

因此，在重大工程的“绿色化”进程中，项目管理者的领导力受到越来越多的重视。Afsar 等（2016）发现，领导者通过将绿色发展的愿景融入制度和工作中，能够有效激发组织成员参与环境保护的热情（Environmental Passion）。Robertson 等（2013）认为，强调营造共同愿景的变革型领导是促进组织成员 ECB 涌现的重要因素。Graves 等（2013）进一步指出，变革型领导是激发组织成员自主动机（Autonomous Motivation）进而影响其 ECB 的关键驱动力。ECB 是一类工作角色外的自觉、创新（如献言献策）行为（Wang et al.，2017a）。与上述观点形成鲜明对比的是，Jaussi 等（2003）及 Krause（2004）发现变革型领导对组织成员的自觉、创新行为的影响并不显著，甚至会起到负面作用。因此，变革型领导是否对 ECB 有利尚无定论，需要结合具体的管理情景进行分析。

此外，值得注意的是，传统的交易型领导风格在 ECB 的研究中较为鲜见。实际上，强调权变奖励（Contingent Reward）的交易型领导对组织成员的态度和行为具有较为积极的影响（Bass et al.，2003；Howell et al.，1999；Jung，2001；Ochieng Walumbwa et al.，2004）。Nguni 等（2006）通过实证研究发现，交易型领导对组织成员的公民行为具有正向促进作用。与变革型领导研究类似的是，围绕交易型领导也有完全相反的观点。Pieterse 等（2010）认为，交易型领导对组织成员的创新行为具有负面影响。Rank 等（2009）指出，交易型领导与组织成员的任务绩效负相关，因此，交易型领导与 ECB 的关系尚未可知，亟须实证研究予以检验。综上所述，已有的有关领导风格与 ECB 的研究基本集中于永久性的企业组织中，缺乏基于临时性重大工程情景的实证研究。在重大工程中，不同类型的领导风格（交易型领导和变革型领导）究竟会对 ECB 产生何种程度的影响依然存疑。

中国重大工程的建设依然沿用基建处、指挥部、管理局等传统的官僚制组织体系。如图 7.1 所示，港珠澳大桥的管理架构分为专责小组、三地联合工作委员会和项目法人 3 个层次。

① 专责小组由国家发展和改革委员会牵头，国家有关部门和粤港澳三方政府参加。

② 三地联合工作委员会由广东、香港和澳门三方政府共同组建，其中广东省人民政府作为召集人，主要协调相关问题并对项目法人进行监管。

③ 作为项目法人的港珠澳大桥管理局，由广东、香港和澳门三方政府共同组建，主要承担大桥主体部分的建设、运营、维护和管理的组织实施工作，实际上承担的是指挥部的具体职能。

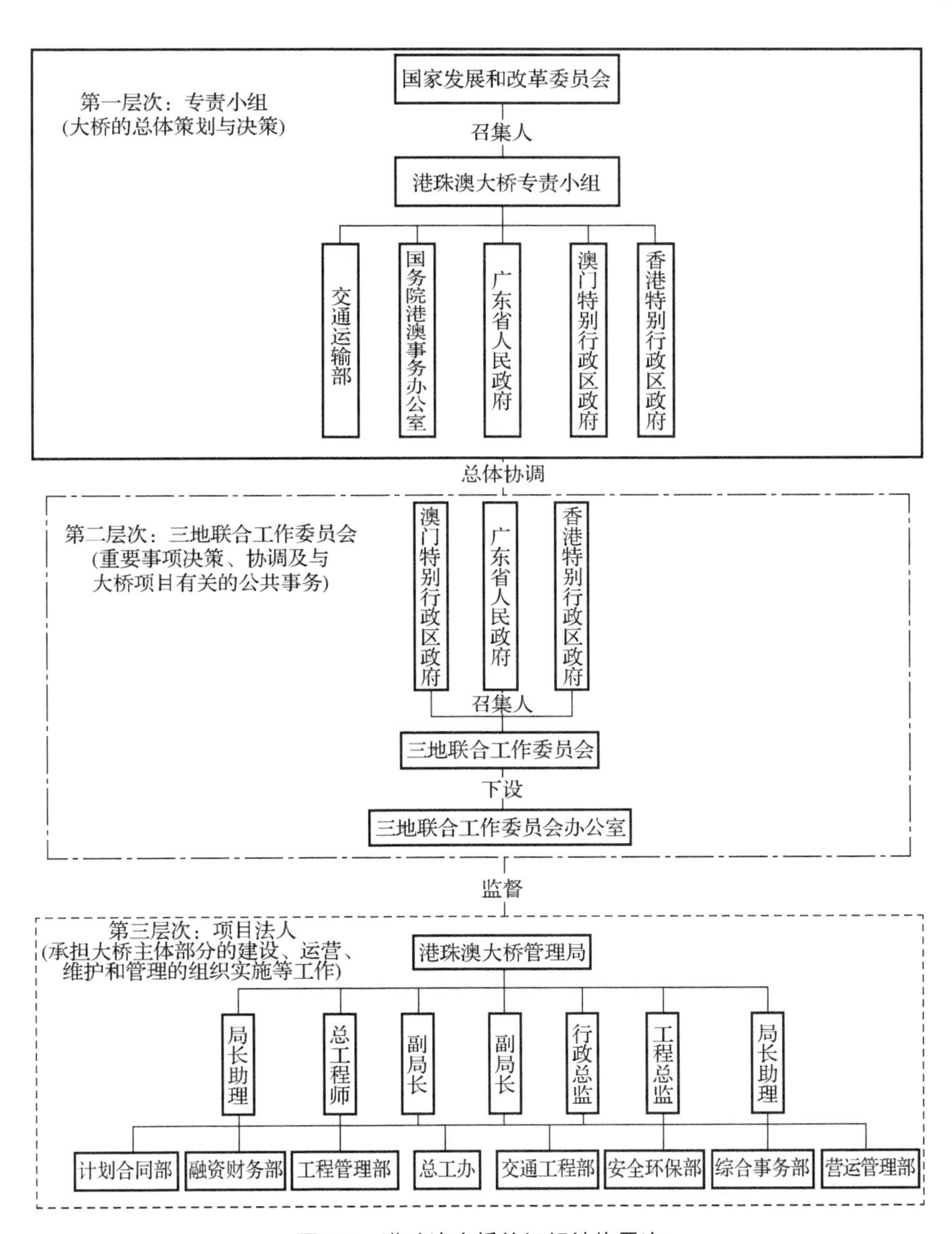

图 7.1　港珠澳大桥的组织结构层次

（资料来源：根据港珠澳大桥管理局网站及相关公开信息整理）

以指挥部为代表的管理体系来源于严谨的军事组织系统，即按照纵向关系逐级安排责、权的组织方式。等级严密的指挥部在提升重大工程决策执行力度的同时也可能引发一系列问题（Li et al.，2011），如权责分配失衡、以权谋私、内部矛盾激化等政府作用的“失灵”现象（Chang A S，2013；Qian，2013；Tabish et al.，2012）。而且，高权力距离的中国文化使人们尊重等级，强调角色分工；在重大工程中则表现为认同并愿意接受领导与下属之间的权力分配不平等，习惯于遵照领导者下达的指令执行工作（张燕等，2012）。

除高权力距离以外，集体主义倾向也是中国文化的另一主要特征。在中西方文化的比较研究中，集体主义一直是中国特色文化的特有标签（黄光国，2010）。杨国枢（2004）将集体主义描述为“个体将自身视为一个或多个集体（家庭、企业或国家）的一分子，彼此紧密相连，个体由于受到集体规范与责任的驱使，愿意将集体目标置于个体目标之上，而且重视与集体其他成员之间的联结关系”。在重大工程的建设过程中，集体赶工现象屡见不鲜：撸起袖子加油干！港珠澳大桥珠海口岸项目于2017年7月13日召开“9·30”节点赶工动员会（中建三局一公司华南公司，2017）。

此外，重大工程往往通过举办劳动竞赛、创先争优等活动激发项目成员的集体责任感，如2016年港珠澳大桥管理局开展以“争当明星员工、创建卓越团队”为主要内容的创先争优活动，其中交通工程部荣获2016年度 “卓越部门”称号。

随着“一带一路”倡议“走出去”战略等的深入推进，中国的重大基础设施领域呈现出国际化的发展趋势。2014—2016年，中国对“一带一路”沿线国家投资累计超过500亿美元，在沿线国家新签对外承包工程合同额3049亿美元（澎湃新闻网，2017），如中欧班列、英国欣克利角C核电项目、塞尔维亚泽蒙–博尔察大桥、希腊比雷埃夫斯港、俄罗斯莫斯科喀山高铁等。重大工程的建设者在文化价值观方面日益多样化，既包含一部分尊重传统观念的建设者，又存在接受西方文化的建设者。上述建设者面对重大工程管理者的不同领导风格是否会表现出截然不同的行为？即下属的权力距离取向和集体主义倾向是否会影响交易型领导和变革型领导与项目成员ECB之间的关系？

已有研究一方面在领导风格与ECB的关系上并未形成一致的结论，另一方面并没有充分考虑组织成员个体特点对上述关系的影响。因此，本章的主要研究目的之一在于考察重大工程中，交易型领导和变革型领导风格对不同权力距离取向和集体主义倾向项目成员ECB的影响机制。

管理者的以身作则是激发组织成员ECB的关键因素（Boiral et al., 2015）。重大工程管理者在环境管理方面的重视程度和行为表现比“纸面上”的环境政策更有说服力，能够改变下属的环保意识，进而影响其日常工作中的行为（Boiral et al., 2018）。环境承诺（Environmental Commitment）是组织成员对工作中环保任务的责任意识和重视程度。值得注意的是，承诺本身反映的就是个体的信仰和态度。根据理性行动理论（Theory of Reasoned Action）及价值–信仰–规范理论（Value-belief-norm Theory），个体的态度倾向受到外部情景氛围的影响，并在很大程度上决定其行为表现。因此从上述理论角度审视，当管理者的领导风格营造出重视环保的组织氛围时，组织成员的态度可能会发生转变，并最终体现在其行为表现上。综上所述，本章的研究目的之二在于探讨两类领导风格是否通过改变项目成员的环境承诺而对其ECB产生影响。图7.2为领导策略的研究概念模型。

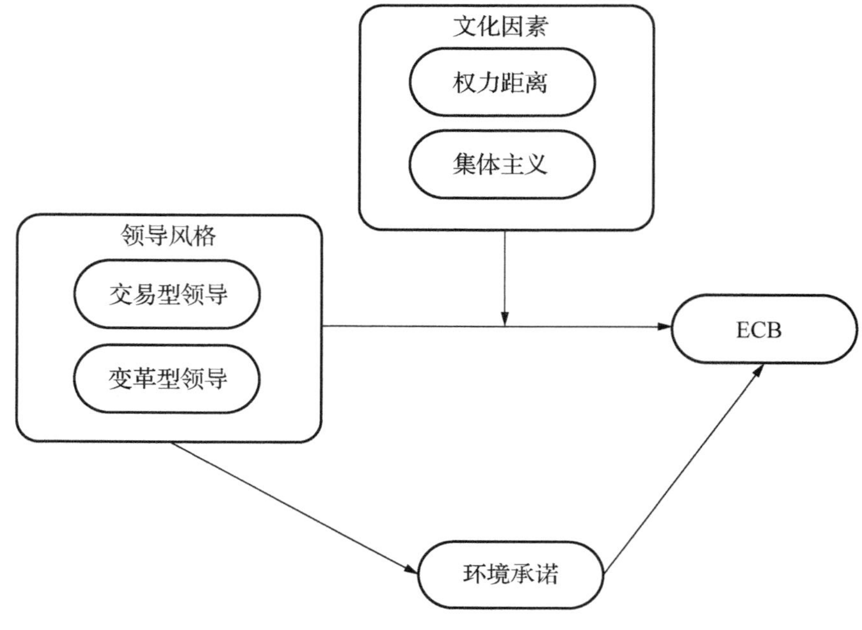

图 7.2　领导策略的研究概念模型

7.2　研究假设的提出

7.2.1　领导风格与环境承诺

管理者的领导风格被认为是与下属的组织承诺和 ECB 联系最为紧密的因素之一（Kent et al.，2001；Nguni et al.，2006；Emery et al.，2007）。领导风格之所以发挥如此重要的作用是因为它为下属设定了目标并以此对其进行激励，即影响下属实现目标的行为态度与方式（Jung，2001；Deichmann et al.，2015）。承诺表现为“对特定目标的一种责任和奉献意识”。在重大工程中，变革型领导和交易型领导通过影响项目成员的环境承诺而改变其 ECB 表现。

（1）变革型领导与环境承诺

变革型领导强调管理者的象征性行为（Symbolic Behavior），如激励及愿景和价值观的传递等，而不是上下级之间的经济利益交换（Avolio et al.，2009；Judge et al.，2004）。变革型领导致力于引导下属更多地关注团队或组织的长期目标。组织成员将上级所传递的价值观内化为驱动自己努力奋斗的目标和追求（Dvir et al.，2002）。本章基于 Robertson 等（2013）的研究，将变革型领导的概念进一步扩展至环境管理领域。重大工程管理者所表现出的环境变革型领导（Environmentally-specific Transformational Leadership）是明确强调和统一项目的环境愿景（Environmental Vision），使全体项目成员达成共识。重大工程的管理者通过分享其环境价值观，强调环境可持续的重要性，以及率先行动解决环境问题的方式为下属树立榜样。由此，项目成员会表现出为保护环境贡献自己力量的强烈行为意愿和承诺（Graves et al.，2013）。综上分析，提出下列假设。

假设 7.1a：变革型领导对环境承诺有积极的影响。

假设 7.1b：变革型领导对 ECB 有积极的影响。

（2）交易型领导与环境承诺

交易型领导明确界定管理者的职责和任务需求，以及基于合同规定向下属提供物质或精神回报（Walumbwa et al.，2008）。换言之，交易型领导关注于确立“努力–回报”（Effort-reward）的关系，以及领导和下属之间的交换。综上所述，交易型领导为下属提供有形或无形的资源以换取他们的努力和绩效，规定工作的职责和相应的规则，确定目标实现后的具体奖励。变革型领导与交易型领导的主要区别在于：变革型领导致力于使下属认同管理者的目标和需求；而交易型领导则致力于管理者与其下属为满足各自需求而进行资源交换。交易型领导本质上是通过物质奖励等手段激发组织成员努力实现预期目标的工作热情。因此，重大工程中，交易型领导能够通过有形的奖励手段激发项目成员参与环保工作的热情，从而培养其环境承诺。此外，交易型领导还关注于工作中出现的问题及细节，从而在重大工程的实施过程中及时采取相应的处置措施，纠正项目成员错误的环保观念和行为态度。由此，提出下列假设。

假设 7.2a：交易型领导对环境承诺有积极的影响。

假设 7.2b：交易型领导对 ECB 有积极的影响。

7.2.2 环境承诺与 ECB

承诺（Commitment）是在环境管理文献中反复出现的重要概念（Keogh et al.，1998）。承诺的重要性体现在：一方面为个体的行为指明方向，另一方面激励个体为甚至超越其自身利益（Self-interests）的目标而努力奋斗（Meyer et al.，2001）。由此，承诺的概念在组织行为领域得到广泛关注，组织承诺、环境承诺、安全承诺等概念不断涌现。本质上，承诺是对组织目标和价值观的依附与认同（Cohen，2007），表现为一种自发的责任意识（Klein et al.，2012）。在此基础上，Raineri 等（2016）将有关承诺的研究进一步拓展至环境管理领域，提出环境承诺的概念——对于组织环境事业的责任感及环境价值观的认同感。当个体与组织的环境价值观匹配时，将表现出积极主动的环境行为，以帮助组织实现预期的环境目标（Graves et al.，2013）。正如 Boiral 等（2015）所强调的，管理者的领导表现是下属的行为参照。无论是变革型领导抑或交易型领导，管理者对环境目标的重视将影响其下属对待环境问题的态度和认知，进而在日常工作中涌现出更多的 ECB。换言之，无论管理者是通过精神感召还是物质奖励表现出对于环境问题的关心，都将在项目内构建起一种致力于实现环境可持续的共享价值体系，进而激发项目成员参与 ECB 的热情（Robertson et al.，2013；Afsar et al.，2016）。由此，提出下列假设。

假设 7.3a：环境承诺对 ECB 有积极的影响。

假设 7.3b：环境承诺在变革型领导与 ECB 之间起中介作用。

假设 7.3c：环境承诺在交易型领导与 ECB 之间起中介作用。

7.2.3 权力距离和集体主义的调节作用

（1）权力距离取向的调节作用

权力距离是组织文化氛围研究中的重要概念，表示个体对于上下级之间权力分配不平等的接受程度（Dorfman et al.，1988）。低权力距离取向的组织成员认为领导与下属应该处于平等的地位，具有比较强烈的参与感（Bochner et al.，1994），期望与领导之间进行人际互动；高权力距离取向的组织成员倾向于与领导保持正式的上下级关系，遵照领导的意愿和要求去完成工作（张燕等，2012）。权力距离取向不同的下属对于变革型领导和交易型领导风格的反应方式存在差异。在重大工程中，如果项目成员是低权力距离取向的，变革型领导会对其ECB产生积极的推动作用。因为低权力距离取向的项目成员具有强烈的参与感，希望能为重大工程的可持续建设献计献策。变革型领导通过赋予下属自主权，以满足其参与感的需求（杨春江等，2015）。由此，项目成员愿意为实现重大工程的可持续目标而付出额外的努力，表现出更强烈的ECB意愿。对于高权力距离取向的下属，变革型领导的影响可能会减弱。高权力距离取向的下属认为领导能够独立做出绝大部分的决策，因而参与感低下，通常以领导安排的任务为核心，缺乏实施角色外ECB的意愿。因此，提出下列假设。

假设7.4a：权力距离取向对变革型领导和下属ECB的关系具有调节作用，即下属的权力距离取向越低，变革型领导与下属ECB的正向关系越强；反之，下属的权力距离取向越高，变革型领导与下属ECB的正向关系越弱。

重大工程中，如果项目成员是低权力距离取向的，则交易型领导对其ECB的正向影响可能会减弱。类似地，因为低权力距离取向的项目成员往往表现出参与日常管理工作的强烈意愿，从而展现出自身的才华，并为上级分忧。交易型领导强调严格按照规章制度行事的风格及奖罚分明的特点，反而对项目成员的创造力形成约束（Rank et al.，2009）。因此，项目成员可能会像庞大机器的一颗螺丝钉一样按部就班的工作，而缺乏主人翁的意识（何清华等，2017），进而降低参与环保工作的积极性和主动性。相反，高权力距离取向的下属能够接受上下级之间的权力差异性，倾向于认同上级的价值观、态度和决策，因此当重大工程的管理者表现出对环境问题的重视，并采取相应的物质奖励手段时，项目成员会按照上级的要求自觉执行环保措施的相关要求，形成对项目环境目标的认同，从而表现出为环保工作奉献的精神。综上所述，提出下列假设。

假设 7.4b：权力距离取向对交易型领导和下属 ECB 的关系具有调节作用，即下属的权力距离取向越低，交易型领导与下属 ECB 的正向关系越弱；反之，下属的权力距离取向越高，交易型领导与下属 ECB 的正向关系越强。

（2）集体主义倾向的调节作用

集体主义倾向是中国情景下组织文化氛围研究的重要维度，反映的是个体对集体的关心程度。集体主义倾向不同的下属对于变革型领导和交易型领导行为的反应方式存在差异。具有高集体主义倾向的个体更为重视“圈内”的整体目标及规范和责任的约束，并希望与“圈内”人保持合作关系，甚至不惜忍受种种不适，而且当个人目标与组织目标发生冲突时，也会优先考虑组织的整体目标（杨自伟，2015）。变革型领导通过传播组织的愿景，旨在激发下属的高层次需求，从而更有效率地实现组织的共同目标，因此，重大工程中，变革型领导对于高集体主义倾向的项目成员具有更强的说服力，因为上述成员本身就对项目的共同目标高度认可；反之，如果项目成员的集体主义倾向偏低，则对重大工程整体目标的认可度较差，变革型领导的感召力可能“大打折扣”，也难以激发下属的 ECB。综上分析，提出下列假设。

假设 7.4c: 集体主义倾向对变革型领导和下属 ECB 的关系具有调节作用，即下属的集体主义倾向越低，变革型领导与下属 ECB 的正向关系越弱；反之，下属的集体主义倾向越强，变革型领导与下属 ECB 的正向关系越强。

类似地，如果组织成员是高集体主义倾向的，则交易型领导对其环境承诺的影响可能会增强。因为，与低集体主义倾向的组织成员相比，具有高集体主义倾向的个体更多地将集体利益和组织目标放在首位。重大工程中，具有交易型领导风格的管理者通过权变奖励和例外管理等方式向下属传递重视环保的信号，具有高集体主义倾向的项目成员能够更加积极地响应项目的号召，在日常工作中表现出更高层次的环境承诺。相反，具有低集体主义倾向的项目成员往往关注于自身利益的实现，对于重大工程可持续发展的愿景并不关心，只要不“捅娄子”（如出现严重环境问题而受到惩罚），一切都尽量维持现状，并没有帮助项目改进环保工作的意愿。由此，提出下列假设。

假设 7.4d: 集体主义倾向对交易型领导和下属 ECB 的关系具有调节作用，即下属的集体主义倾向越低，交易型领导与下属 ECB 的正向关系越弱；反之，下属的集体主义倾向越强，交易型领导与下属 ECB 的正向关系越强。

7.3 研究方法

样本选取和数据收集的过程详见第 3 章。鉴于本章重点考察上级领导对于下属态度和行为的影响，为避免可能存在的回复偏差①，

① 问卷中有关领导风格和权力距离的题项（附录 B），主要目的是考察下级对上级行事风格的看法和评价。

分析过程并未包括项目高层（项目经理）的 58 份问卷，而仅保留项目实施层（项目工程师）的 64 份问卷和项目中层（部门经理或专业主管）的 76 份问卷。

本章理论模型涉及的 6 个变量均参考已有文献中的相关测量工具测得。其中环境承诺和 ECB 依然沿用 Raineri 等（2016）及 Wang 等（2017a）的量表。为提高问卷的应答率，题项的设置不宜过多。变革型领导的测量采用 Barling 等（2002）编制的简化版量表，通过 8 个题项反映变革型领导的 4 个维度，包括魅力（Idealized Influence）、感召力（Inspirational Motivation）、智力激发（Intellectual Stimulation）和个性关怀（Individualized Consideration）。交易型领导采用 Hartog 等（1997）编制的简化版量表，通过 4 个题项反映交易型领导的两个维度，即权变奖励（Contingent Reward）和例外管理（Management by Exception）。本章结合重大工程的具体情景对变革型领导和交易型领导的题项进行修订，以反映项目管理者在环保实践中的具体表现。此外，权力距离取向采用 Dorfman 等（1988）编制的量表，共包括 6 个题项。集体主义倾向采用 Doney 等（1998）编制的量表，共包括 4 个题项。

本章通过探索性因子分析（Exploratory Factor Analysis，EFA）和验证性因子分析（Confirmatory Factor Analysis，CFA）检验模型的可靠性和有效性。EFA 能够识别构念的潜在维度划分，而 CFA 用来进一步检验探索性因子分析的结果（Cao et al.，2014）。偏微分最小二乘法（Partial Least Squares，PLS）和层次回归技术（Hierarchical Regression Modeling，HRM）用于本章的假设检验。

7.4 数 据 分 析

7.4.1 因子分析

EFA 用于梳理领导风格的 12 个题项。Kaiser-Meyer-Olkin（KMO）值是 0.860>0.6，表明样本充足（Field，2009）。Bartlett 球形检验结果显示 $\chi^2 = 609.673$（$df = 66$，$p = 0.000 < 0.001$），表明变量之间的相关系数满足因子分析的要求（George et al.，2011）。Hair 等（2010）指出每个构念下题项的因子载荷值不应小于 0.5。由此，变革型领导的题项 4（载荷值=0.485）被删除。类似地，EFA 同样应用于环境承诺（Environmental Commitment，EC）、ECB、权力距离取向（Power Distance，PD）和集体主义（Collectivism Orientation，CO）的分析，最后没有题项被剔除。

对领导力余下的 11 个题项再次进行因子分析。KMO 值是 0.846，超出 0.6 的阈值，而 Bartlett 球形检验结果也达到显著（$\chi^2 = 551.685$，$df = 55$，$p = 0.000 < 0.001$）。最后，从领导力的 11 个题项中提取两个因子分别代表变革型领导（Transformational Leadership，TFL）和交易型领导（Transactional Leadership，TSL）。如表 7-1 所示，每个潜在构念所涉及题项的因子载荷值均大于阈值 0.5，而且超过其他构念下的因子载荷值。上述结果验证了用 11 个题项反映两个潜在构念的合理性。CFA 分析用于进一步验证领导力构念的两个因素结构。如表 7-2 所示，CFA 的分析结果表明：领导力构念的因子结构有着较好的适配度。

表 7-1　领导风格的 EFA

构念	测量题项	因子载荷	
		因子 1	因子 2
TFL	TFL6	**0.774**	0.028
	TFL2	**0.771**	0.080
	TFL1	**0.733**	0.022

续表

构念	测量题项	因子载荷	
		因子 1	因子 2
TFL	TFL3	**0.726**	0.158
	TFL5	**0.723**	0.056
	TFL8	**0.709**	0.063
	TFL7	**0.703**	0.245
TSL	TSL2	0.156	**0.819**
	TSL1	0.108	**0.814**
	TSL3	0.080	**0.813**
	TSL4	0.032	**0.763**
解释方差/%		34.734	24.335
累计解释方差/%		34.734	59.069

注：加粗数据是各构念所涉及题项的因子载荷值。

表 7-2 领导风格的 CFA

指标类别	指标	判别标准	领导力	
			值	判别结果
绝对适配度指数	χ^2	p=0.066>0.05	57.713	是
	RMR	<0.05	0.027	是
	RMSEA	<0.08	0.050	是
	GFI	>0.90	0.928	是
	NFI	>0.90	0.905	是
增值适配度指数	IFI	>0.90	0.974	是
	TLI	>0.90	0.966	是
	CFI	>0.90	0.973	是
	PNFI	>0.50	0.708	是
	PCFI	>0.50	0.761	是
	χ^2/df	<2.00	1.342	是
简约适配度指数	AIC	理论模型值小于独立模型值，且同时小于饱和模型值	103.713<132.000 103.713<631.363	是
	CAIC	理论模型值小于独立模型值，且同时小于饱和模型值	194.370<392.148 194.370<674.721	是

7.4.2　实证模型的评估

与 4.4.2 小节类似，本章同样是从内部一致性、聚合效度、区分效度等方面对测量题项进行全面的评估。内部一致性是通过组成信度（Composite Reliability，CR）和 Cronbach's α 系数进行评估的，如表 7-3 所示。

表 7-3　领导策略量表的信度和效度

构念	CR	Cronbach's α	AVE	相关矩阵					
				TFL	TSL	EC	ECB	PD	CO
TFL	0.894	0.863	0.548	**0.740**					
TSL	0.881	0.824	0.650	0.240	**0.806**				
EC	0.928	0.909	0.648	0.457	0.318	**0.805**			
ECB	0.923	0.902	0.632	0.557	0.348	0.670	**0.795**		
PD	0.880	0.837	0.551	0.174	0.102	0.228	0.511	**0.742**	
CO	0.847	0.759	0.581	0.359	0.226	0.339	0.420	0.208	**0.762**

注：相关矩阵对角线中的加粗数据为平均方差萃取量（AVE）的平方根。

CR 值和 Cronbach's α 系数大于 0.7，并且 CITC 值均大于 0.5（附录 G），因此每个构念所涉及题项的内部一致性良好（Hair et al., 2011）。平均方差萃取量（Average Variance Extracted，AVE）是衡量聚合效度的指标。如表 7-3 所示，AVE 值均大于 0.5，表明聚合效度良好。此外，聚合效度的评价指标还包括每个题项的因子载荷。如表 7-4 所示，每个构念所涉及题项的标准化因子载荷值均大于 0.7。最后，AVE 的平方根值（相关矩阵的对角线）均大于构念之间的相关系数，表明量表具有较好的区分效度。

表 7-4　领导策略测量模型的评估

编码	题项载荷					
	TFL	TSL	EC	ECB	PD	CO
TFL1	**0.712**	0.116	0.267	0.355	0.138	0.174
TFL2	**0.770**	0.171	0.322	0.421	0.173	0.193
TFL3	**0.751**	0.239	0.360	0.474	0.474	0.191
TFL5	**0.736**	0.146	0.425	0.413	0.146	0.304
TFL6	**0.766**	0.125	0.350	0.391	0.059	0.397
TFL7	**0.721**	0.297	0.288	0.345	0.097	0.299
TFL8	0.722	0.154	0.327	0.459	0.211	0.299
TSL1	0.202	**0.787**	0.203	0.217	0.019	0.225
TSL2	0.181	**0.782**	0.186	0.235	0.067	0.153
TSL3	0.134	**0.795**	0.294	0.303	0.150	0.107
TSL4	0.253	**0.859**	0.308	0.337	0.073	0.247
EC1	0.366	0.266	**0.839**	0.589	0.218	0.225
EC2	0.386	0.348	**0.834**	0.595	0.253	0.323
EC3	0.309	0.204	**0.718**	0.443	0.135	0.166
EC4	0.383	0.235	**0.764**	0.565	0.184	0.264
EC5	0.345	0.194	**0.794**	0.458	0.127	0.304
EC6	0.341	0.172	**0.808**	0.547	0.169	0.323
EC7	0.431	0.339	**0.867**	0.547	0.174	0.295
ECB1	0.443	0.225	0.493	**0.773**	0.466	0.263
ECB2	0.479	0.301	0.567	**0.854**	0.400	0.343
ECB3	0.401	0.244	0.500	**0.784**	0.391	0.309
ECB4	0.367	0.288	0.458	**0.728**	0.415	0.453
ECB5	0.512	0.294	0.592	**0.797**	0.430	0.342
ECB6	0.403	0.313	0.531	**0.808**	0.372	0.333
ECB7	0.478	0.269	0.569	**0.814**	0.370	0.301
PD1	0.214	0.056	0.251	0.442	**0.713**	0.079
PD2	0.096	0.081	0.181	0.401	**0.715**	0.262
PD3	0.038	0.019	0.137	0.317	**0.763**	0.097

续表

编码	题项载荷					
	TFL	TSL	EC	ECB	PD	CO
PD4	0.177	0.154	0.170	0.385	**0.735**	0.230
PD5	0.102	0.089	0.156	0.346	**0.763**	0.110
PD6	0.111	0.046	0.0879	0.351	**0.761**	0.135
CO1	0.160	0.192	0.257	0.329	0.162	**0.746**
CO2	0.206	0.239	0.222	0.303	0.164	**0.748**
CO3	0.340	0.131	0.234	0.323	0.107	**0.747**
CO4	0.385	0.130	0.318	0.324	0.201	**0.806**

注：加粗数据表示构念所对应题项的标准化因子载荷值。

由于定量的数据全部来自问卷，因此可能存在共同方法偏差的风险（Podsakoff et al.，2003）。Harman 单因子方差分析用于检验共同方法偏差的可能性。Harman 的检验结果表明：没有单个主导性因子的存在，其中最大的因子仅占总测量方差的 15.537%，表明共同方法偏差并不会对本研究的数据质量产生显著影响。

7.4.3　假设检验和结果分析

本章通过 HRM 对研究假设进行分析，具体参照 Müller 等（2005）提出的“直接效应–调节效应–中介效应”因果步骤法对模型进行分层检验，结果见表 7-5。在分析过程中，首先单独考察项目工期、项目类型、项目角色和项目规模 4 个控制变量对 ECB 的影响，即模型 1。随后，在回归模型中逐步加入自变量（变革型领导和交易型领导）和调节变量（权力距离和集体主义），即模型 2 和模型 3。为了更好地检验领导风格与 ECB 之间的关系及两类文化情景要素的调节作用，本章对自变量与调节变量的乘积项进行回归分析，即模型 4。

表 7-5 领导策略研究的层次回归结果

变量	ECB							
	模型 1		模型 2		模型 3		模型 4	
	β	VIF	β	VIF	β	VIF	β	VIF
步骤 1：控制变量								
项目工期	0.014	1.043	−0.001	1.055	−0.024	1.071	−0.028	1.117
项目类型	0.138	1.024	0.044	1.074	0.028	1.099	0.032	1.111
项目角色	0.001	1.143	0.051	1.163	0.049	1.168	0.003	1.222
项目规模	0.086	1.121	0.056	1.124	0.079	1.131	0.071	1.173
步骤 2：自变量								
变革型领导			0.470***	1.123	0.365***	1.262	0.353***	1.281
交易型领导			0.224**	1.079	0.175**	1.107	0.152*	1.181
步骤 3：调节变量								
权力距离					0.378***	1.074	0.378***	1.096
集体主义					0.178**	1.229	0.220**	1.359
步骤 4：二维交互								
变革型领导×权力距离取向							−0.189**	1.169
变革型领导×集体主义倾向							−0.161**	1.200
交易型领导×权力距离取向							0.033	1.227
交易型领导×集体主义倾向							0.101^{+}	1.186
F 值	0.912		11.292***		19.072***		16.785***	
R^2	0.026		0.337		0.538		0.613	
ΔF 值	0.912		31.233***		23.438***		6.178***	
ΔR^2	0.026		0.311		0.201		0.075	

注：回归系数为标准系数；+ 表示 $p<0.1$①，*表示 $p<0.05$，**表示 $p<0.01$，***表示 $p<0.001$。

① 通常情况下，$p=0.05$ 为最低显著性判别指标，但在实际研究中，为了能够更充分地解释模型，可以进一步引入 $p=0.1$ 的判别值（Martins et al.，2002）。

层次回归结果显示，随着变量的不断加入，模型的 R^2 逐渐上升（从 0.026 涨至 0.613），表明模型的解释程度不断得到提高。在分析过程中，各变量的方差膨胀因子（Variance Inflation Factor，VIF）处于 1.024～1.359，均远低于判别值 3.0，表明回归分析并不会受到多重共线性的显著影响（Cohen et al.，2003）。

在不考虑其他变量的情况下（模型 1），控制变量对 ECB 的影响不显著，与 4.4.4 小节的分析结果一致。在回归模型中加入自变量后（模型 2），根据各路径的标准回归系数，发现变革型领导（$\beta = 0.470$，$p<0.001$）和交易型领导（$\beta = 0.224$，$p<0.01$）对 ECB 产生了显著的正向影响，因此假设 7.1b 和 7.2b 均成立。

（1）调节效应分析

表 7-5 的回归结果显示（模型 4），权力距离取向对变革型领导与 ECB 之间的关系产生了显著的调节作用（$\beta = -0.189$，$p<0.01$），并且调节效应为负值，因此假设 7.4a 得到了验证。如图 7.3 所示，项目成员的权力距离取向越低，变革型领导与下属 ECB 的正向关系越强。

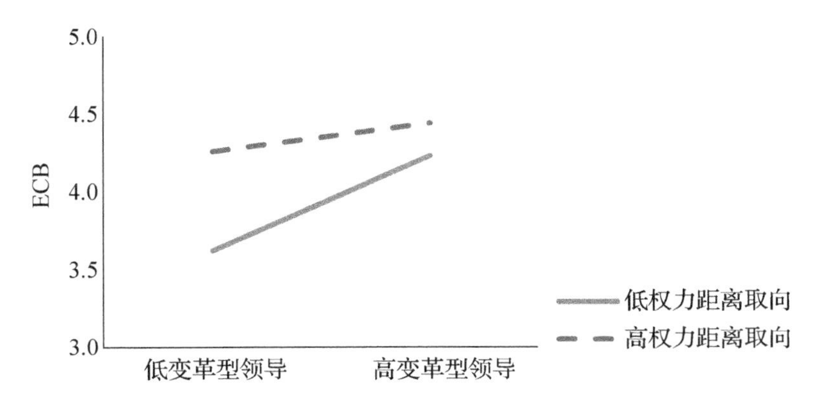

图 7.3　权力距离取向对变革型领导与 ECB 关系的调节效应

如图 7.4 所示，权力距离取向对交易型领导与 ECB 之间关系的调节作用并不显著（$\beta = 0.033$，$p>0.01$），因此假设 7.4b 不成立。此外，集体主义倾向对变革型领导与 ECB 之间的关系产生显著的调节作用（β=−0.161，p<0.01），并且调节效应为负值，与假设 7.4c 相反。

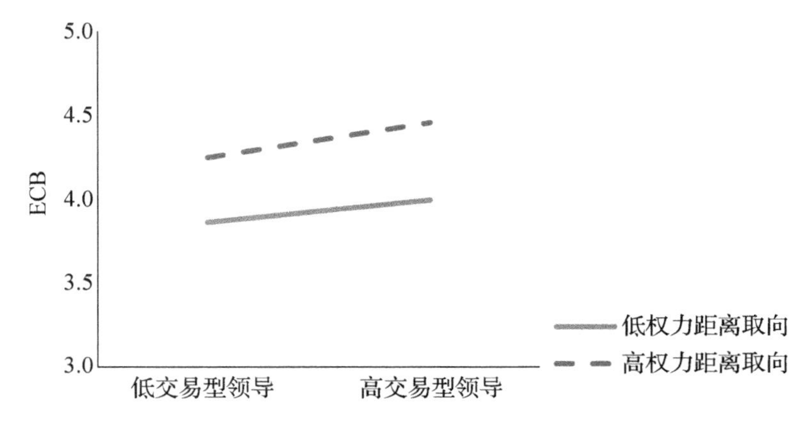

图 7.4　权力距离取向对交易型领导与 ECB 关系的调节效应

如图 7.5 所示，下属的集体主义倾向越低，变革型领导与下属 ECB 的正向关系越强。而集体主义倾向对交易型领导与 ECB 之间的关系产生调节作用（β = 0.101，p<0.1），并且调节效应为正值，因此假设 7.4d 得到了验证。

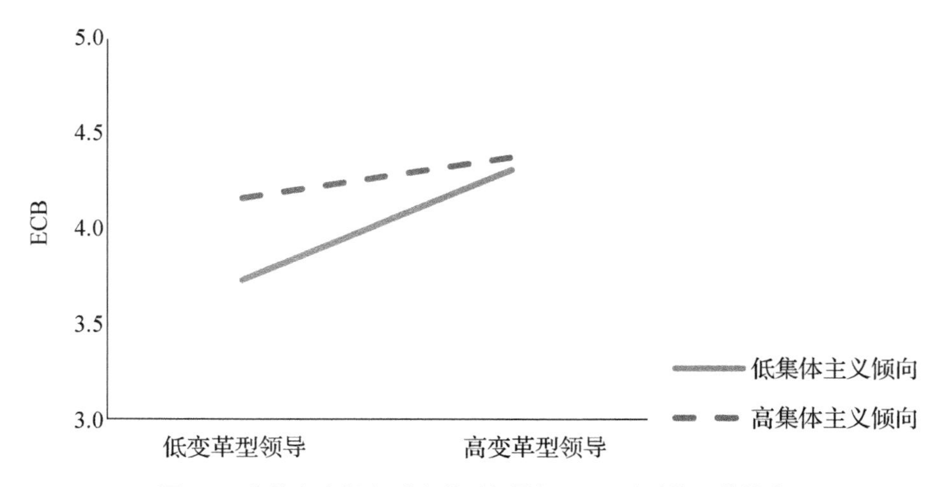

图 7.5　集体主义倾向对变革型领导与 ECB 关系的调节效应

如图 7.6 所示，下属的集体主义倾向越低，交易型领导与下属 ECB 的正向关系越弱。

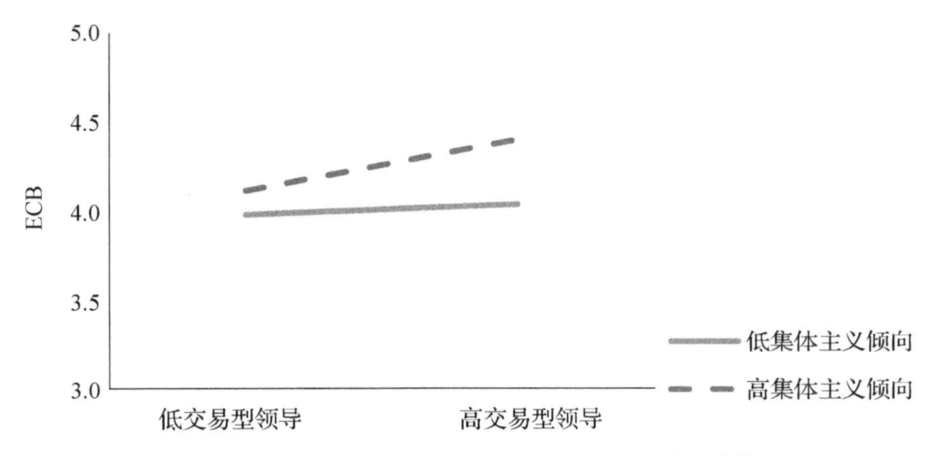

图 7.6　集体主义倾向对交易型领导与 ECB 关系的调节效应

综上分析，本章关于调节效应的假设仅有 7.4a 和 7.4d 得到了验证，而 7.4b、7.4c 均未得到验证。

（2）中介作用分析

本章结合 PLS 运用因果步骤法（Casual Steps Approach）对环境承诺的中介效应展开系统分析。首先，如图 7.7 所示，单独计算自变量变革型领导（$\beta = 0.505, p<0.001$）和交易型领导（$\beta = 0.226, p<0.001$）对因变量 ECB 的影响，结果再次验证了假设 7.1b 和 7.2b。

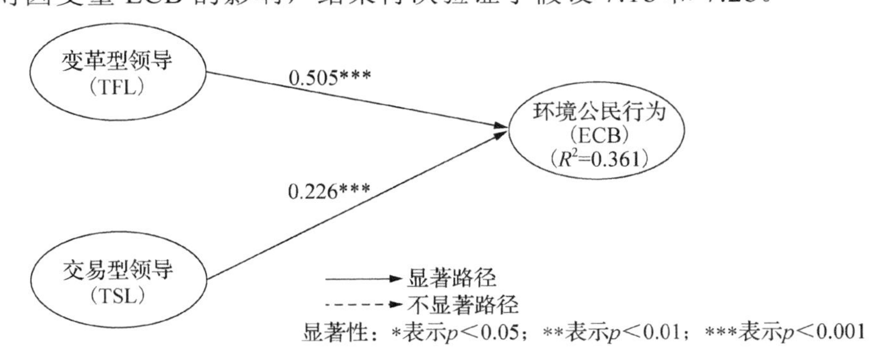

图 7.7　领导风格影响 ECB 的 PLS 分析结果

如图 7.8 所示，单独计算自变量变革型领导（$\beta = 0.407$，$p<0.001$）和交易型领导（$\beta = 0.226$，$p<0.001$）对中介变量环境承诺的影响，结果验证了假设 7.1a 和 7.2a。

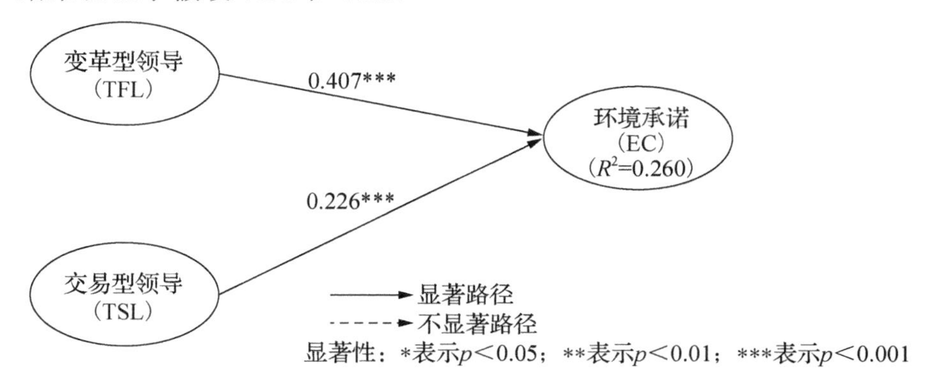

图 7.8　领导风格影响环境承诺的 PLS 分析结果

如图 7.9 所示，单独计算中介变量环境承诺（$\beta =0.671$，$p<0.001$）对因变量 ECB 的影响，结果验证了假设 7.3a。

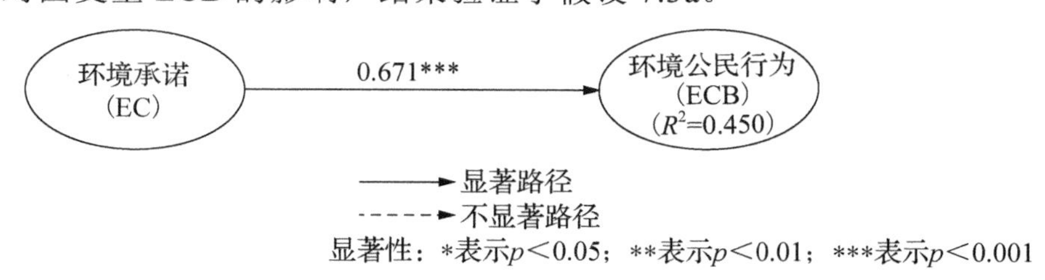

图 7.9　环境承诺影响 ECB 的 PLS 分析结果

如图 7.10 所示，在加入中介变量环境承诺后，自变量变革型领导对因变量 ECB 的影响仍具有统计显著性（$\beta =0.304$，$p<0.001$），但路径系数有所下降（从 $\beta =0.505$，$p<0.001$ 下降为 $\beta =0.304$，$p<0.001$），因此环境承诺在变革型领导和 ECB 之间具有部分中介的作用。类似地，在加入中介变量环境承诺后，自变量交易型领导对因变量 ECB 的影响仍具有统计显著性（$\beta = 0.118$，$p<0.05$），但路径系数显著下降（从 $\beta =0.226$，$p<0.001$ 下降为 $\beta =0.118$，$p<0.05$），因此环境承诺在交易型领导和 ECB 之间也具有部分中介的作用，即假

设 7.3b 和 7.3c 均成立。整体而言，变革型领导对 ECB 的影响力明显强于交易型领导。

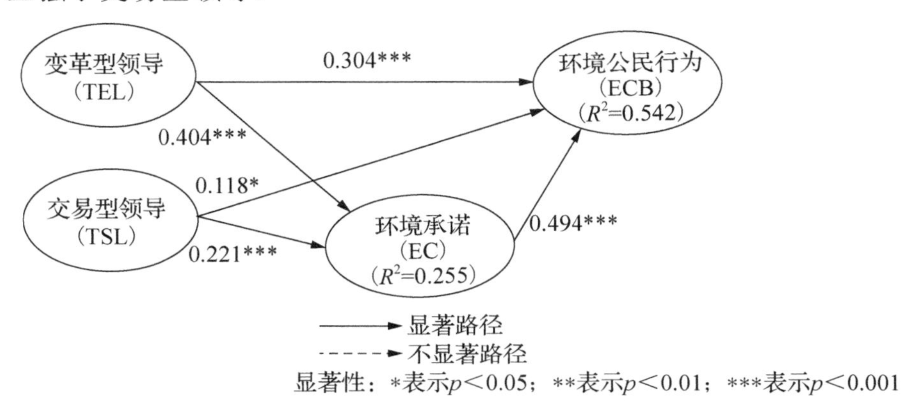

图 7.10 领导风格影响环境承诺和 ECB 的 PLS 分析结果

与传统的因果步骤法相比，Bootstrapping 通过对研究样本进行重复抽样而产生经验分布的方式，能够适用于中小样本数据及各类中介效应模型。类似于 6.4.2 小节，本章进一步运用 Bootstrapping 对因果步骤法的结论予以验证。

Bootstrapping 检验结果显示，环境承诺在变革型领导和 ECB 之间的中介效应，偏差校正后的 95%置信区间并不包含 0，表明中介效应具有统计显著性；而环境承诺在交易型领导和 ECB 之间的中介效应，偏差校正后的 95%置信区间同样不包含 0，因此中介效应具有统计显著性（表 7-6）。基于 Bootstrapping 的中介效应检验结果与基于因果步骤法的结论具有较好的一致性。

表 7-6 环境承诺中介效应的偏差校正 Bootstrapping 检验

中介路径			95%置信区间		显著性
自变量	因变量	中介变量	下限	上限	
变革型领导	ECB	环境承诺	0.123	0.299	显著
交易型领导			0.029	0.168	显著

注：①在对任何一类领导风格的影响作用进行分析时，均将另一类领导风格作为协变量处理；②Bootstrapping 的抽样数量为 5000。

7.5 结果讨论

选择合适的领导方式，提高项目成员参与环保工作的积极性，减少工作中面对环境问题的“不作为”现象，成为重大工程改善环境管理绩效的必要手段。究竟该如何选择有效的领导方式才能营造出规范而和谐的氛围，从而使项目成员对环保工作的重要性达成共识？不同的领导方式是否能有效改善项目成员的环保意识和团队合作精神，促进 ECB 的涌现？不同于一般的中小型工程，重大工程需要整合大量的设计、施工与监理单位，面临错综复杂的管理界面和参差不齐的人员素质，如港珠澳大桥的参建单位多达 57 家，包括初步设计、设计及施工咨询、主体工程质量管理顾问、岛隧工程设计施工总承包、岛隧工程监理、桥梁工程钢箱梁采购与制造、桥梁工程土建工程施工、桥面铺装工程施工、桥梁钢箱梁制造监理、桥梁工程土建工程施工监理、桥梁工程桥面铺装工程施工监理等。此外，加之环境问题的敏感性及社会关注度的高涨，重大工程的环境管理工作需要采取有针对性的领导策略去面对施工过程中不可回避的挑战。

由于 ECB 的涌现能够有效推动环境管理体系的运行，因此受到越来越多组织行为研究的关注。值得注意的是，国外学者热衷于研究变革型领导对于 ECB 的促进作用，如 Robertson 等（2013）及 Graves 等（2013）均分析了变革型领导对于组织成员 ECB 的积极影响。国内学者却对以愿景激励为特点的变革型领导在中国情景下的有效性提出质疑。陈文晶等（2014）强调“在中国的文化背景与管理现状下，加强对交易型领导的研究可能更符合中国的客观现实”。本章综合考虑中国情景下的文化要素（权力距离取向和集体主义倾向），通过横向比较变革型领导和交易型领导对 ECB 的影响机制，旨在打开重大工程领导力有效性的“黑箱”。

7.5.1 变革型领导的影响

在重大工程中，变革型领导能够增强项目成员的环境承诺，激发其参与ECB的积极性，上述结果与Robertson等（2013）的研究结论一致。相比交易型领导，变革型领导对ECB的影响力更强。具有变革型领导风格的重大工程管理者往往通过身先士卒为下属做出表率，进而激发项目成员的环境责任感和奉献精神，推动ECB涌现的常态化，如港珠澳大桥环境管理工作的顺利实施就离不开一群“甘当绿叶”的HSE（Health Safety Environment）团队（港珠澳大桥管理局，2016）。正是他们的“言传身教”使得港珠澳大桥形成人人重环保的有利局面。在重大工程的实践中，变革型领导通过价值传输向下属强调环保的重要性，使所有项目成员首先从理念上达成共识。

案例7-1：港珠澳大桥安全环保问题

先进理念解决安全环保问题。港珠澳大桥直接穿过中华白海豚保护区，海洋环保因素，让这座大桥的建设从一开始就注定被紧紧盯视。为了解决这个超级工程中极其复杂的安全、环保问题，港珠澳大桥管理者们引进系统、科学、严格的HSE管理体系。港珠澳大桥管理局党委第二支部书记段国钦从2004年开始参与港珠澳大桥筹建，随后转而从事工程技术管理工作。2009年8月，他“临危受命”去组建一个专门负责安全生产、环境保护及通航安全保障工作的新部门。而在当时，这对他来说是一个巨大的挑战和转变。作为一名共产党员，段国钦经历了在港珠澳大桥筹建中的多年锻炼，有着强烈的“补位”意识，他知道自己不能退缩（港珠澳大桥管理局，2016）。

变革型领导还体现在重大工程管理者的智力激发和个性化关怀等方面的举措。在智力激发方面，重大工程的管理者通过构建完善的多层级培训体制，使相关的环保知识真正影响到每位现场的管理人员和施工人员。港珠澳大桥管理局会同保护区管理局持续组织参建单位管理和施工人员积极参加白海豚保护知识上岗教育培训和考核。从 2011 年 1 月—2017 年 7 月，成功举办中华白海豚保护知识培训 29 次，共 2544 人次参加（港珠澳大桥管理局，2017b）。此外，在重大工程中，立功竞赛是激发项目成员工作热情和创意的典型方式。上海世博会园区项目在建设过程中，通过“金点子”系列活动征集到诸多节能减排方面的意见和建议，对于项目环境管理绩效的改善具有显著的促进作用（He et al.，2015；杨德磊，2016）。在个性化关怀方面，重大工程的管理者通过对下属贴心的关怀及“苦口婆心”的引导，使项目成员能够有效地执行相关的环保措施，自觉维护项目的环境形象。

案例 7-2：港珠澳大桥婆婆嘴团队

见证细节——一个婆婆嘴的团队：港珠澳大桥管理局党委第二支部包括安全环保部和计划合同部的 17 名党员，而安全环保部 9 个人中就有 7 名党员。段国钦经常跟安全环保部的工程师们强调，做安全环保工作必须有一张“婆婆嘴”，有很强的执行力。（港珠澳大桥管理局，2016）。

中国是一个具有高权力距离的国家。在以权为尊的文化价值取向下，组织成员恪守自己的职位等级，重视领导的特权影响（魏昕等，2010）。重大工程在建设过程中通常沿用官僚制的指挥部模式，以行政指令的方式下达管理目标，强调下属对于上级要求的有效执行，具有浓厚的“官本位”氛围（乐云等，2014；乐云等，2016b）。由此，在重大工程中往往充斥着类似于政府部门的高权力距离氛围。但随着中国社会的现代化，高权力距离取向的基础已被严重削弱（谢俊等，2012）。重大工程建设过程中的中外合作已经常态化，诸如上海迪士尼等国际重大工程不断涌现，项目内部的文化氛围越来越开放和多元化。

在重大工程中，差异化的权力距离取向成为影响项目成员行为态度和表现的重要调节变量。本章的研究结果表明：对于权力距离取向较低的项目成员而言，变革型领导与 ECB 的正向关系更强；对于权力距离取向较高的项目成员而言，上述的正向影响关系并不明显。因此，在讨论变革型领导与 ECB 之间的关系时，不能忽视项目成员的权力距离取向。项目成员的权力距离取向较低意味着在日常工作中更追求“人人平等”，具有较强的参与感，期望与管理者进行人际互动，在受到上级的激励时更易于表现出角色外的付出和奉献行为，愿意积极主动地配合项目的各项号召。而高权力距离取向强调在工作中“安分守己”，即使受到管理者的鼓舞和动员，也难以对角色任务外的事项“格外上心”。

在中西方文化的比较研究中，集体主义始终是中国文化的重要标志，相关文献也认为东方文化更强调集体主义（杨自伟，2015）。在以公有制为主体的经济体制内和传统的儒家文化背景下，国家和集体利益高于个人利益的观念深入人心（Leung，2012；Li et al.，2015）。在国家或地方政府主导的重大工程中，集体主义精神得到淋漓尽致的体现。上海洋山深水港工程致力于打造“项目利益高于一切”的洋山精神，从而为实现“建一流工程，创一流管理，育一流人才，出一流技术”保驾护航（彭瑞高，2011）。重大工程是对经济、社会和环境有深远影响的大型项目，其建设过程需要服从国家或地区的中长期需求和规划。在特殊情况下的集体赶工是对重大工程中集体主义精神的一种有力诠释。

案例 7-3：港珠澳大桥赶工动员会

珠海口岸项目作为“世纪工程”——港珠澳大桥的重要配套项目，是唯一同时连接香港和澳门的口岸，建成后将作为港、珠、澳三地经济发展与文化交流的重要枢纽。由华南公司承接的 I 标段工程总建筑面积为 27.9 万平方米，主要包括旅检楼 A 区、旅检楼 B 区及其配套项目，项目总工期730天，原计划于2017年12月31日建成交付。根据国家整体规划，为保证2017年年底港珠澳大桥具备通车条件，现将竣工交付时间提前至2017年9月30日。港珠澳大桥珠海口岸项目召开“9•30”节点赶工动员会。公司工程部经理秦长金传达了工程局、公司关于项目赶工的会议精神。为完成项目“9•30”全面通车的节点目标，项目部对项目总包管理组织架构进行了重新调整，由苏道亮任总协调，王飞任副总协调，下设四个区域施工团队，组建了总包、土建、安装、精装4个保障管理团队。中建三局工程管理部副总经理傅学军、公司常务副总经理苏道亮、工程部经理秦长金一一做总结发言，要求项目团队充分发扬公司的争先精神，调动一切资源加快落实工作进度，做好纵向组织和横向协作，全力组织赶工，确保按照内控节点目标完成项目建设（中建三局一公司华南公司，2017）。

由于重大工程的国际化“愈演愈烈”，越来越多的欧美公司参与到中国重大工程的设计和管理咨询过程中，而中国的建筑企业也在不断走出去，因此中西方的文化交融成为一种发展趋势，西方个人权力至上的思想对中国的集体主义文化氛围造成了巨大的冲击。于是在重大工程中，差异化的集体主义倾向成为影响项目成员行为态度和表现的重要调节变量。本章的研究结果表明：对于低集体主义倾向的项目成员而言，变革型领导与ECB的正向关系更强；对于高集体主义倾向的项目成员而言，上述的正向影响关系并不明显。因此，在考察变革型领导对ECB的积极影响时，不能忽视项目成员的集体主义倾向。在人际互动的项目组织中，个体会学习和模仿其他项目成员的行为，但在此过程中，个体的表现存在一定的差异性（王震等，2012）。高集体主义倾向的个体更关注项目的其他成员，并试图与其保持一致。相反，低集体主义倾向的个体对项目其他成员的行为并不敏感。因此，在高集体主义倾向的项目组织中，成员之间存在相互关心、相互学习的和谐氛围和基础，变革型领导对于下属合作意识和奉献精神的激励起到“锦上添花”的补充作用。而在低集体主义倾向的项目组织中，成员之间缺乏相互合作的意识和自我奉献的精神，变革型领导在激发下属 ECB 的过程中发挥着“雪中送炭”的关键作用。

7.5.2　交易型领导的影响

如图 7.10 所示，交易型领导同样能够增强项目成员对重大工程环境目标的认同感，并激发其 ECB。上述结果表明，变革型领导和交易型领导并非两类相互独立的领导风格，而是共存和互补的，其领导效能的好坏受到管理情景（如文化氛围）的影响。与变革型领导相比，交易型领导更重视任务的完成，以及使下属获得相应的物质和精神上的回报。通过将“领导–下属”的交换条件明确化，能够有效减少中国传统“人治”模式的不规范问题以及交易条款被扭曲的可能性，进而提升管理职能（刘晖，2013）。

交易型领导理论上包括权变奖励和例外管理两个维度，其典型表现包括设置目标、监控和控制产出（李秀娟等，2006）。具有交易型领导风格的重大工程管理者往往通过严格细致的问题监督和纪律严明的奖惩措施，增强项目成员的环境责任感，进而激发其参与 ECB 的积极性，如港珠澳大桥环境管理目标的实现就离不开 HSE 团队“铁面无私”的管理体系。在重大工程的具体实践中，交易型领导通过对个人和团队的环境行为及活动进行奖励或处罚，可以有效提高项目成员的环保意识，从而更好地推动环境管理的规范化和制度化。

案例 7-4：港珠澳大桥 HSE 管理体系

HSE 部门组建之初，段国钦和副部长曹汉江等工程师们就全身心地投入到建规矩、定标准、编制度的工作。因为没有桥梁行业的 HSE 管理体系，甚至在全世界都没有“范本”可循，一切都必须靠自己去摸索。2010 年 12 月 1 日，结合港珠澳大桥工程建设特点的《港珠澳大桥主体工程建设 HSE 管理体系文件》颁布施行。而这其中，不仅包括用于规范管理局各职能部门的 HSE 职责和权限，更形成了 34 个用于规范参建单位作业现场 HSE 行为和隐患防治、应急处置的规范。曹汉江认为，HSE 管理体系尽管是一种先进的管理理念，但最终必须落实到强有力的执行力中。他认为，安全环保部的工程师，不仅要有强大的执行力，同时还要做到铁面无私。“下去检查的时候，我们要给参建单位开整改通知单，看到每次都是满满一张纸，参建单位总是有一些意见，说能不能少写一点。但我们不能，如果只讲交情，宽于检查，害的就是施工单位。”曹汉江说（港珠澳大桥管理局，2016）。

从过去的“三纲五常”到现代的“领导等级制”，权力距离始终是中国文化传统的重要组成部分（廖建桥等，2010）。重大工程通常由政府或国有大型企业主导，其建设过程的管理和控制主要由具有行政级别的管理委员会、指挥部或项目公司具体负责。项目的中高层管理者均采用行政命令的方式从政府部门或国有企业选聘，其典型特征是带有官员身份和行政级别（白居，2016a）。因此，重大工程内部的文化氛围具有“等级森严”的特征。在重大工程中，高权力距离取向的项目成员更加恪守与管理者之间的职位等级差距，对上级的命令和决策更加盲从。本章提出假设：权力距离的扩大能够加强交易型领导对 ECB 的正向影响，即权力距离在交易型领导和 ECB 之间具有正向调节作用。然而，上述假设并未通过验证。

交易型领导对低权力距离取向和高权力距离取向的项目成员有着近乎同等程度的正向影响，并不存在明显的差异，随着交易型领导风格越来越突出，两种权力距离取向下的 ECB 产生了类似的正向变化。如图 7.4 所示，分别代表低权力距离取向和高权力距离取向的两条直线基本平行，斜率并无明显差异。与西方强调伙伴或平等关系的文化氛围有所区别，在中国的差序格局规范下，上下级之间存在较大的权力距离，对于带有半官方色彩的重大工程而言尤其如此。上述结论也印证了交易型领导对于高权力距离取向个体影响的有效性。正如陈文晶等（2014）所强调的“交易型领导方式可能更符合中国的客观现实”。访谈中专家指出：环境保护应该是个系统工程，不能只喊口号。

尽管管理者的呼吁和号召能够提高项目成员的环保意识，但是只喊口号是远远不够的，正如黄桂（2010）所指出的，总在强调“奉献”的国企往往并不能真正如愿以偿。与国企相类似，重大工程同样有着强调成员奉献的传统（杨德磊，2016），也面临着“要求成员奉献却可能收获苦涩的困境”。实际上，重大工程环境管理的软肋并不完全在于管理者自身的魅力和行为表现，而是取决于激励机制的不足，即交易型领导所强调的权变奖励并未得到制度上的有效保障。宣称项目成员是主人翁的重大工程（何清华等，2017），恰恰存在较为浓厚的“官僚组织”氛围，上下级之间存在较大的权力距离。综上分析，仅寄希望于管理者的个人魅力以提高项目成员环保意识的做法并不可靠，重大工程还需要加强奖惩机制的建设，以激发项目成员参与环境管理工作的积极性。

集体主义强调的是以集体为核心的理念。具有高集体主义倾向的个体会强化其自身对组织的认同和承诺，从而更加积极地为团队做出贡献（刘松博等，2014）。重大工程带有明显的国企“烙印”，国家和集体利益高于一切是其最重要的信条之一。在重大工程的建设过程中，涌现出一大批先进团体，如港珠澳大桥共有25个先进团队获得“全国工人先锋号”的奖励，包括港珠澳大桥管理局计划合同部、中交一航局一公司港珠澳大桥西人工岛项目部、中交一航局二公司港珠澳大桥CB03标段项目部二工区等。上述先进事例正是重大工程集体主义精神的缩影。然而随着PPP模式的推广，市场化的浪潮也在改变重大工程的管理文化。港珠澳大桥也爆出部分唯利是图的承包商涉嫌伪造混凝土测试报告的丑闻（凤凰网国际智库，2017)。上述问题的出现一方面来源于制度层面“硬约束”的漏洞；另一方面也与国企的专制领导方式有关（黄桂，2010)。凡事都要过问的领导既是交易型领导也是专制型领导。对于中国的重大工程而言，专权和威权是一把双刃剑，一方面能够提高项目的推进效率，另一方面也可能影响项目成员的工作投入，引发其抵制情绪，导致领导无法顾及的任务难以落实。

在文化价值观日益多元化的背景下，集体主义倾向成为影响交易型领导有效性的重要因素。本章的研究结果表明：对于高集体主义倾向的项目成员而言，交易型领导与 ECB 的正向关系更强；对于低集体主义倾向的项目成员而言，上述的正向影响关系并不明显。具有高集体主义倾向的个体，进入工作团队后，更倾向于将自己视为团队的一分子，并按照团队领导的期望行事（周倩等，2016)，因此，高集体主义倾向的个体工作表现会更符合团队的要求，获得更高的评价和奖励，做出更多对团队有利的行为。在此情景下，强调过程监控及权变奖励的交易型领导能够充分发挥其效力，相反，低集体主义倾向的个体更在意切身利益的得失，加之交易型领导又是以规则和目标为导向的，因此，项目成员往往关注分内工作的完成情况，而不愿触及可能为自己带来不良影响的分外事情，如指出、纠正他人的环境不友好行为等。

7.6 研究结论及展望

7.6.1 研究结论

选择合适的领导方式，提高项目成员参与环保工作的积极性，减少各类环境违规行为的发生，成为重大工程改进环境管理绩效的必要手段。研究中国组织情景下领导风格与 ECB 的关系，不能忽视中国人的文化特征。根据已有的相关研究，中国人最突出的文化特征主要涉及两类取向：一类是权力距离，如考察威权型领导对不同权力距离取向组织成员 ECB 的影响差异（张燕等，2012）；另一类是集体主义，如探讨道德式领导对不同集体主义倾向组织成员 ECB 的影响差异（王震等，2012）。本章基于中国的管理文化情景，比较了交易型领导和变革型两类领导风格的影响机制与作用路径，构建了领导风格影响 ECB 的理论模型，并通过 HRM 和 PLS-SEM 对研究假设进行了检验，主要得到以下结论。

① 交易型领导和变革型领导对项目成员的环境承诺均有显著正向影响，但变革型领导的影响明显强于交易型领导，假设 7.1a 和 7.2a 均成立。

② 交易型领导和变革型领导对项目成员的 ECB 均有显著正向影响，但变革型领导的影响明显强于交易型领导，假设 7.1b 和 7.2b 均成立。

③ 环境承诺与项目成员的 ECB 显著正相关，并在交易型领导（或变革型领导）与项目成员的 ECB 之间起到部分中介的作用，假设 7.3a、7.3b 和 7.3c 均成立。

④ 权力距离取向在变革型领导与项目成员的 ECB 之间具有显著的调节效应，项目成员的权力距离取向越低，变革型领导对 ECB 的影响越强，与假设 7.4a 一致（成立）；而权力距离取向对交易型领导与 ECB 之间的调节效应并不显著，假设 7.4b 不成立。

⑤ 集体主义倾向对变革型领导与项目成员的 ECB 之间具有显著的调节效应，项目成员的集体主义倾向越低，变革型领导对 ECB 的影响越强，与假设 7.4c 相反（不成立）；集体主义倾向在交易型领导与项目成员的 ECB 之间具有显著的调节效应，项目成员的集体主义倾向越低，交易型领导对项目成员的 ECB 影响越弱，反之则越强，与假设 7.4d 一致（成立）。

7.6.2 研究贡献

① 领导风格与 ECB 的关系一直是绿色组织行为（Greening Organizational Behaviors）领域的研究热点，如 Robertson 等（2013）关注的变革型领导及 Afsar 等（2016）探讨的愿景型领导（Spiritual Leadership）。上述研究更多强调的是领导魅力和感召力的积极作用，并未考虑交易型领导的影响。在中国，许多强调“奉献”的国企往往未能激发其成员的主人翁意识，普遍存在效率低下的问题（黄桂，2010），变革型领导的号召作用还有待进一步的实证检验，尤其是在国企扎堆的重大工程中。交易型领导对组织成员的 ECB 有着显著的影响，但究竟是积极还是消极尚存争议（Walumbwa et al.，2008）。而且陈文晶等（2014）也提出，在中国的文化背景与管理现状下，加强交易型领导的研究更符合客观现实。因此，本章通过比较变革型领导和交易型领导对 ECB 的影响，打开了中国重大工程情景下领导风格作用机制的“黑箱”，也回应了 Ding 等（2017）提出的研究号召，即未来需要进一步挖掘领导风格理论在重大工程等临时性项目组织情景中的应用潜力，对比分析不同领导风格对项目成员 ECB 影响的差异性。

② 高权力距离的中国文化使组织成员尊重等级，强调角色分工。文化价值观是影响组织成员态度和行为的重要变量（Hofman et al.，2014），如魏昕等（2010）指出，在以权为尊的文化价值取向下，组织成员恪守自己卑微的职位等级，担心直言进谏会引起领导的不满甚至遭到打击报复。已有的 ECB 研究并未关注文化因素的影响，并且西方的研究成果不一定适用于东方文化（张燕等，2012）。因此，对于具有独特文化取向的中国人，需要充分考虑他们自身的特点才能比较合理地理解其行为逻辑（Lee et al.，2000）。本章通过考察交易型领导和变革型领导对不同权力距离取向项目成员 ECB 的影响差

异性，进一步明确不同领导风格有效性的情景条件和作用机制，为中国重大工程环境管理理论的构建提供启示。

③ 在重大工程的建设过程中涌现出大量的先进集体和优秀精神，如“挑战极限，勇创一流”的青藏铁路精神、“项目利益高于一切”的洋山深水港精神等。在上述先进事例的背后，蕴含的是重大工程强调拼搏、奉献的集体主义精神。在中西方文化的比较研究中，集体主义也一直被视为中国文化特有的标志（杨自伟，2015）。但究竟集体主义倾向能否带来卓越的表现始终存在争议，如 Jackson 等（2006）发现：具有高集体主义倾向的组织成员会有更加卓越的行为表现；而 Morris 等（1994）则认为：集体主义倾向会抑制个体的积极主动行为。本章将集体主义倾向引入领导风格与 ECB 关系的研究中，对于明确集体主义发挥作用的权变机制和边界条件具有重要的启示，也能够进一步丰富中国本土化的 ECB 理论。

④ 同样的领导风格或行为对不同个体的 ECB 可能产生截然不同的影响，而原因就在于个体对环境问题的认知——环境承诺的差异。在与 ECB 相关的研究中，承诺（Commitment）的概念被反复提及。但已有研究通常关注于宽泛的组织承诺，并没有聚焦到环境承诺上，如 Daily 等（2009）和 Paillé 等（2013a）在分析 ECB 形成机制的过程中，都将组织承诺作为中介变量，认为激发个体 ECB 的先决条件在于首先增强其组织承诺，然而，组织承诺的概括范围过大，涉及个体对组织各方面工作的支持态度，并不能精确地反映组织成员对于环境目标的态度，因此，本章突破了组织承诺概念的约束，分析了环境承诺在变革型领导和交易型领导对 ECB 影响过程中的传导作用，为解释领导风格和 ECB 之间的关系提供了新视角。

7.6.3　实践启示与研究展望

影响重大工程环境管理绩效的关键因素之一就是项目成员的环

境承诺。由于重大工程的时间跨度大、项目范围广，因此“无死角”的环境监管难度大，日常环境管理工作的顺利开展取决于项目成员的环保意识和自觉、自愿的 ECB，如对于港珠澳大桥的环境管理工作而言，最难的不是制度和技术的更新，而是对这 100 多家建设单位、5 万多名建设者环保观念的改变（港珠澳大桥管理局，2017a）。与交易型领导相比，变革型领导对项目成员环境承诺的正向影响更显著，从而能够更为有效地激发 ECB 的涌现。上述结论也与 Nguni 等（2006）和 Deichmann 等（2015）的研究一致。与工程岗位不同，环保工作关乎的不是某一项技术攻关或某一个专业团队，而是建设过程各个阶段的每位参与者（港珠澳大桥管理局，2017a），因此，转变观念是关键。重大工程的管理者需要将环保理念注入项目文化，而项目文化是由价值观等观念形态积淀而成的，是项目建设过程中形成的、较为稳定的工作理念和风格，包括项目独特的指导思想、建设战略、价值观念及组织氛围等（刘晖，2013）。重大工程“绿色”文化的塑造需要项目中基层管理者自身的率先垂范，成为有魅力的变革型管理者。新生代的重大工程建设者重视领导的个人修养和魅力，因此项目的管理者们应当寻找机会鼓励那些体现重大工程环保精神的优秀行为，以愿景激励、鼓舞项目的建设者，明确 HSE 管理体系推广所需的项目文化，并详尽规划，以推动重大工程环保理念的变革，如港珠澳大桥努力营造了关爱中华白海豚的项目文化，举办了一系列白海豚保护专项培训班、水生野生动物保护宣传月、水下爆破作业与中华白海豚保护监管工作交流会等活动。只有在富有责任感的项目环保文化中，重大工程的 HSE 管理体系才能有效发挥作用。

黄桂（2010）指出，奖惩机制的不健全和专制式领导是阻碍国企成员发挥工作积极性的主要原因。重大工程通常沿用传统的指挥部模式进行管理，强调行政指令式的专制领导风格，带有浓厚的官僚组织色彩。以行政为主导的重大工程管理模式，在提高建设效率的同时，也引发权责分配失衡、违反工作程序、贪污腐败甚至内部矛盾激化等问题。组织投入是员工投入的前提条件，激励机制，尤其是交易型领导的权变奖励是促使员工积极回报组织投入的保障。在重大工程的环保实践中，管理者应注重激励机制的建设及执行。对ECB产生影响的不仅是所谓强调奉献的口号和精神，还包括赏罚分明的领导体系。因为ECB建立在互惠原则的基础上（Paillé et al., 2013a），而交易型领导正是通过工作目标的明确设定及奖惩措施的有效引导，来加强领导与下属高质量的交换互惠，进而激发项目成员参与ECB的热情，如上海迪士尼项目分配一定数量的特制纪念币给经过专门培训的环境监督管理者，当他们在现场日常检查时发现员工的优秀环保行为，会把若干纪念币奖励给员工，当员工收集到一定数量的纪念币后，可以兑换成相应的奖品（杨剑明，2016）。因此，变革型领导风格的发挥需要建立在交易型领导的基础上，否则就会成为“空中楼阁”，难以对项目成员的行为起到积极的引导作用。重大工程需要进一步规范环保奖励制度，为鼓励项目成员积极投入环保工作中，即使在资金有限的情况下，也要设置专门的奖励基金，如鼓励项目成员献言献策，及时提出改善工作环境、防止环境事故发生的建议，如果建议被采纳后在实际工作中取得了明显的效果，则根据具体成效确定奖励额度；鼓励施工班组开展自主环境管理，对达成月度无污染事故，并且具有良好环保意识、众多优秀环保行为的班组进行奖励。

建筑业属于劳动密集型产业，重大工程一线建设者的文化素质普遍并不高。对于一线建设者而言，基层班组长是其直接管理者和接触者。但由于基层班组长往往在管理方式上存在简单、“粗糙”等问题（赵红丹等，2011），一线建设者往往与其缺乏沟通和信任，加之中国高权力距离的文化氛围，造成人际关系紧张及工作压力增大等问题频发。在此背景下，一线建设者参与 ECB 的积极性普通偏低。面对数量众多、岗位固定、文化水平和需求层次较低的一线建设者，基层主管的领导手段不仅仅是激励和交换，还需要加强个性化关怀，尤其要关注一线建设者的能力成长及情感诉求，为其在环保知识、技能上的持续发展,以及相互之间的交流沟通创造机会，如上海世博会的劳动竞赛——“世博杯”金点子工程的实施在为一线建设者提供切磋交流平台的同时，也在节能降耗、提高工程质量等方面取得了显著的成效（杨德磊，2016)。无论是变革型还是交易型领导方式，只要能够使一线建设者的工作价值观和成就偏好得到满足，即实现了环保工作的意义，就符合积极有效的领导标准。重大工程的基层主管可以通过树立学习标杆、打造优秀集体的方式，进一步激发一线建设者的成就动机，如港珠澳大桥专门打造了“HSE 明星”和它背后的“婆婆嘴团队”。

本章在研究领导风格和项目成员 ECB 之间的关系时，选择环境承诺作为中介变量；然而实证结果表明环境承诺起到的是部分中介的作用，因而可能存在其他潜在的中介变量。未来的研究可以将影响“领导–下属交换”的组织情景变量，如项目认同、程序公平、信任等，进一步引入实证模型中。此外，值得注意的是，领导风格的有效性与组织所处的文化情景密切相关。未来还可以加强中西方文化情景下的横向比较研究，进一步深入考察不同领导风格在多种情景和模式下的影响力及差异性，为 ECB 的领导力研究开拓新的方向。

7.7 本章小结

本章在第 6 章的基础上，将研究视角进一步延伸至项目管理层的领导行为，探讨不同领导风格对项目成员 ECB 的影响机制，以及文化氛围所起的调节作用，从而为重大工程环境管理能力的提升提供理论依据和实践指导。首先，构建了变革型领导和交易型领导影响项目成员 ECB 的理论模型，并考虑项目成员环境承诺的中介作用，以及权力距离取向和集体主义倾向的调节作用。

其次，基于理论模型分析提出研究假设，并结合问卷调研的结果，通过描述性统计、信度效度分析、因子分析、HRM、PLS-SEM 等方法对研究假设进行验证。

最后，总结研究结论与理论贡献，并提出实践启示与未来展望。在不同的文化情景下，变革型领导和交易型领导对项目成员 ECB 的影响机制存在明显差异。对于中国的重大工程而言，两类领导风格对项目成员的 ECB 均具有显著的正向影响。上述结果与西方文化背景下的实证研究并不一致（通常在西方背景下交易型领导对 ECB 的正向影响并不显著，甚至可能产生显著的负向影响），从而为重大工程领导力的研究提供了新的理论启示。在低权力距离取向的情景下，变革型领导更为有效；而在高权力距离取向下，两类领导风格的有效性基本一致。在低集体主义倾向的情景下，变革型领导更为有效；而在高集体主义倾向的情景下，交易型领导更为有效。以上结论与基于传统企业组织管理研究文献推导出的预期假设并不完全一致，也从侧面反映出重大工程管理情景的特殊性和复杂性。

因此，在本章研究的基础上，作者提出未来需要进一步加强领导方式适用条件的研究，从而为重大工程管理者在变革型领导和交易型领导方式的权变选择上提供参考，并将领导力的研究视角从传统的“单元”（变革型领导或交易型领导）或“双元”（变革型领导和交易型领导）推向“多元”（变革型领导、交易型领导、威权型领导及服务型领导等）。

第 8 章
结论与展望

8.1 研究结论

根植于新旧制度主义的研究视角，通过对近十年来中国 12 项典型重大工程中 150 条环境公民行为（Environmental Citizenship Behaviors，ECB）的事例收集及来自实践界和学术界 46 位专家和专业人员的两轮（半结构化和结构化）访谈，采用质性研究方法，编制出 ECB 研究的调研问卷。在此基础上，通过对国内 98 项重大工程中 198 位项目参建人员的调研，采用基于层次回归模型（HRM）及 PLS-SEM 等分析手段，定量刻画了 ECB 的形成机制（内部驱动因素）和制度情景依赖性（外部驱动因素），验证了 ECB 对于环境管理绩效改善的重要价值（中介作用），探讨了不同领导风格对 ECB 涌现的影响机理，主要研究结论如下。

① 不同利益相关者群体的重大环境责任实践（Megaproject Environmental Responsibility Practices，MERP）对于项目成员的 ECB 有着差异化的影响，非业主方群体（承包商、咨询方、设计方和供货方）的 MERP 与项目成员的工作环境、培训机会及程序公平等方面密切相关，是 ECB 最主要的内部驱动因素。政府既是重大工程的内部发起人（业主）也是外部监管方。政府/业主的 MERP 既包括法律、法规的相关要求也涉及招标文件和项目合同的具体规定，是 ECB

的第二大内部驱动因素。而实证数据并未能验证针对项目外部利益相关者群体（项目周边社区及其他社会公众）的 MERP 对 ECB 影响的显著性。上述结果印证了 MERP 的异质性，表明针对项目内部利益相关者群体的 MERP 是 ECB 的内部驱动力。

② 3 类制度压力能够为项目成员的 ECB 带来差异化的影响，其中模仿压力和规范压力均对 ECB 产生显著正向影响，组织支持在上述影响过程中具有部分中介作用。而与规范压力相比，模仿压力的影响效果更为显著，组织支持的中介作用亦更明显。关于强制压力，实证数据并未验证其对组织支持和 ECB 的显著影响。上述结果印证了制度压力的异质性，表明重大工程项目成员的 ECB 与其所嵌入的制度情景密切相关。

③ 重大工程项目管理层的 ECB 是其环境承诺的有效体现，在模仿压力和规范压力影响环境管理绩效的过程中具有部分中介作用。环境管理绩效包括“策略”和“实践”两大维度，分别反映项目环境管理的流程投入和实施效果。3 类制度压力均能对重大工程的环境管理策略产生显著的正向影响，而对环境管理实践的影响则存在明显差异。较之规范压力，模仿压力对环境管理绩效两大维度的影响更为显著。关于强制压力，出乎意料的是实证数据仅验证了其对环境管理策略的显著影响，并未验证其对环境管理实践影响的显著性。上述结果也印证了管理层的 ECB 是项目环境管理体系高效运转所不可或缺的“润滑剂”，在外部制度压力驱动重大工程改进内部管理绩效的过程中发挥着重要的传导作用。

④ 变革型领导和交易型领导均能对项目成员的 ECB 产生显著的正向影响，但其影响力的强弱受限于项目内部的文化氛围，即权力距离取向和集体主义倾向。在重大工程中，变革型领导能够增强项目成员的环境承诺，激发其参与 ECB 的积极性。项目成员的权力距离取向越低，变革型领导对其 ECB 的正向影响越强，即权力距离

取向在上述影响过程中产生负向的调节作用。类似地，项目成员的集体主义倾向越弱，变革型领导对其 ECB 的正向影响越强，即集体主义倾向同样具有负向的调节作用。与西方企业组织的研究结论相悖，交易型领导在中国重大工程中同样能够增强项目成员对环境目标的认同，并激发其 ECB。交易型领导对高权力距离取向和低权力距离取向的项目成员有着类似的正向影响，并不存在显著差异，即权力距离取向的调节作用不成立。而对于高集体主义倾向的项目成员而言，交易型领导与 ECB 的正向关系更强，即集体主义倾向产生正向的调节作用。上述结果侧面印证了在中国的文化背景下，不能忽视交易型领导的研究，并且也厘清了两类领导风格发挥作用的权变机制和边界条件。

8.2 研究贡献

① 将组织行为学引入重大工程的环境管理研究中，实现了跨学科的理论融合；探索性地识别了重大工程中的 ECB 现象，在研究对象和研究视角上均实现了一定的突破，通过探索积极组织行为研究的最新发展趋势，为重大工程环境管理理论与实践创新提供了新的方向。

② 基于旧制度主义的启示，结合社会认同理论，从重大工程的环境责任实践视角识别 ECB 的内部驱动因素，即针对项目内部利益相关者群体的 MERP；同时，结合政府的项目业主和外部监管方的双重角色，进一步分析了 MERP 影响 ECB 的复杂性成因和规律，为重大工程走出环境管理的误区提供了新的决策思路。

③ 将新制度主义应用于重大工程 ECB 规律的研究中，对比分析了不同制度要素对 ECB 涌现的驱动效应，并将环境管理绩效引入实证模型中，进一步揭示了外部制度要素通过项目管理层 ECB 的中介传导进而影响环境管理绩效的作用机制，同时也区分了环境管理

策略和实践之间存在的“鸿沟”，为重大工程环境管理工作的问题诊断及相应改进措施的制定提供了参考和依据。

④ 基于旧制度主义的启示，结合领导风格理论的研究动向和东方独特的文化背景，通过比较变革型领导和交易型领导对 ECB 的作用机制，打开了中国重大工程情景下领导风格作用机制的“黑箱”，进一步厘清了不同领导风格有效性的边界条件和权变机理，一方面为国企“扎堆”的重大工程中所存在的管理低效根源提供了新的解释思路；另一方面也为重大工程管理策略的改进和优化提供了理论与实践参考，有助于启发中国式重大工程环境管理理论的构建。

8.3 研究局限性与展望

本书虽然从组织行为领域为重大工程的环境管理研究开辟了新的视角，也为重大工程环境管理绩效的改善提供了实践层面的启示，但作为一项探索性的研究，还存在以下局限性有待进一步的深入研究。

① 数据量的限制。与常规投资规模的项目相比，重大工程的调研难度较大，本书的有效样本量为 198，尤其关于项目管理层 ECB 的研究在剔除非管理层(项目工程师)的样本后有效样本量仅为 128。针对上述问题，本书进一步融合了学术界与实践界的专家访谈，收集了大量的 ECB 事例，积累了较为翔实的研究素材，一定程度上弥补了数据量的不足。

② 可能的测量偏差。本书主要通过问卷调研收集样本项目的相关信息及个体的行为表现，可能会存在共同方法偏差的问题。尽管在调研过程中，本书已尽可能采取事前沟通（研究背景介绍及信息保密承诺）、事中控制（筛选题项的设置及现场或在线的答疑）、事后反馈（征求应答者的意见和建议）等方法控制共同方法偏差的产生，Harman 单因素检验亦显示共同方法偏差并不会对调研的数据质

量产生显著干扰，但仍不能完全排除问卷数据的测量误差对分析结果可能产生的影响。后续研究在进行项目数据的收集时，可以尝试采用他评（非自评）的方式设计问卷量表，并结合第三方机构（环卫局、新闻媒体等）对项目文明施工、环境保护的评价，进行多源数据的交互验证，减少共同方法偏差的干扰。

③ 研究变量的选择。考虑到数据量的限制及研究设计的聚焦性，关于 ECB 的内外部驱动因素，本书仅结合社会认同理论和社会交换理论分析了项目内部社会责任实践和外部制度环境的影响，在分析项目管理层 ECB 的管理绩效影响机制时，仅考虑了外部制度压力对环境管理绩效的影响，而在研究 ECB 的领导策略时，仅对比分析了交易型领导和变革型领导两类领导风格的作用机制。在工程实践中，重大工程项目成员的 ECB 具有高度的复杂性和广泛的社会嵌入性，除制度环境外还可能涉及其他因素，如项目所在区域的经济发展水平及环境生态的敏感性等。除经典的交易型领导和变革型领导风格外，近年来陆续出现的愿景型领导、真实型领导、双元型领导等都可能对 ECB 的涌现产生积极的促进作用。随着重大工程项目成员的 ECB 受到越来越广泛的关注，以及数据可获得性的持续改善，未来可进一步结合资源依赖理论、计划行为理论及其他领导风格理论，进一步探索 ECB 的内外部驱动因素，构建更为系统的“驱动因素–管理绩效影响机制–领导策略”理论体系。

作为一项探索性研究，本书探讨了重大工程中 ECB 的具体表现形式和核心管理问题。作为一个新兴的研究领域和方向，随着基础设施领域的蓬勃发展，未来会有更多值得关注的问题涌现出来，如 ECB 的培育及异化防范，需要开展与时俱进的行业观察和问题提取。本书搜集了大量来自理论前沿与行业实践的宝贵素材，由于篇幅有限，仍有许多值得关注的现象未能展开深入的思考并转化为科学问题，在此整理罗列中英两国的典型案例，为后续研究提供参考。

① 上海迪士尼中的“漂绿”现象（根据访谈资料整理）。

像上海迪士尼这样的中美合作大项目非常重视HSE管理，因为任何安全事故或环境事故的发生都会对工程形象造成难以挽回的负面影响。项目本身有一套比较完善的环境管理流程和规范，也设置了相应的奖项鼓励参建人员的环境友好行为，如环保优秀建议奖、主要环保节点重大里程碑奖等。对于承包商存在的环境违规或者整改不力等行为，业主有权实施罚款，如材料堆放凌乱、现场脏乱等问题将被罚1000~2000元不等。罚款会从每月的工程进度款中扣除，并纳入HSE的奖励基金。尽管如此，有些承包商还是想尽办法投机取巧，如近期在某施工区域内，就存在建筑随意堆放、不清理的现象。随后，环境部门将现场情况的照片发给总承包要求整改。之后，总承包方面回复了两张整改完成的照片。但经核实发现，现场并未经过任何整改，照片都是伪造的。其实工程中充斥着类似的“伪装”，上有政策，下有对策，看似环保的措施，有很多都是面子上的。

② 伦敦泰晤士潮流隧道（Thames Tideway Tunnel）的“体贴”承包商Bazalgette Tunnel Limited（根据访谈资料整理）。

整个项目的施工场地共有24处，其中11处位于泰晤士河的沿岸，总工期约7年，投资额约42亿英镑，属于特大型的市政工程。我们在施工之前的首要目标就是清理污水，以及河面和海滩上的垃圾。我们与政府有着良好的合作关系，媒体对我们的印象也不错。尽管清污不属于我们的直接工作范围，但却有利于河流的生态保护及公司的声誉。公司不仅仅是为了完成工程实体，而且还要将环保理念植入施工过程中，如我们在施工中不仅考虑了泰晤士河内生物的栖息，还兼顾了周边，如鸟和蝙蝠的生存环境，专门设置了“鸟箱”。建筑业的竞争非常激烈，技术同质化明显，只有通过改善服务，尤其是增加环境可持续发展方面的服务附加值，才能赢得政府的青睐，获得更多的商业机会。

附录A
半结构化专家访谈提纲

尊敬的专家:

您好！首先，十分感谢您能在百忙之中抽出时间接受我们的访谈。我们是同济大学建设工程管理专业、同济大学复杂工程管理研究院的研究团队,正在开展重大工程组织行为与模式创新的研究项目。

21世纪以来，中国在环境保护方面的意识日益增强，特别对于自身生活、工作场所，于是涌现出一批按照高标准设计建造的绿色工程。上述工程在设计之初便融入了许多环境保护的理念，使得最终的建筑在运营阶段的节水、节能和低碳等方面能有突出的表现。然而经常被忽视的是，在上述令人瞩目的绿色工程背后，在其施工过程中是否也做到了节能、节水、低碳，甚至是否做到最基本的环境合规?

非重大工程由于建筑所涉及的空间相对较小，时间相对较短，施工中的环境问题不一定很突出，往往也易于管理。重大工程由于建筑所涉及的空间大，时间相对较长，需要通过对个体、团队、监督者、管理者、合作伙伴或全体成员的良好环境行为、活动进行有效的激励，从而更好地推进环境管理措施的落实。

重大工程中的上述环境友好行为在企业组织中被称为环境公民行为。因此，我们借鉴企业组织中的这一概念，将重大工程"环境公民行为"定义为项目成员工作职责外的旨在改善项目环境绩效的一类利他（同事）或利组织（项目）的自觉自愿行为，包括但不限于：自觉提醒同事重视资源节约与环境保护、自愿协助同事完成文明施工及环境保护工作；自觉节约项目的各类资源（如项目部办公用品、工程施工材料等），积极参与项目的文明施工及环境保护活动（如文明施工劳动竞赛、环境保护教育培训等），关心项目的环境问题并主动提出改进意见或建议，努力维护项目的环境保护形象等。

重大工程是指总投资超过10亿元，施工复杂性和风险程度较高，工期较长，项目参与成员众多，对所在地区的经济、环境及居民生活有广泛影响的大型项目，如上海世博会、南水北调、上海迪士尼、北京地铁、上海中心等。

您的支持对完成本研究非常重要，如果没有您的支持和投入，本研究项目将难以实现。非常感谢您的重视和关照！

如果您对本研究结论感兴趣，我们会在研究结束后把相关成果发送给您。

联系地址：上海市杨浦区彰武路1号同济大厦A楼912　邮编：200092。

联系人：王歌　Email：2014_wangge@tongji.edu.cn。

请您选择近期参与的一项重大工程作为案例回答以下问题。

项目名称：____

项目的投资方：______________________投资额：__________亿元

第一部分：重大工程环境公民行为访谈提纲

（1）请根据您参与过的重大工程项目举几个环境公民行为的例子；请您简单介绍一下上述项目的情况。该项目中是否普遍存在环境公民行为？这些行为产生了什么样的效果？

____

（2）您认为重大工程项目成员做出这种环境公民行为的动机有哪些？

这些行为会受到项目内部哪些实践措施的影响？又会受到哪些项目外部制度环境因素的影响？可以结合具体的例子来说一下您的体会。

（3）通过前面的介绍，您认为重大工程项目成员所表现出的环境公民行为会有什么样的结果？能起到哪些作用？请结合您参与过的重大工程项目从不同的角度谈谈您的理解和看法。

（4）重大工程的管理者该如何促进环境公民行为的涌现？项目管理者的领导风格对环境公民行为有哪些影响？请结合您的经历谈谈您对项目管理者的意见和建议。

（5）对于刚才的讨论，您还有什么需要补充的吗？

第二部分：受访者背景资料

您的年龄是在什么范围？

□≤20 岁　□21～30 岁　□31～40 岁　□41～50 岁　□>50 岁

您的教育背景是：□专科及以下　□本科　□硕士　□博士

您在建筑行业的工作年限是______年，参与重大工程的工作年限是_____年，您目前所在的工作单位是_________职务_____________

您所在单位在重大工程建设过程中担任过的角色有：

□业主　□承包商　□设计方　□供货方　□工程咨询单位（含监理）　□其他___

访谈到此结束，非常感谢您的配合！

附录 B 重大工程环境公民行为调研问卷

尊敬的专家：

您好！

非常感谢您拨冗参与本次问卷调研。本调研是我们正在开展的国家自然科学基金项目“重大基础设施工程的组织行为与模式创新研究”（项目批准号：71390523）及“重大工程组织公民行为形成动因、效能涌现及培育研究”（项目批准号：71571137）的重要组成部分，旨在研究重大工程项目成员的环境公民行为。问卷仅作学术研究使用，问题的回答没有对错之分，我们将对结果进行严格保密。填写过程预计会花费您 15～20 分钟，您的真实看法对我们的研究具有巨大帮助。

最后，祝您和您的家人身体健康、万事如意！

同济大学复杂工程管理研究院

填写说明	
1.	问卷的调研对象重大基础设施工程（以下简称重大工程）是指投资超过 10 亿元，并对社会、经济、环境均产生深远影响的公共服务设施项目（通常由中央或地方政府投资），包括但不限于：长大桥梁、交通枢纽、大型赛事会展设施、地铁、高铁、高速公路、电站、港口工程等。

2. 问卷的研究主体环境公民行为是项目成员工作职责外的旨在改善项目环境绩效的一类利他（同事）或利组织（项目）的自觉自愿行为，包括但不限于：自觉提醒同事重视资源节约与环境保护，自愿协助同事完成文明施工及环境保护工作；自觉节约项目的各类资源（如项目部办公用品、工程施工材料等），积极参与项目的文明施工及环境保护活动（如文明施工劳动竞赛、环境保护教育培训等），关心项目的环境问题并主动提出改进意见或建议，努力维护项目的环境保护形象等。
3. 问卷中的环境保护（以下简称环保）政策是项目整体所推行的环保标准、方针及措施，包括但不限于：LEED 或绿色三星建筑认证、施工现场环保体系等。问卷中的环境监理属于第三方咨询服务活动，是环境监理机构受项目业主委托，依据环境影响评价文件、环保行政主管部门批复及环境监理合同，对项目建设过程所实行的环保监督与管理。
4. 请您选择一项最近参与的重大工程进行填写。
5. 如果您有疑问或拟将填写后的问卷直接返回调研者本人，敬请联系：王歌，Email：2014_wangge@tongji.edu.cn，地址：上海市杨浦区彰武路 1 号同济大厦 A 楼 912。
6. 如果您对研究结果感兴趣，请留下您的 Email：____________________或发送邮件至 2014_wangge@tongji.edu.cn。我们将及时向您反馈研究报告的电子版本。

第一部分：基本信息

请根据您所参与项目的实际情况进行填写，并在最适当的选项□处打“√”。

条款内容	选项
1-1 项目名称	____________________
1-2 性别	□男 □女
1-3 年龄	□≤25 岁 □26～30 岁 □31～40 岁 □41～50 岁 □＞50 岁
1-4 学历	□专科及以下 □本科 □硕士 □博士
1-5 您的工作经验	□≤5 年 □6～10 年 □11～15 年 □16～20 年 □＞20 年
1-6 您在该项目中的职位	□项目经理 □项目中的部门经理 □专业主管 □项目工程师 □其他_____
1-7 您所在单位在该项目中承担的角色	□业主 □勘察设计单位 □工程项目管理咨询单位（含监理等） □施工单位 □供货单位 □其他__________
1-8 您所在项目的规模（投资额）（币种：人民币）	□10 亿元以下 □10 亿～50 亿元 □51 亿～100 亿元 □100 亿元以上
1-9 您所在项目的属性（可多选）	□国家五年规划项目 □省级五年规划项目 □市级重大/重点项目 □其他_____

续表

条款内容	选项
1-10 您所在项目的实际工期	□24个月以内 □24～36个月 □37～48个月 □49～60个月 □60个月以上
1-11 您熟悉项目所推行的环境政策和措施吗？	□熟悉 □不确定 □不熟悉

第二部分：重大工程的环境责任表现

请根据项目环保理念及措施的落实情况，给出对下列描述的看法并在最符合实际情况的数字处打“√”（Email填写者可以直接将所填选项标红或加下划线）	非常不符合	不符合	不确定	符合	非常符合
1 面向外部利益相关者（公众、社区、非政府组织）的环境责任					
2-1-1 我们项目所倡导的环保理念能够得到充分落实	1	2	3	4	5
2-1-2 我们项目致力于实现绿色可持续运营，甚至不惜大幅增加设计及施工阶段的成本	1	2	3	4	5
2-1-3 我们项目能够不断引进绿色低碳技术以减少对环境的负面影响	1	2	3	4	5
2-1-4 我们项目能够贯彻人、社会与自然环境相协调的可持续发展理念	1	2	3	4	5
2-1-5 我们项目对非政府组织或协会的环保倡议能够做出及时响应	1	2	3	4	5
2-1-6 我们项目一直在强调环境责任对于环境保护的重要性	1	2	3	4	5
2-1-7 我们项目在支持和带动地区改善环境问题上做出了巨大贡献	1	2	3	4	5
2-1-8 我们项目尊重周边民众的环境权益，能够及时处理其环保诉求（如污染投诉等）	1	2	3	4	5
2-1-9 我们项目的实际环保举措与对民众宣传的环保理念一致	1	2	3	4	5
2-1-10 周边民众对环境状况的满意度关乎我们项目的成功与否	1	2	3	4	5
2 面向内部利益相关者（项目参建单位、政府）的环境责任					
2-2-1 我们项目会通过多种方式（如表彰、奖励等）鼓励员工工作中的自觉环保行为	1	2	3	4	5
2-2-2 我们项目努力为员工环保意识和技能的提升创造条件	1	2	3	4	5
2-2-3 我们项目的环保体系能够对员工的意见和建议做出及时反馈	1	2	3	4	5

续表

请根据项目环保理念及措施的落实情况，给出对下列描述的看法并在最符合实际情况的数字处打“√”（Email填写者可以直接将所填选项标红或加下划线）	非常不符合	不符合	不确定	符合	非常符合
2-2-4 我们项目能够为员工的工作、生活环境（如严格控制粉尘等）提供良好保障	1	2	3	4	5
2-2-5 我们项目环保工作的决策（要求）是公平的，对各参建单位一视同仁	1	2	3	4	5
2-2-6 我们项目一直在提倡员工自我“充电式”的环保知识学习	1	2	3	4	5
2-2-7 我们项目能够按政府要求缴纳各项环保税费（如工程排污费等）	1	2	3	4	5
2-2-8 我们项目能够完整而及时地履行法律（条例）和合同要求的各项环保义务	1	2	3	4	5

第三部分：重大工程的外部环境压力

请根据项目实施中外部环保监督或管理压力的显著性，给出对下列描述的认同程度并在最恰当的数字处打“√”（Email填写者可以直接将所填选项标红或加下划线）	非常不显著	不显著	不确定	显著	非常显著
1 强制压力					
3-1-1 政府相关部门（如环保局、环境监测大队、城管署等）要求项目重视环境问题	1	2	3	4	5
3-1-2 相关行业协会或机构（如建筑施工行业协会等）要求项目重视环境问题	1	2	3	4	5
3-1-3 环境监理单位要求项目重视环境问题	1	2	3	4	5
2 模仿压力					
3-2-1 同类型（在建或已建）项目的环保工作取得了良好的行业声誉	1	2	3	4	5
3-2-2 同类型项目的环保措施获得了良好的实践效果	1	2	3	4	5
3-2-3 项目的其他参建单位（如其他标段的施工单位等）的环保工作得到了一致认可	1	2	3	4	5
3-2-4 项目的其他参建单位都极为关注环境问题	1	2	3	4	5
3 规范压力					
3-3-1 业界专家（如环保顾问等）强烈建议项目参建单位采取切实有效的环保措施	1	2	3	4	5

续表

请根据项目实施中外部环保监督或管理压力的显著性，给出对下列描述的看法并在最符合实际情况的数字处打“√”（Email 填写者可以直接将所填选项标红或加下划线）	非常不符合	不符合	不确定	符合	非常符合
3-3-2 专业环保咨询公司强烈建议项目参建单位采取切实有效的环保措施	1	2	3	4	5
3-3-3 学术团体（如高等院校等）强烈建议项目参建单位采取切实有效的环保措施	1	2	3	4	5

请您详细说明其他让您重视项目环境问题的原因：

第四部分：重大工程的环境氛围

请根据**您**在项目中的**工作体会**，给出对下列描述的认同程度并在最恰当的数字处打“√”（Email 填写者可以直接将所填选项标红或加下划线）	非常不同意	不同意	不确定	同意	非常同意
1 环境承诺					
4-1-1 我非常关注项目的环境问题及其对周边民众的影响	1	2	3	4	5
4-1-2 如果不能对项目的环保工作贡献自己的力量，我会感到内疚	1	2	3	4	5
4-1-3 项目的环保形象对我而言极为重要	1	2	3	4	5
4-1-4 我有责任和义务去推动项目环保措施的完善和落实	1	2	3	4	5
4-1-5 我将项目的环境问题视为自己的问题	1	2	3	4	5
4-1-6 我愿意亲自参与项目的环保宣传及培训活动	1	2	3	4	5
4-1-7 我非常重视项目为环保工作所做的一切努力	1	2	3	4	5
2 组织支持					
4-2-1 上级领导非常重视我的个人意见（如环保建议等）	1	2	3	4	5
4-2-2 上级领导非常关心我的个人利益	1	2	3	4	5
4-2-3 上级领导非常认同我的个人目标和价值观	1	2	3	4	5
4-2-4 当我遇到困难时，上级领导会给予帮助	1	2	3	4	5
3 权力距离					
4-3-1 领导的大多数决策不需要征询下属的意见	1	2	3	4	5
4-3-2 领导通常应该拥有一些特权	1	2	3	4	5
4-3-3 领导不应该和下属过多交换意见	1	2	3	4	5

续表

请根据您在项目中的工作体会，给出对下列描述的看法并在最符合实际情况的数字处打“√”（Email 填写者可以直接将所填选项标红或加下划线）	非常不符合	不符合	不确定	符合	非常符合
4-3-4 领导应该避免与下属有工作之外的交往	1	2	3	4	5
4-3-5 下属不应该反对上级的决定	1	2	3	4	5
4-3-6 上级不应该把重要的事情授权给下属解决	1	2	3	4	5
4 集体主义					
4-4-1 相比一个人单独工作，我更喜欢和别人一起工作	1	2	3	4	5
4-4-2 只有考虑了团队目标后才能追求个人的目标	1	2	3	4	5
4-4-3 作为团队的一员，有时需要做一些自己不情愿的事情	1	2	3	4	5
4-4-4 只有团队获得成功我才会有更好的发展	1	2	3	4	5

第五部分：重大工程的环境领导

请根据项目中您直属领导在环境保护工作中的行为态度及表现，给出对下列描述的认同程度并在最恰当的数字处打“√”（Email 填写者可以直接将所填选项标红或加下划线）	非常不符合	不符合	不确定	符合	非常符合
1 变革型领导					
5-1-1 上级领导下决心构建环境友好型施工现场	1	2	3	4	5
5-1-2 上级领导一直用实际行动践行环境承诺	1	2	3	4	5
5-1-3 上级领导经常提及环保理念和价值观的重要性	1	2	3	4	5
5-1-4 上级领导不断为我们的环保行为提供激励	1	2	3	4	5
5-1-5 上级领导经常能够提出更高效的环保工作新思路或新方法	1	2	3	4	5
5-1-6 上级领导不断鼓励我们提出更多改善项目环境绩效的意见或建议	1	2	3	4	5
5-1-7 上级领导为我们详细解释现场环保工作的具体要求和做法	1	2	3	4	5
5-1-8 上级领导认真听取我们有关项目环保工作的诉求和想法	1	2	3	4	5
2 交易型领导					
5-2-1 上级领导会向所有实现环保目标的员工提供一定的（物质）奖励	1	2	3	4	5
5-2-2 当顺利完成环保任务时，上级领导会对我们的工作给予及时的肯定	1	2	3	4	5

续表

请根据项目中您直属领导在环境保护工作中的行为态度及表现，给出对下列描述的看法并在最符合实际情况的数字处打“√”(Email 填写者可以直接将所填选项标红或加下划线)	非常不符合	不符合	不确定	符合	非常符合
5-2-3 上级领导的主要精力放在处理违反环保规定或标准的“例外”事件或问题上	1	2	3	4	5
5-2-4 上级领导平时关注项目环保工作中出现的问题及相关细节，以便能及时予以纠正	1	2	3	4	5

第六部分：重大工程的环境公民行为

请结合您在项目环保工作中的行为表现和工作体会，给出对下列描述的认同程度并在最恰当的数字处打“√”（Email 填写者可以直接将所填选项标红或加下划线）	非常不同意	不同意	不确定	同意	非常同意
6-1 我会针对项目环境绩效的改善问题提出新的方案建议	1	2	3	4	5
6-2 我会鼓励同事采取更多有利于环境绩效改善的措施（如使用低碳环保材料等）	1	2	3	4	5
6-3 我会关注并了解项目实施过程中的环境治理措施及成效	1	2	3	4	5
6-4 尽管不在职责范围内，我仍会向同事提出改善环保效果的工作建议	1	2	3	4	5
6-5 我会主动参与项目组织的环保活动（如文明施工劳动竞赛、环保宣传教育活动）	1	2	3	4	5
6-6 我会自觉提醒同事在日常工作中注重资源节约和环境保护	1	2	3	4	5
6-7 我会在工作中努力维护项目的环保形象	1	2	3	4	5

第七部分：重大工程的环境绩效

请结合项目环保工作的实际投入情况和环境绩效表现，给出对下列描述的认同程度并在最恰当的数字处打“√”（Email 填写者可以直接将所填选项标红或加下划线）	非常不符合	不符合	不确定	符合	非常符合
1 环境管理策略					
7-1-1 我们项目在文明施工、环境保护工作中投入大量人力	1	2	3	4	5

续表

请结合项目环保工作的实际投入情况和环境绩效表现，给出对下列描述的认同程度并在最恰当的数字处打“√”（Email 填写者可以直接将所填选项标红或加下划线）	非常不符合	不符合	不确定	符合	非常符合
7-1-2 我们项目具有明确的环境管理实施规划及环境事故应急预案	1	2	3	4	5
7-1-3 我们项目设置了专项资金支持环保措施的落实	1	2	3	4	5
2 环境管理实践					
7-2-1 我们项目严格按照既定的环境保护管理体系执行					
7-2-2 我们项目接受各界的监督和投诉，及时处理各方反映的环境问题	1	2	3	4	5
7-2-3 我们项目获得文明施工、环境保护示范工地或绿色低碳建筑等称号	1	2	3	4	5

再次感谢您的帮助和支持！

如果您对研究结果感兴趣，请留下您的 Email：________________________，我们会及时向您反馈研究报告；衷心的期望您能推荐 1～3 名专家继续参与我们的问卷调研，请留下他们的联系方式________________________

____

____。

附录 C 环境公民行为事例分类举例（部分事例）[①]

行为维度	具体事例	来源项目
帮助	在管理中，十二工区树立了“三零”目标：安全“零事故”、质量“零缺陷”、成本“零浪费”。自上场以来，工区就自觉形成了一套完善的“内控机制”：有困难内部解决，不上交，不给上级添麻烦；通过“内部控制”消弭问题，消除矛盾，创造和谐。上场以来，工区未发生一起“起火”“冒烟”现象，成为公司最放心的项目之一。在资金紧张时期，工区自己贷款筹集资金，给外部劳务队发放工资，既保持了队伍的稳定，也赢得了他们的尊重，即使在最困难的时候，外部劳务队也愿意跟着十二工区干活。内控管理、外顾大局，这是十二工区文化中的另一特质。在公司京沪项目其他工区遇到困难的时候，十二工区总是以大局为先，为其提供充足的人力、物力资源支持，确保公司“一盘棋”的大局。在线下工程结束后，工区建立了物资设备回收专项小组，将闲置的模板、机具及拌合站等物资设备及时整理，保养维修，输送到公司其他需要的项目，确保其能顺畅地周转使用。尤其是工区 2 号拌合站，经过科学地运送和合理保养，如今依旧在新的工地发挥重要作用，其创造的“隐形效益”（资源节约）不可估量	十七局集团三公司京沪高铁十二工区

① 限于篇幅，本书仅选择搜集到的部分事例对环境公民行为的各个维度进行说明，全部的事例清单可联系作者查阅。

续表

行为维度	具体事例	来源项目
包容精神（运动员精神）	长江盾构工程是西气东输二线管道工程东段的重点控制性工程，也称“卡脖子”工程，通过隧道从湖北省武穴市穿越长江进入江西省。在施工现场，从隧道内抽出来的泥土和泥水是分离的，泥水没有直接排入长江，泥土由汽车拖走。长江盾构工程项目部副总经理常喜平说：“盾构机切削下来的土经过与泥浆液混合后，由排浆泵把泥浆液抽到地面泥水分离机。土和水分离后，土可用于当地群众填民宅，水则可循环利用。如果不把泥浆液的土和水分离，而是抽出来直接排到场外，工程进度可比现在快 15%，但会对当地环境造成污染，我们不能这样做。”	西气东输二线东段长江盾构工程
	“建成一条生态环境保护型铁路”是青藏铁路在建设论证之初就已确定的目标。青藏铁路的决策者、设计者、建设者始终把环保和工程质量放在同等重要的位置，使之成为“工程未动，环保先行”的铁路。为了保护高原绿地，在所有需要开挖土方的地方，施工人员都会将草皮移植他处进行养护，工程完工后再植回原地，费用高达 2 亿多元，回铺的草皮达数千万平方米。同时采取选育当地高原草种播种植被或采用当地草甸根系繁殖方式再造植被，开创了世界上高原、高寒地区人工植草实验成功的先例	青藏铁路
组织忠诚	“西气东输”是真正的国际化大工程，完全按国际工程管理规范运作，实行监理负责制和 HSE 国际标准是这项工程管理的最大特点。只有监理认为工程准备具备 HSE 条件才准开工；监理认为上道工序合格后才可以进入下道工序。正如 22 标段项目部党支部书记雷成江所说：“不懂 HSE，我们就没有和业主对话的资格”。24 标段项目经理宫沐音说得更深刻：HSE 就是安全、健康、环保，只有安全，企业才有效益；只有健康，队伍才有战斗力；只有保护环境，才能成为形象良好的文明之师。在 24 标段一个穿越公路的施工现场看到：在金色的稻田间，深绿色的大型水平穿越设备干干净净地躺在公路的东侧，发出有规律的嗡嗡声，一根根钢管整齐地排在机器边。公路右侧，工作间、卫生间、泥浆池、料场、垃圾箱排列有序。废物、垃圾都到了它们该去的地方，工人身着一色工服操作设备，有条不紊。这哪里像是野外的施工现场，简直可以和花园式厂区相比。“这就是执行 HSE”宫沐音笑着说，又补充道：“我们一个机组在山坡上施工，一个包装焊丝的塑料袋滚落到几十米深的山沟里。一个工人毫不迟疑地爬下去，又爬上来，费了好大劲，才把它取回来扔进垃圾桶”	大庆油田建设集团西气东输管道

续表

行为维度	具体事例	来源项目
组织忠诚	西气东输工程浩大，会不会对西部生态环境造成影响，这是中外舆论所关注的问题之一。总公司施工的靖边，地处毛乌素沙漠边缘，生态环境非常脆弱。为了将环境影响降到最低程度，按照HSE管理的要求，总公司提出要用“爱心呵护环境”，将西气东输工程建设成“绿色通道”，创造人与自然的和谐。为此，项目部将施工作业带尽量压缩，由28m压缩到24m，两边设置醒目的警戒线，严禁越线踩踏绿化带。作业和生活垃圾集中带走处理，流动厕所紧跟作业队伍。在项目部施工的14A标段37号桩，流传着一个“九棵树”的故事。按管道走向设计要求，37号桩附近的管道必须经过“万亩林”。虽然一再采取措施，可还是有12棵树必须要为管道让路，别无选择。项目部专门召开会议研究，决定移栽，而且要保证成活率。4月虽然是植树的好季节，但在缺水的沙漠地带栽活一棵树并不容易。尽管已经给树主做了赔偿，但项目部职工还是小心翼翼地将这些树木移植在作业带旁边，用工余时间轮流给树浇水，最终成活了9棵。集团公司领导在作业带检查时，说北京有“五棵松”，长庆有“九棵树”，从而传出一段佳话	长庆建设工程总公司西气东输管道
个体主动性	中建一局五公司集优秀的专业技术和管理人才，组建了以“首都经济技术创新标兵”杨春林为首的强大项目经理部，一批精兵强将集结到他的麾下，大家摩拳擦掌，气势恢宏磅礴。经理部根据总的方案编制计划，每个分部工程开始之前，项目技术部门在充分熟悉相关图纸及文件的基础上，编制出有针对性、可操作性强的施工方案初稿，提交项目部，组织工长、质量员、经营人员、班组长等进行方案讨论，发挥大家的智慧，出点子、想新招，集思广益，尤其注重班组的意见和建议，以便更好地将方案与操作相结合。在“首体”改扩建过程中，经理部建设者把贯彻落实奥运“三大理念”和“五个统一”放在第一位，在追求功能齐全、安全舒适、科学先进的同时，在节能、环保方面倾注了更多的热情和智慧。按照设计要求，外墙必须保留，但外墙空裂现象比较突出，而且原本抹灰又比较厚，统一采取空裂部位剔除重抹不太现实。本着“勤俭办奥运”的宗旨，项目经理部在墙体改造施工中，坚持保留墙体原有抹灰层，尽量减少剔凿工程量的原则，通过对外墙现状分析后，采用D×8/80”的尼龙胀栓对外墙空鼓进行拉锚处理，使得外墙空裂部分得到圆满的修复效果，并运用一定的翻新技术确保了新旧装修层的牢固结合，同时降低了工程造价。此外，项目经理部还推广应用了新型高科技复合材料 GM-Ⅱ复合风管，该风管具有无须保温、质量轻、强度高、不燃烧、不生锈、不腐蚀、减少咬口等特点。最重要的是环保节能，符合“科技奥运”“绿色奥运”的主题	北京奥运首都体育馆改扩建工程

续表

行为维度	具体事例	来源项目
个体主动性	永定河已经有300万年的历史，其流域是一个生态复杂的环境敏感区，由于京沪高铁天津特大桥穿越该区，因此在施工过程中的水体保护工作就显得尤其重要。正式开工前，项目经理陈志贵带领有关人员对桥梁施工对周边环境可能造成的影响进行了有效的评估，周密安排施工计划以确保永定河水质和周边池塘、农田环境不受影响。该处完工后，经过复垦，已归还村民。如今，经历了一轮四时变换和一番农忙农闲，这里重又葳蕤，农业生产进行如常。你疏通沟渠辛苦几个小时，对村民们来讲可就关系着几年的生产生活，保护生态，人人有责，这是造福后代的事。吕宜平为桥梁三队队长，跟着工程队四海为家，在铁路建设一线奋战了半生。他出生在山东农村，知道农业生产对农民来说意味着什么。因而，他常常告诫工人要爱护周边环境，还多次动用挖掘机帮助百姓疏通沟渠，很多年久淤塞、形同虚设的沟渠，经疏通之后，又在泄洪和灌溉时派上用场。农闲干旱时，渠中芦苇飘摇，野花馥郁，别有情致	十七局集团五公司京沪高铁七工区
自我发展	2014年10月20日上午9点左右，桥梁工程CB03标段青州航道桥57号墩和58号墩之间的海面上突然有一头白海豚一跃而起，然后像跳水运动员一般优雅入水。紧接着，第二头、第三头，鱼贯而出，此起彼伏。“看，白海豚！”正在施工船舶上检查安全的HSE部安全员易凯首先发现了白海豚，便立即用摄像机拍下来整个过程。白海豚学名为中华白海豚，一般不集成大群，常3～5只在一起。根据以往白海豚培训的知识和现场情况判断，这些白海豚应该是“一家子”。白色的为成年海豚，铅灰色的为幼豚。这“一家子”不停地在海面嬉戏，离施工船舶最近的只有不到 10m。虽然白海豚的身影时常出现在项目部施工海域，但是如此近距离地接触白海豚还是第一次。从进场到现在，项目部在保护白海豚方面做了大量的工作，举办白海豚保护专项培训8期，参加培训的员工共计 145 人次；同时制作了大量的宣传展板和标语横幅等。每个船舶上都设有观豚员，开船作业时，首先要驱赶船舶附近的白海豚，以免造成误伤	港珠澳大桥桥梁工程CB03标段

续表

行为维度	具体事例	来源项目
自我发展	京沪高速铁路阳澄湖区段全长为 23.46km，其中 7 次跨越阳澄湖。施工环保措施规定得这么详细，目的就是实现“双零”目标，即“环境无污染”和“环保无投诉”。为此，施工单位还向苏州方面特意缴纳了 600 万元的“双零”保险金。在阳澄湖边，竖立着一块十分醒目的“阳澄湖水中施工环保措施”标志牌，上边详细地规定了湖区施工的“规矩”，如湖区施工中的钢筋、模板及其他小型构件，在陆上加工完成后运至湖区使用，湖区内不设加工场地，不设营地；围堰材料只能为木桩、槽钢、钢板桩、钢管桩、彩条布、土工布、竹篱笆等，保证所有围堰材料清洁，材料统一在湖区外的堆放场地进行清理。走进京沪高铁阳澄湖区段，碧波荡漾的湖面上看不见任何漂浮物，湖边也看不见施工后留下的垃圾，甚至找不到一个白色的快餐盒。五工区常务副经理周桃玉笑着说：“施工场地每隔三四十米就有一个大的垃圾箱，工人的生活垃圾统一收集后运至生活垃圾指定存放点，由环保部门集中清理，工人在施工过程中也自觉养成了习惯，有垃圾后就径直走向垃圾箱，没有一点生活垃圾进入湖内”	京沪高铁阳澄湖段

注：由公开渠道搜集的施工纪实文献整理而成。

附录 D
结构化访谈人员清单

编号	职位	来源	角色	工作年限/年
1	专业主管	上海 LNG 工程	业主	13
2	总监理工程师	无锡灵山五期工程	工程项目管理咨询单位	11
3	项目经理	武汉地铁 27 号线	业主	6
4	专业主管	大连港国家战略原油储备库工程	施工单位	7
5	部门经理	上海西岸传媒港	业主	17
6	项目经理	崇明体育训练基地一期工程	工程项目管理咨询单位	22
7	专业主管	中国商用飞机总部基地	业主	12
8	部门经理	厦门地铁 2 号线二期工程	工程项目管理咨询单位	11
9	项目经理	国家会展中心分布式能源站	工程项目管理咨询单位	8
10	分管领导	启动江海产业园	业主	25
11	专业主管	天津供热并网工程	设计单位	6
12	项目工程师	光谷广场中心	施工单位	5
13	项目工程师	天津地铁 6 号线	施工单位	6
14	项目工程师	东西通道浦东段拓建工程	工程项目管理咨询单位	5
15	项目经理	金山新江水质净化二厂	工程项目管理咨询单位	15
16	部门经理	上海迪士尼度假区	工程项目管理咨询单位	12
17	部门经理	南宁火车东站片区基础设施工程	业主（指挥部）	12
18	部门经理	武汉鹦鹉洲长江大桥	施工单位	16
19	部门经理	天兴洲长江大桥	业主	10
20	项目经理	浙江安吉凯蒂猫乐园	工程项目管理咨询单位	12
21	项目工程师	徐州地铁 1 号线	施工单位	5
22	项目经理	虹桥商务区区域供能能源中心二期工程	工程项目管理咨询单位	9
23	部门经理	上海地铁 14 号线十标段工程	工程项目管理咨询单位	13

附录E 调研项目清单与问卷分布

项目编码	城市	项目名称	问卷数量	项目编码	城市	项目名称	问卷数量
1	北京	京沪高铁 TJ-1 标段	2	16	郑州	郑州地铁 2 号线	2
2	北京	北京环球主题公园及度假区项目群	2	17	郑州	南水北调中线一期工程	2
3	北京	中国国家大剧院	1	18	郑州	郑开城际	1
4	天津	天津地铁 6 号线	1	19	马鞍山	马鞍山长江大桥	1
5	天津	天津供热并网工程	4	20	合肥	合肥地铁 2 号线	3
6	大连	大连港国家战略原油储备库工程	1	21	上海	崇启大桥	1
7	唐山	首钢京唐二期工程	1	22	徐州	徐州地铁 1 号线	3
8	邯郸	107 国道漳河特大桥及道路工程	1	23	上海	徐汇滨江西岸传媒港	9
9	邯郸	邯郸东站	2	24	上海	上海迪士尼旅游度假区	13
10	太原	太原市美术馆	1	25	上海	上海地铁 14 号线十标段工程	5
11	汉中	汉中兴元汉文化国家旅游休闲度假区	2	26	上海	上海地铁 11 号线	4
12	兰州	鸿运金茂城市综合体项目	3	27	上海	上海国家会展中心	3
13	西安	西安 108 国道改建项目	2	28	上海	中国商用飞机总部基地	2
14	西安	西安世界园艺博览会	1	29	上海	浦东机场三期扩建工程	2
15	烟台	青龙高速建设项目	1	30	上海	上海浦东中环线	2

续表

项目编码	城市	项目名称	问卷数量	项目编码	城市	项目名称	问卷数量
31	上海	崇明体育训练基地一期工程	1	51	深圳	深圳大运会建设项目	2
32	上海	金山新江水质净化二厂	1	52	深圳	深圳前海合作区	2
33	上海	静安寺交通枢纽综合建设项目	3	53	深圳	深圳地铁 9 号线 9104-3 标段	2
34	上海	云锦路改扩建工程	1	54	深圳	深圳地铁 8 号线一期工程	4
35	上海	东西通道浦东段拓建工程	3	55	深圳	深圳南山区马家龙片区基础设施工程	4
36	上海	达之路钻石创意产业园	2	56	深圳	深圳会展中心	3
37	上海	上海 LNG 项目	4	57	珠海	港珠澳大桥	1
38	上海	上海虹桥综合交通枢纽	3	58	武汉	武汉站	1
39	上海	上海地铁 12 号线	1	59	武汉	武冈城际铁路	1
40	上海	虹桥商务核心区（一期）区域供能能源中心二期工程	2	60	武汉	光谷广场综合体项目	1
41	上海	上海地铁 14 号线土建 10 标段	3	61	武汉	天兴洲长江大桥	1
42	上海	上海世博会园区	5	62	武汉	鹦鹉洲长江大桥	2
43	启东	中国江海产业园	1	63	武汉	武汉地铁 2 号线	1
44	无锡	无锡灵山五期工程	1	64	武汉	武汉地铁 3 号线	1
45	无锡	无锡新区太湖科技园	2	65	武汉	武汉地铁 7 号线	2
46	南通	苏通大桥	1	66	武汉	武汉地铁 27 号线	1
47	安吉	浙江安吉凯蒂猫乐园	4	67	宜昌	三峡工程	1
48	宁波	宁波城市之光项目	1	68	成都	成都火车东站	4
49	宁波	宁波地铁 2 号线	2	69	成都	成都地铁 7 号线土建 8 标段	2
50	厦门	厦门地铁 2 号线二期工程	3	70	成都	中国商飞成都民机示范产业园	5

续表

项目编码	城市	项目名称	问卷数量	项目编码	城市	项目名称	问卷数量
71	南宁	南宁火车东站片区基础设施工程	7	85	上海	其他	1
72	南宁	五象新区堤园路工程	2	86	上海	其他	1
73	北京	其他	1	87	上海	其他	1
74	北京	其他	1	88	上海	其他	1
75	北京	其他	1	89	深圳	其他	1
76	天津	其他	1	90	深圳	其他	1
77	唐山	其他	1	91	深圳	其他	1
78	唐山	其他	1	92	深圳	其他	1
79	邯郸	其他	1	93	深圳	其他	1
80	邯郸	其他	1	94	深圳	其他	1
81	烟台	其他	1	95	武汉	其他	1
82	青岛	其他	1	96	武汉	其他	1
83	上海	其他	1	97	成都	其他	1
84	上海	其他	1	98	成都	其他	1
合计	198						

注：“其他”表示问卷未注明具体的项目名称；由于调研时采取一对一的沟通方式，因此可以确认相关项目不存在重复。

附录 F
问卷数据的正态性检验

附表 F.1 第 4 章数据的正态性检验

变量	均值		标准差统计量	偏度		峰度		Kolmogorov-Smirnov 检验			Shapiro-Wilk 检验		
	统计量	标准误差		统计量	标准误差	统计量	标准误差	统计量	*df*	显著性	统计量	*df*	显著性
MERP-P1	3.29	0.057	0.747	0.234	0.185	0.312	0.368	0.308	172	0.000	0.838	172	0.000
MERP-P2	3.20	0.064	0.835	0.467	0.185	−0.197	0.368	0.291	172	0.000	0.849	172	0.000
MERP-P3	3.44	0.058	0.766	−0.059	0.185	−0.375	0.368	0.246	172	0.000	0.852	172	0.000
MERP-P4	3.37	0.054	0.702	0.054	0.185	−0.203	0.368	0.283	172	0.000	0.828	172	0.000
MERP-P5	3.43	0.059	0.773	0.006	0.185	0.033	0.368	0.263	172	0.000	0.857	172	0.000
MERP-P6	3.36	0.056	0.740	0.185	0.185	−0.190	0.368	0.286	172	0.000	0.841	172	0.000
MERP-L1	3.53	0.044	0.576	−0.045	0.185	−0.553	0.368	0.319	172	0.000	0.746	172	0.000
MERP-L2	3.62	0.045	0.594	−0.484	0.185	0.036	0.368	0.360	172	0.000	0.749	172	0.000
MERP-L3	3.81	0.057	0.744	0.154	0.185	−0.839	0.368	0.235	172	0.000	0.827	172	0.000
MERP-L4	3.57	0.049	0.641	0.006	0.185	−0.225	0.368	0.296	172	0.000	0.795	172	0.000
MERP-N1	3.73	0.060	0.788	−0.154	0.185	−0.137	0.368	0.229	172	0.000	0.847	172	0.000
MERP-N2	3.57	0.051	0.667	−0.677	0.185	0.824	0.368	0.333	172	0.000	0.784	172	0.000
MERP-N3	3.67	0.057	0.748	−0.149	0.185	−0.245	0.368	0.279	172	0.000	0.845	172	0.000
MERP-N4	3.92	0.066	0.861	−0.175	0.185	−0.976	0.368	0.200	172	0.000	0.847	172	0.000
MERP-N5	3.92	0.067	0.875	−0.318	0.185	−0.498	0.368	0.200	172	0.000	0.852	172	0.000
MERP-N6	3.67	0.059	0.780	−0.165	0.185	−0.328	0.368	0.269	172	0.000	0.855	172	0.000
MERP-G1	4.67	0.039	0.517	−1.255	0.185	0.559	0.368	0.433	172	0.000	0.614	172	0.000
MERP-G2	3.66	0.054	0.712	−0.275	0.185	−0.034	0.368	0.307	172	0.000	0.826	172	0.000

续表

变量	均值		标准差统计量	偏度		峰度		Kolmogorov-Smirnov 检验			Shapiro-Wilk 检验		
	统计量	标准误差		统计量	标准误差	统计量	标准误差	统计量	*df*	显著性	统计量	*df*	显著性
EC1	3.95	0.056	0.740	−0.189	0.185	−0.500	0.368	0.263	172	0.000	0.835	172	0.000
EC2	3.77	0.059	0.773	0.186	0.185	−0.878	0.368	0.243	172	0.000	0.832	172	0.000
EC3	3.74	0.054	0.714	−0.251	0.185	−0.023	0.368	0.306	172	0.000	0.829	172	0.000
EC4	3.87	0.059	0.772	−0.459	0.185	0.065	0.368	0.301	172	0.000	0.836	172	0.000
EC5	3.83	0.060	0.783	0.021	0.185	−0.796	0.368	0.228	172	0.000	0.844	172	0.000
EC6	3.85	0.062	0.814	−0.384	0.185	−0.267	0.368	0.274	172	0.000	0.852	172	0.000
EC7	3.85	0.062	0.817	−0.040	0.185	−0.875	0.368	0.213	172	0.000	0.849	172	0.000
ECB1	4.03	0.052	0.683	−0.044	0.185	−0.835	0.368	0.270	172	0.000	0.802	172	0.000
ECB2	4.06	0.058	0.755	−0.262	0.185	−0.731	0.368	0.237	172	0.000	0.829	172	0.000
ECB3	3.97	0.055	0.721	−0.0051	0.185	−0.806	0.368	0.254	172	0.000	0.823	172	0.000
ECB4	4.07	0.057	0.754	−0.282	0.185	−0.711	0.368	0.236	172	0.000	0.828	172	0.000
ECB5	4.06	0.056	0.739	−0.181	0.185	−0.883	0.368	0.236	172	0.000	0.822	172	0.000
ECB6	4.00	0.057	0.749	−0.338	0.185	−0.286	0.368	0.267	172	0.000	0.834	172	0.000
ECB7	4.08	0.055	0.717	−0.305	0.185	−0.408	0.368	0.260	172	0.000	0.821	172	0.000

注：N=172，变量缩写详见第 4 章，本表中数据均不满足正态分布。

附表 F.2　第 5 章数据的正态性检验

变量	均值		标准差统计量	偏度		峰度		Kolmogorov-Smirnov 检验			Shapiro-Wilk 检验		
	统计量	标准误差		统计量	标准误差	统计量	标准误差	统计量	*df*	显著性	统计量	*df*	显著性
CP1	3.95	0.043	0.602	0.020	0.173	−0.222	0.344	0.326	198	0.000	0.765	198	0.000
CP2	3.67	0.043	0.603	0.014	0.173	−0.312	0.344	0.328	198	0.000	0.769	198	0.000
CP3	3.63	0.048	0.670	0.399	0.173	−0.520	0.344	0.285	198	0.000	0.792	198	0.000
MP1	3.72	0.044	0.614	0.120	0.173	−0.415	0.344	0.319	198	0.000	0.774	198	0.000
MP2	3.74	0.046	0.645	0.185	0.173	−0.517	0.344	0.297	198	0.000	0.790	198	0.000
MP3	3.68	0.040	0.558	−0.291	0.173	−0.201	0.344	0.370	198	0.000	0.729	198	0.000
MP4	3.56	0.040	0.556	−0.043	0.173	−0.769	0.344	0.333	198	0.000	0.726	198	0.000
NP1	3.92	0.046	0.648	−0.261	0.173	0.287	0.344	0.327	198	0.000	0.794	198	0.000
NP2	3.76	0.045	0.631	−0.126	0.173	−0.014	0.344	0.331	198	0.000	0.789	198	0.000

续表

变量	均值		标准差统计量	偏度		峰度		Kolmogorov-Smirnov 检验			Shapiro-Wilk 检验		
	统计量	标准误差		统计量	标准误差	统计量	标准误差	统计量	*df*	显著性	统计量	*df*	显著性
NP3	3.72	0.041	0.571	−0.085	0.173	−0.261	0.344	0.357	198	0.000	0.743	198	0.000
SO1	3.70	0.054	0.765	0.291	0.173	−0.786	0.344	0.265	198	0.000	0.826	198	0.000
SO2	3.76	0.054	0.760	−0.062	0.173	−0.463	0.344	0.259	198	0.000	0.848	198	0.000
SO3	3.76	0.047	0.662	−0.113	0.173	−0.087	0.344	0.315	198	0.000	0.808	198	0.000
SO4	3.61	0.055	0.777	0.213	0.173	−0.541	0.344	0.264	198	0.000	0.844	198	0.000
OS1	3.67	0.049	0.690	0.254	0.173	−0.512	0.344	0.259	198	0.000	0.811	198	0.000
OS2	3.61	0.045	0.634	0.317	0.173	−0.451	0.344	0.285	198	0.000	0.780	198	0.000
OS3	3.75	0.041	0.574	0.059	0.173	−0.413	0.344	0.349	198	0.000	0.739	198	0.000
OS4	3.75	0.040	0.558	−0.0186	0.173	−0.063	0.344	0.371	198	0.000	0.732	198	0.000
ECB1	4.08	0.047	0.663	−0.090	0.173	−0.716	0.344	0.286	198	0.000	0.795	198	0.000
ECB2	4.22	0.053	0.739	−0.523	0.173	−0.491	0.344	0.249	198	0.000	0.805	198	0.000
ECB3	4.11	0.050	0.701	−0.149	0.173	−0.949	0.344	0.257	198	0.000	0.803	198	0.000
ECB4	4.17	0.050	0.706	−0.344	0.173	−0.630	0.344	0.253	198	0.000	0.807	198	0.000
ECB5	4.20	0.051	0.712	−0.400	0.173	−0.646	0.344	0.243	198	0.000	0.804	198	0.000
ECB6	4.14	0.053	0.745	−0.449	0.173	−.0387	0.344	0.241	198	0.000	0.820	198	0.000
ECB7	4.17	0.049	0.696	−0.420	0.173	−0.210	0.344	0.266	198	0.000	0.805	198	0.000

注：*N*=198，变量缩写详见第 5 章，本表中数据均不满足正态分布。

附表 F.3　第 6 章数据的正态性检验

变量	均值		标准差统计量	偏度		峰度		Kolmogorov-Smirnov 检验			Shapiro-Wilk 检验		
	统计量	标准误差		统计量	标准误差	统计量	标准误差	统计量	*df*	显著性	统计量	*df*	显著性
CP1	3.93	0.052	0.591	0.016	0.214	−0.110	0.425	0.336	128	0.000	0.757	128	0.000
CP2	3.63	0.053	0.602	−0.055	0.214	−0.278	0.425	0.327	128	0.000	0.769	128	0.000
CP3	3.63	0.060	0.674	0.286	0.214	−0.435	0.425	0.271	128	0.000	0.804	128	0.000
MP1	3.67	0.052	0.590	0.002	0.214	−0.347	0.425	0.336	128	0.000	0.759	128	0.000
MP2	3.70	0.054	0.609	0.060	0.214	−0.331	0.425	0.324	128	0.000	0.773	128	0.000
MP3	3.65	0.049	0.555	−0.472	0.214	−0.144	0.425	0.377	128	0.000	0.719	128	0.000
MP4	3.55	0.051	0.572	0.166	0.214	−0.658	0.425	0.313	128	0.000	0.739	128	0.000

续表

变量	均值		标准差统计量	偏度		峰度		Kolmogorov-Smirnov 检验			Shapiro-Wilk 检验		
	统计量	标准误差		统计量	标准误差	统计量	标准误差	统计量	*df*	显著性	统计量	*df*	显著性
NP1	3.93	0.057	0.642	−0.481	0.214	0.956	0.425	0.348	128	0.000	0.775	128	0.000
NP2	3.77	0.056	0.634	−0.142	0.214	0.033	0.425	0.332	128	0.000	0.791	128	0.000
NP3	3.72	0.051	0.574	0−.161	0.214	−0.109	0.425	0.360	128	0.000	0.746	128	0.000
ECB1	4.07	0.061	0.689	−0.092	0.214	−0.870	0.425	0.267	128	0.000	0.802	128	0.000
ECB2	4.16	0.068	0.771	−0.501	0.214	−0.517	0.425	0.236	128	0.000	0.818	128	0.000
ECB3	4.04	0.062	0.703	−0.054	0.214	−0.953	0.425	0.257	128	0.000	0.806	128	0.000
ECB4	4.16	0.063	0.715	−0.239	0.214	−1.009	0.425	0.243	128	0.000	0.800	128	0.000
ECB5	4.18	0.065	0.736	−0.298	0.214	−1.101	0.425	0.242	128	0.000	0.797	128	0.000
ECB6	4.09	0.067	0.758	−0.490	0.214	−0.161	0.425	0.255	128	0.000	0.826	128	0.000
ECB7	4.12	0.061	0.694	−0.448	0.214	0.148	0.425	0.278	128	0.000	0.806	128	0.000
EMS1	3.84	0.063	0.707	0.109	0.214	−0.705	0.425	0.264	128	0.000	0.820	128	0.000
EMS2	3.68	0.060	0.675	−0.603	0.214	1.394	0.425	0.331	128	0.000	0.792	128	0.000
EMS3	3.81	0.065	0.740	0.196	0.214	−0.905	0.425	0.233	128	0.000	0.821	128	0.000
EMP1	3.93	0.057	0.642	−0.118	0.214	−0.045	0.425	0.317	128	0.000	0.795	128	0.000
EMP2	3.83	0.054	0.616	−0.290	0.214	0.450	0.425	0.352	128	0.000	0.774	128	0.000
EMP3	3.55	0.057	0.650	0.260	0.214	−0.275	0.425	0.292	128	0.000	0.795	128	0.000

注：*N*=128，变量缩写详见第 6 章，本表中数据均不满足正态分布。

附表 F.4　第 7 章数据的正态性检验

变量	均值		标准差统计量	偏度		峰度		Kolmogorov-Smirnov 检验			Shapiro-Wilk 检验		
	统计量	标准误差		统计量	标准误差	统计量	标准误差	统计量	*df*	显著性	统计量	*df*	显著性
TFL1	3.91	0.064	0.758	−0.347	0.205	0.426	0.407	0.263	140	0.000	0.832	140	0.000
TFL2	3.96	0.063	0.743	−0.049	0.205	−0.901	0.407	0.241	140	0.000	0.827	140	0.000
TFL3	3.96	0.064	0.757	−0.231	0.205	−0.492	0.407	0.258	140	0.000	0.839	140	0.000
TFL5	3.74	0.057	0.672	0.211	0.205	−0.576	0.407	0.278	140	0.000	0.803	140	0.000
TFL6	3.64	0.059	0.700	0.497	0.205	−0.660	0.407	0.292	140	0.000	0.789	140	0.000
TFL7	3.50	0.056	0.662	0.678	0.205	−0.189	0.407	0.339	140	0.000	0.764	140	0.000

续表

变量	均值		标准差统计量	偏度		峰度		Kolmogorov-Smirnov 检验			Shapiro-Wilk 检验		
	统计量	标准误差		统计量	标准误差	统计量	标准误差	统计量	*df*	显著性	统计量	*df*	显著性
TFL8	3.77	0.059	0.703	0.100	0.205	−0.529	0.407	0.270	140	0.000	0.823	140	0.000
TSL1	3.54	0.062	0.734	0.207	0.205	−0.303	0.407	0.275	140	0.000	0.836	140	0.000
TSL2	3.59	0.069	0.813	−0.019	0.205	−0.490	0.407	0.235	140	0.000	0.865	140	0.000
TSL3	3.41	0.062	0.739	0.138	0.205	−0.224	0.407	0.277	140	0.000	0.842	140	0.000
TSL4	3.49	0.068	0.809	−0.059	0.205	−0.040	0.407	0.243	140	0.000	0.868	140	0.000
EC1	3.77	0.065	0.771	0.038	0.205	−0.649	0.407	0.238	140	0.000	0.846	140	0.000
EC2	3.66	0.063	0.747	0.340	0.205	−0.653	0.407	0.275	140	0.000	0.821	140	0.000
EC3	3.63	0.060	0.713	−0.042	0.205	−0.226	0.407	0.277	140	0.000	0.833	140	0.000
EC4	3.72	0.068	0.805	−0.289	0.205	−0.294	0.407	0.278	140	0.000	0.856	140	0.000
EC5	3.67	0.068	0.800	0.322	0.205	−0.816	0.407	0.278	140	0.000	0.828	140	0.000
EC6	3.71	0.064	0.761	−0.061	0.205	−0.396	0.407	0.261	140	0.000	0.850	140	0.000
EC7	3.66	0.068	0.810	0.195	0.205	−0.719	0.407	0.258	140	0.000	0.847	140	0.000
ECB1	4.06	0.053	0.632	−0.045	0.205	−0.466	0.407	0.307	140	0.000	0.782	140	0.000
ECB2	4.21	0.063	0.747	−0.582	0.205	−0.296	0.407	0.246	140	0.000	0.807	140	0.000
ECB3	4.11	0.058	0.690	−0.153	0.205	−0.880	0.407	0.266	140	0.000	0.801	140	0.000
ECB4	4.15	0.059	0.699	−0.343	0.205	−0.437	0.407	0.264	140	0.000	0.809	140	0.000
ECB5	4.17	0.060	0.709	−0.382	0.205	−0.500	0.407	0.253	140	0.000	0.808	140	0.000
ECB6	4.14	0.062	0.732	−0.217	0.205	−1.099	0.407	0.231	140	0.000	0.803	140	0.000
ECB7	4.13	0.061	0.718	−0.433	0.205	−0.181	0.407	0.258	140	0.000	0.815	140	0.000
PD1	3.59	0.066	0.777	0.129	0.205	−0.448	0.407	0.253	140	0.000	0.852	140	0.000
PD2	3.74	0.060	0.716	−0.039	0.205	−0.307	0.407	0.280	140	0.000	0.833	140	0.000
PD3	3.32	0.068	0.807	0.015	0.205	0.299	0.407	0.276	140	0.000	0.862	140	0.000
PD4	3.47	0.060	0.714	−0.499	0.205	0.387	0.407	0.292	140	0.000	0.819	140	0.000
PD5	3.42	0.070	0.832	−0.241	0.205	0.486	0.407	0.244	140	0.000	0.864	140	0.000
PD6	3.46	0.071	0.835	−0.676	0.205	0.825	0.407	0.268	140	0.000	0.846	140	0.000
CO1	3.71	0.056	0.662	−0.198	0.205	0.029	0.407	0.321	140	0.000	0.806	140	0.000
CO2	3.62	0.067	0.791	−0.275	0.205	0.181	0.407	0.262	140	0.000	0.859	140	0.000
CO3	3.56	0.070	0.833	−0.321	0.205	0.304	0.407	0.242	140	0.000	0.868	140	0.000
CO4	3.63	0.070	0.825	−0.147	0.205	−0.473	0.407	0.252	140	0.000	0.867	140	0.000

注：N=140，变量缩写详见第 7 章，本表中数据均不满足正态分布。

附录 G
内部一致性的 CITC 检验

附表 G.1　第 4 章 CITC 检验与信度分析

测量变量	测量题项	CITC	条款删除后的 Cronbach's α 系数
MERP	MERP-P1	0.656	0.891
	MERP-P2	0.774	0.873
	MERP-P3	0.680	0.887
	MERP-P4	0.760	0.876
	MERP-P5	0.740	0.878
	MERP-P6	0.746	0.877
MERL	MERP-L1	0.611	0.721
	MERP-L2	0.700	0.677
	MERP-L3	0.528	0.772
	MERP-L4	0.548	0.750
MERN	MERP-N1	0.815	0.912
	MERP-N2	0.784	0.918
	MERP-N3	0.790	0.916
	MERP-N4	0.834	0.910
	MERP-N5	0.817	0.913
	MERP-N6	0.732	0.923
MERG	MERP-G1	0.616	—
	MERP-G2	0.616	—
EC	EC1	0.773	0.901
	EC2	0.750	0.904
	EC3	0.652	0.913
	EC4	0.714	0.907

续表

测量变量	测量题项	CITC	条款删除后的 Cronbach's α 系数
	EC5	0.756	0.903
	EC6	0.779	0.900
	EC7	0.784	0.900
ECB	ECB1	0.698	0.907
	ECB2	0.801	0.896
	ECB3	0.677	0.909
	ECB4	0.710	0.906
	ECB5	0.722	0.905
	ECB6	0.794	0.897
	ECB7	0.783	0.898

注：N=172，变量缩写详见第 4 章。

附表 G.2　第 5 章 CITC 检验与信度分析

测量变量	测量题项	CITC	条款删除后的 Cronbach's α 系数
CP	CP1	0.627	0.663
	CP2	0.590	0.702
	CP3	0.594	0.702
MP	MP1	0.637	0.638
	MP2	0.592	0.693
	MP3	0.568	0.717
NP	NP1	0.658	0.701
	NP2	0.669	0.688
	NP3	0.594	0.767
OS	OS1	0.531	0.699
	OS2	0.571	0.672
	OS3	0.559	0.680
	OS4	0.516	0.703
ECB	ECB1	0.695	0.898
	ECB2	0.800	0.886
	ECB3	0.677	0.900
	ECB4	0.672	0.900
	ECB5	0.734	0.894
	ECB6	0.760	0.891
	ECB7	0.733	0.894

注：N=198，变量缩写详见第 5 章。

附表 G.3　第 6 章 CITC 检验与信度分析

测量变量	测量题项	CITC	条款删除后的 Cronbach's α 系数
CP	CP1	0.624	0.691
	CP2	0.611	0.703
	CP3	0.613	0.706
MP	MP1	0.602	0.661
	MP2	0.556	0.716
	MP3	0.611	0.654
NP	NP1	0.686	0.745
	NP2	0.677	0.753
	NP3	0.670	0.763
ECB	ECB1	0.680	0.906
	ECB2	0.839	0.889
	ECB3	0.653	0.909
	ECB4	0.686	0.906
	ECB5	0.765	0.897
	ECB6	0.783	0.895
	ECB7	0.748	0.900
EMS	EMS1	0.633	0.569
	EMS2	0.531	0.690
	EMS3	0.531	0.694
EMP	EMP1	0.606	0.622
	EMP2	0.579	0.657
	EMP3	0.536	0.706

注：N=128，变量缩写详见第 6 章。

附表 G.4　第 7 章 CITC 检验与信度分析

测量变量	测量题项	CITC	条款删除后的 Cronbach's α 系数
TFL	TFL1	0.596	0.832
	TFL2	0.670	0.820
	TFL3	0.615	0.829
	TFL5	0.607	0.830
	TFL6	0.647	0.824
	TFL7	0.572	0.835
	TFL8	0.565	0.836

续表

测量变量	测量题项	CITC	条款删除后的 Cronbach's α 系数
TSL	TSL1	0.670	0.769
	TSL2	0.660	0.773
	TSL3	0.583	0.806
	TSL4	0.683	0.762
EC	EC1	0.760	0.888
	EC2	0.750	0.890
	EC3	0.609	0.904
	EC4	0.673	0.898
	EC5	0.724	0.892
	EC6	0.728	0.892
	EC7	0.804	0.883
ECB	ECB1	0.683	0.891
	ECB2	0.785	0.879
	ECB3	0.703	0.889
	ECB4	0.634	0.897
	ECB5	0.703	0.889
	ECB6	0.734	0.885
	ECB7	0.740	0.885
PD	PD1	0.536	0.826
	PD2	0.559	0.822
PD	PD3	0.674	0.799
	PD4	0.596	0.815
	PD5	0.664	0.801
	PD6	0.652	0.803
CO	CO1	0.522	0.721
	CO2	0.544	0.707
	CO3	0.537	0.712
	CO4	0.628	0.658

注：N=140，变量缩写详见第 7 章。

附录 H 英国大型基础设施承包商的访谈提纲

Interview Proposal with Bazalgette Tunnel Limited

Name of the Project: Tideway East

Date: Friday 9 December 2016

Site: Chambers Street，London，SE16

Interviewee: Steve Hails，Director of Health，Safety and Wellbeing

Part 1: sustainable development of Thames Tideway Tunnel and organizational citizenship behaviors for the environment

At first，our research mainly focuses on the environmental citizenship behaviors (ECB) in mega infrastructure projects. In general，ECB is "individual，voluntary，and discretionary social behaviors that are not explicitly recognized by the formal management system and that contribute to effective environmental management by organizations." Examples of ECB include helping to resolve environmental issues，suggesting solutions aimed at preventing pollution，and collaborating with environmental departments to implement green technologies.

(1) Would you please give us a brief introduction about your project in terms of environmental management and ecological protection?
(2) Would you please give us some ECB examples in your project?
(3) How much influence can ECB exert over your project， especially in terms of environmental management?

Part 2: motivations and leadership strategy of ECB

Many thanks for sharing your project with us. We have a few more questions to ask you.

(4) What factors motivate you or your colleagues to engage in ECB? What do you think about the internal project initiatives and external institutional environment? Do these factors really matter?

(5) What can leaders do to encourage his/her followers' ECB? Does the leadership style really matter?

(6) Any other ideas to add?

The interview is over； thanks for your support.

附录Ⅰ
术语和缩写词汇表

1. 环境公民行为：Environmental Citizenship Behaviors (ECB)

2. 组织公民行为：Organizational Citizenship Behaviors (OCB)

3. 重大工程环境责任实践：Megaproject Environmental Responsibility Practices (MERP)

4. 针对社会公众的重大工程环境责任实践：Megaproject Environmental Responsibility Practices Directed Toward the General Public (MERP-P)

5. 针对周边社区的重大环境责任实践：Megaproject Environmental Responsibility Practices Directed Toward the Local Community (MERP-L)

6. 针对非业主方的重大环境责任实践：Megaproject Environmental Responsibility Practices Directed Toward Non-owner Stakeholders (MERP-N)

7. 针对政府/业主的重大工程环境责任实践：Megaproject Environmental Responsibility Practices Directed Toward Governments (MERP-G)

8. 企业社会责任：Corporate Social Responsibility (CSR)

9. 环境承诺：Environmental Commitment (EC)

10. 社会交换理论：Social Exchange Theory (SET)

11. 社会认同理论：Social Identification Theory (SIT)

12. 组织支持感：Perceived Organizational Support (POS)

13. 组织环境政策感知：Perceived Corporate Environmental Policies (PCEP)

14. 领导–下属交换：Leader-member Exchange (LMX)

15. 领导风格多因素量表：Multifactor Leadership Questionnaire (MLQ)

16. 变革型领导：Transformational Leadership (TFL)

17. 交易型领导：Transactional Leadership (TSL)

18. 权力距离取向：Power Distance (PD)

19. 集体主义倾向：Collectivism Orientation (CO)

20. 探索性因子分析：Exploratory Factor Analysis (EFA)

21. 验证性因子分析：Confirmatory Factor Analysis (CFA)

22. 平均方差萃取：Average Variance Extracted (AVE)

23. 组成信度：Composite Reliability (CR)

24. 偏微分最小二乘法：Partial Least Squares (PLS)

25. 层次回归模型：Hierarchical Regression Modeling (HRM)

26. 结构方程模型：Structural Equation Model (SEM)

27. 基于协方差的结构方程模型：Covariance-based SEM (CB-SEM)

参 考 文 献

白居，2016a．重大基础设施工程高层管理团队研究：岗位配置、行为整合激励机制与组建策略[D]．上海：同济大学．

白居，李永奎，卢昱杰，等，2016b．基于改进 CBR 的重大基础设施工程高层管理团队构建方法及验证[J]．系统管理学报，25(2)：272-281．

宝贡敏，徐碧祥，2006．组织认同理论研究述评[J]．外国经济与管理，28(1)：39-45．

陈昊，李文立，陈立荣，2016．组织控制与信息安全制度遵守：面子倾向的调节效应[J]．管理科学，29(3)：1-12．

陈建安，程爽，陈明艳，2017．从支持性人力资源实践到组织支持感的内在形成机制研究[J]．管理学报，14(4)：519-527．

陈江，2013．中国民营企业的战略资产、组合创业与创业企业成长绩效研究[D]．杭州：浙江大学．

陈文晶，时勘，2014．中国管理者交易型领导的结构与测量[J]．管理学报，11 (10)：1453-1459．

陈晓萍，徐淑英，樊景立，2008．组织与管理研究的实证方法[M]．北京：北京大学出版社．

陈扬，许晓明，谭凌波，2012．组织制度理论中的“合法性”研究述评[J]．华东经济管理，26(10)：137-142．

陈振明，林亚清，2016．政府部门领导关系型行为影响下属变革型组织公民行为吗？——公共服务动机的中介作用和组织支持感的调节作用[J]．公共管理学报，(1)：11-20．

陈震，2016a．重大工程业主方项目公民行为对项目管理绩效影响机理及行为策略研究[D]．上海：同济大学．

陈震，何清华，李永奎，等，2016b．中国大型公共项目公民行为界定及量表开发[J]．华东经济管理，30(2)：107-113．

丁立平，杨奎臣，2002．克服“归因误差”的基本对策与方法[J]．社会，(1)：18-21．

丁士昭，2013．工程项目管理[M]．北京：中国建筑工业出版社．

丁镇棠，程书萍，刘小峰，2011．大型公共工程环境审计研究[J]．审计研究，6：51-58．

凤凰网国际智库，2017．“一带一路”迄今投资了哪些项目和领域[EB/OL]．(2017-

09-11)[2017-05-15].http://pit.ifeng.com/a/20170515/51092939_0．shtml．

港珠澳大桥管理局，2013．环保厕所“入驻”青州航道桥[EB/OL]．(2017-12-10)[2013-08-07]．http://www.hzmb.org/cn/bencandy．asp?id=1780．

港珠澳大桥管理局，2016．“HSE 明星”和它背后的“婆婆嘴团队”[EB/OL]．(2017-09-12b)[2016-08-09]．http://www.hzmb.org/cn/bencandy．asp?id=3029．

港珠澳大桥管理局，2017a．环保无死角 绿色入梦来[EB/OL]．(2017-09-11)[2017-07-17]．http://www.hzmb.org/cn/bencandy．asp?id=3270．

港珠澳大桥管理局，2017b．港珠澳大桥建设者保护中华白海豚的故事[EB/OL]．(2017-09-23)[2017-07-17]．http://www.hzmb.org/cn/bencandy．asp?id=3273．

国家自然科学基金委员会，2016．国家自然科学基金“十三五”发展规划[EB/OL].(2017-07-31)[2016-06-24].http://www.nsfc.gov.cn/nsfc/cen/bzgh_135/index.html．

何继善，2013．论工程管理理论核心[J]．中国工程科学，15(11)：4-11．

何清华，陈震，李永奎，2017．我国重大基础设施工程员工心理所有权对项目绩效的影响——基于员工组织主人翁行为的中介[J]．系统管理学报，26 (1)：54-62．

黄光国，2010．人情与面子：中国人的权利游戏[M]．北京：中国人民大学出版社．

黄桂，2010．强调“奉献”的企业为何不能如愿以偿？——基于国企组织与员工交换关系的思考[J]．管理世界，(11)：105-113．

贾波，2012．职场排斥对员工组织公民行为影响的实证研究[D]．辽宁：辽宁大学．

科尔曼，1990．社会理论的基础[M]．邓方，译．北京：社会科学文献出版社．

乐云，张兵，关贤军，等，2013．基于 SNA 视角的政府投资项目合谋关系研究[J]．公共管理学报，(3)：29-40．

乐云，张云霞，李永奎，2014．政府投资重大工程建设指挥部模式的形成、演化及发展趋势研究[J]．项目管理技术，12(9)：9-13．

乐云，白居，韩冰，等，2016a．重大工程高管团队的行为整合、战略决策与工程绩效[J]．中国科技论坛，(12)：98-104．

乐云，白居，李永奎，等，2016b．中国重大工程高层管理者获取政治激励的影响因素与作用机制研究[J]．管理学报，13(8)：1164-1173．

雷开春，2011．城市新移民的社会认同[M]．上海：上海社会科学院出版社．

李超平，时勘，2005．变革型领导的结构与测量[J]．心理学报，37(6)：803-811．

李大元，贾晓琳，辛琳娜，2015．企业漂绿行为研究述评与展望[J]．外国经济与管理，

(12)：86-96.
李秀娟，魏峰，2006. 打开领导有效性的黑箱：领导行为和领导下属关系研究[J]. 管理世界，(9)：87-93.
李扬，李平，李雪松，2017. 经济蓝皮书：2017年中国经济形势分析与预测[M]. 北京：社会科学文献出版社.
李怡娜，叶飞，2011. 制度压力，绿色环保创新实践与企业绩效关系——基于新制度主义理论和生态现代化理论视角[J]. 科学学研究，29(12)：1884-1894.
李友梅，2007. 重塑转型期的社会认同[J]. 社会学研究，(2)：183-186.
廖建桥，赵君，张永军，2010. 权力距离对中国领导行为的影响研究[J]. 管理学报，7(7)：988-992.
林润辉，谢宗晓，王兴起，等，2016. 制度压力，信息安全合法化与组织绩效——基于中国企业的实证研究[J]. 管理世界，(2)：112-127.
刘晖，2013. 交易型领导和变革型领导对员工行为影响研究[D]. 沈阳：辽宁大学.
刘慧，2011. 基于PLS-SEM的中国高等教育学生满意度测评研究[D]. 镇江：江苏大学.
刘松博，李育辉，2014. 员工跨界行为的作用机制：网络中心性和集体主义的作用[J]. 心理学报，46(6)：852-863.
马马度，2014. 领导风格、创业导向与创业绩效关系实证研究——以中国东北地区中小企业为例[D]. 长春：吉林大学.
孟晓华，2014. 企业环境信息披露的驱动机制研究[D]. 上海：上海交通大学.
南水北调中线干线工程建设管理局，2014. 青山绿水与施工同行[EB/OL]. (2017-09-11)[2014-05-16].http://www.nsbd.cn/jszwz/jszsj/26967.html.
彭瑞高，2011. 巨变——洋山深水港[M]. 上海：中西书局.
澎湃新闻网，2017. 港珠澳大桥混凝土测试报告涉嫌造假，港廉政公署启动贪污调查[EB/OL].(2017-10-14) [2017-05-23].http://www.thepaper.cn/newsDetail_forward_1692151.
戚振江，张小林，2001. 领导行为理论：交换型和变革型领导行为[J]. 经济管理，(12)：33-37.
人民日报海外版，2016. 港珠澳大桥深陷“拉布”泥潭[EB/OL]. (2017-06-28) [2016-01-27]. http://paper.people.com.cn/rmrbhwb/html/2016-01/27/content_1650705.htm.
任宏，2012. 巨项目管理[M]. 北京：科学出版社.
宋宇名，2016. 建设项目组织文化对建设项目公民行为及项目绩效的影响研究[D].上海：

同济大学.
王歌，何清华，白居，等，2017. 高管团队演化对重大工程绩效的影响——基于南宁火车东站项目的纵贯数据研究[J]. 中国科技论坛，(10)：160-167.
王赛君，2014. 领导风格与情绪劳动对组织公民行为影响的实证研究[D]. 长沙：湖南大学.
王文彬，刘凤军，李辉，2012. 互惠理论视角下企业社会责任行为对组织公民行为的影响研究[J]. 当代经济管理，34(11)：24-33.
王震，孙健敏，张瑞娟，2012. 管理者核心自我评价对下属组织公民行为的影响：道德式领导和集体主义导向的作用[J]. 心理学报，44(9)：1231-1243.
魏钧，陈中原，张勉，2007. 组织认同的基础理论，测量及相关变量[J]. 心理科学进展，15(6)：948-955.
魏昕，张志学，2010. 组织中为什么缺乏抑制性进言?[J]. 管理世界，(10)：99-109.
肖群鹰，朱正威，刘慧君，2016. 重大工程项目社会稳定风险的非干预在线评估模式研究[J]. 公共行政评论，9(1)：86-109.
谢俊，储小平，汪林，2012. 效忠主管与员工工作绩效的关系：反馈寻求行为和权力距离的影响[J]. 南开管理评论，15(2)：31-38.
谢鹏，2016. 制度压力下的企业慈善捐赠战略反应——基于组织场域的视角[D]. 南京：南京大学.
许多，张小林，2007. 中国组织情境下的组织公民行为[J]. 心理科学进展，15(3)：505-510.
颜爱民，李歌，2016. 企业社会责任对员工行为的跨层分析——外部荣誉感和组织支持感的中介作用[J]. 管理评论，28(1)：121-129.
杨春江，蔡迎春，侯红旭，2015. 心理授权与工作嵌入视角下的变革型领导对下属组织公民行为的影响研究[J]. 管理学报，12(2)：231-239.
杨德磊，2016. 重大工程组织公民行为识别、驱动因素与效能涌现研究[D]. 上海：同济大学.
杨国枢，2004. 中国人的心理与行为：本土化研究[M]. 北京：中国人民大学出版社.
杨剑明，2016. 重大工程项目建设的环境管理[M]. 上海：华东理工大学出版社.
杨自伟，2015. 华人集体主义再思考——差序格局规范下的集体主义认知与行为倾向[J]. 中国人力资源开发，(9)：49-55.
余伟萍，祖旭，孟彦君，2016. 重大工程环境污染的社会风险诱因与管理机制构建——基于项目全寿命周期视角[J]. 吉林大学社会科学学报，56(4)：38-46.
詹小慧，杨东涛，栾贞增，2016. 基于组织支持感调节效应的工作价值观对员工建言影响研究[J]. 管理学报，13(9)：1330-1338.
张璐晶，2016. 财政部“全国 PPP 综合信息平台”首次披露大数据[J]. 中国经济周刊，(9)：18-20.
张送保，张维明，刘忠，等，2006. 复杂体系效能测度建模研究[J]. 系统工程学报，21(5)：515-519.
张天国，高宗成，2006. 筑梦——中铁十七局集团四公司青藏铁路最高点施工管理纪实[J]. 建筑，(16)：6-11.
张燕，怀明云，2012. 威权式领导行为对下属组织公民行为的影响研究——下属权力距离的调节作用[J]. 管理评论，24(11)：97-105.
张莹瑞，佐斌，2006. 社会认同理论及其发展[J]. 心理科学进展，14(3)：475-480.
赵红丹，彭正龙，2011. 哪种领导行为会让一线员工更愿意付出？[J]. 经济管理，(7)：61-68.
赵红丹，2012. 中国背景下企业员工的强制性公民行为研究：结构、测量、动因与结果[D]. 上海：同济大学.
赵康，2009. 管理咨询在中国：现状，专业水准，存在问题和发展战略[M]. 北京：中国社会科学出版社.
中国经济网，2017. 国家统计局五位司长解读 2016 年中国经济“年报”[EB/OL]. (2017-06-28)[2017-01-22].http://www.ce.cn/xwzx/gnsz/gdxw/201701/22/t20170122_19799603.shtml.
中国证券报，2016. 工业综合：行业增速拐点向上　荐 10 股[EB/OL].(2017-06-28)[2016-12-05]. http://www.cs.com.cn/gppd/hyyj/201612/t20161205_5111242.html.
中建三局一公司华南公司，2017. 【聚焦口岸】打响最后“攻坚战”——港珠澳大桥珠海口岸项目赶工纪实[EB/OL].(2017-09-23)[2017-08-01]. http://www.sohu.com/a/161300971_773723.
周倩，刘伟国，魏薇，等，2016. 集体主义倾向一定带来卓越表现吗——论领导成员交换和角色清晰度的调节作用[J]. 武汉理工大学学报：社会科学版，29(3)：410-418.
周晓虹，2002. 社会学理论的基本范式及整合的可能性[J]. 社会学研究，(5)：33-45.
周耀东，余晖，2008. 市场失灵，管理失灵与建设行政管理体制的重建[J]. 管理世界，

(2)：44-56.

ABRAMS D，HOGG M A，1999. Social identity and social cognition[M]. Oxford：Blackwell.

ABRAMS D，HOGG M A，2006. Social identifications：a social psychology of intergroup relations and group processes[M]. New York：Routledge.

AFSAR B，BADIR Y，KIANI U S，2016. Linking spiritual leadership and employee pro-environmental behavior：the influence of workplace spirituality，intrinsic motivation，and environmental passion[J]. Journal of Environmental Psychology，45：79-88.

AHN S，SHOKRI S，LEE S H，et al，2016. Exploratory study on the effectiveness of interface-management practices in dealing with project complexity in large-scale engineering and construction projects[J]. Journal of Management in Engineering，33(2)：04016039.

AIBINU A A，AL-LAWATI A M，2010. Using PLS-SEM technique to model construction organizations' willingness to participate in e-bidding[J]. Automation in Construction，19(6)：714-724.

AIBINU A A，OFORI G，LING F Y，2008. Explaining cooperative behavior in building and civil engineering projects' claims process：Interactive effects of outcome favorability and procedural fairness[J]. Journal of Construction Engineering and Management，134(9)：681-691.

AJZEN I，FISHBEIN M，1980. Understanding Attitudes and Predicting Social Behavior[M]. Englewood Cliffs，NJ：Prentice-Hall.

ALBERT S，ASHFORTH B E，DUTTON J E，2000. Organizational identity and identification：charting new waters and building new bridges[J]. Academy of Management Review，25(1)：13-17.

ALMOHSEN A S，RUWANPURA J Y，2016. Establishing success measurements of joint ventures in mega projects[J]. Journal of Management in Engineering，32(6)：04016018.

ALT E，SPITZECK H，2016. Improving environmental performance through unit-level organizational citizenship behaviors for the environment：a capability perspective[J]. Journal of Environmental Management，182：48-58.

AMBROSE M L，SCHMINKE M，2003. Organization structure as a moderator of the relationship between procedural justice，interactional justice，perceived organizational support，and supervisory trust[J]. Journal of Applied Psychology，88(2)：295.

ANDREWS J C，NETEMEYER R G，BURTON S，et al，2004. Understanding adolescent intentions to smoke：an examination of relationships among social influence，prior trial behavior，and antitobacco campaign advertising[J]. Journal of Marketing，68(3)：110-123.

ANDERSEN E S，2010a. Are we getting any better? comparing project management in the years 2000 and 2008[J]. Project Management Journal，41(4)：4-16.

ANDERSEN E S，2010b. Rethinking project management–an organisational perspective[J]. Strategic Direction，26(3).

ANSAR A，FLYVBJERG B，BUDZIER A，et al，2016. Does infrastructure investment lead to economic growth or economic fragility? evidence from China[J]. Oxford Review of Economic Policy, 32(3)：360-390.

ASHFORTH B E，MAEL F，1989. Social identity theory and the organization[J]. Academy of Management Review，14(1)：20-39.

ASTRACHAN C B，PATEL V K，WANZENRIED G，2014. A comparative study of CB-SEM and PLS-SEM for theory development in family firm research[J]. Journal of Family Business Strategy，5(1)：116-128.

AUTRY C W，SKINNER L R，LAMB C W，2008. Interorganizational citizenship behaviors：an empirical study[J]. Journal of Business Logistics，29(2)：53-74.

AVOLIO B J，YAMMARINO F J，BASS B M，1991. Identifying common methods variance with data collected from a single source：an unresolved sticky issue[J]. Journal of Management，17(3)：571-587.

AVOLIO B J，BASS B M，JUNG D I，1999. Re-examining the components of transformational and transactional leadership using the multifactor leadership[J]. Journal of Occupational and Organizational Psychology，72(4)：441-462.

AVOLIO B J，WALUMBWA F O，WEBER T J，2009. Leadership：current theories，research，and future directions[J]. Annual Review of Psychology，60：421-449.

AZZONE G，NOCI G，MANZINI R，et al，1996. Defining environmental performance indicators：an integrated framework[J]. Business Strategy and the Environment，5(2)：69-80.

BANERJEE S B，IYER E S，KASHYAP R K，2003. Corporate environmentalism：antecedents and influence of industry type[J]. Journal of Marketing，67(2)：106-122.

BARLING J，LOUGHLIN C，KELLOWAY E K，2002. Development and test of a model linking. safety-specific transformational leadership and occupational safety[J]. Journal of Applied Psychology，87(3)：488.

BARTELS J，PETERS O，JONG M D，et al，2010. Horizontal and vertical communication as determinants of professional and organisational identification[J]. Personnel Review，39(2)：210-226.

BASS B M，1985. Leadership and performance beyond expectations[M]. New York：Free Press，

BASS B M，1988. The inspirational processes of leadership[J]. Journal of Management Development，7(5)：21-31.

BASS B M，AVOLIO B J，1990. Transformational leadership development：manual for the multifactor leadership questionnaire[M]. Palo Alto：Consulting Psychologists Press.

BASS B M，AVOLIO B J，1993. Transformational leadership and organizational culture[J]. Public Administration Quarterly，112-121.

BASS B M，1995. Theory of transformational leadership redux[J]. The Leadership Quarterly，6(4)：463-478.

BASS B M，AVOLIO B J，JUNG D I，et al，2003. Predicting unit performance by assessing transformational and transactional leadership[J]. Journal of Applied Psychology，88(2)：207.

BATEMAN T S，ORGAN D W，1983. Job satisfaction and the good soldier：the relationship between affect and employee ‘citizenship’[J]. Academy of Management Journal，26(4)：587-595.

BAYRAMOGLU S，2001. Partnering in construction：improvement through integration and collaboration[J]. Leadership and Management in Engineering，1(3)：39-43.

BEHLING O，MCFILLEN J M，1996. A syncretical model of charismatic/ transformational leadership[J]. Group & Organization Management，21(2)：163-191.

BERINGER C，JONAS D，KOCK A，2013. Behavior of internal stakeholders in project portfolio management and its impact on success[J]. International Journal of Project

Management，31(6)：830-846.

BERSON Y，LINTON J D，2005. An examination of the relationships between leadership style，quality，and employee satisfaction in R&D versus administrative environments[J]. R&D Management，35(1)：51-60.

BETTENCOURT L A，GWINNER K P，MEUTER M L，2001. A comparison of attitude，personality，and knowledge predictors of service-oriented organizational citizenship behaviors[J]. Journal of Applied Psychology，86(1)：29.

BETTS T K，WIENGARTEN F，TADISINA S K，2015. Exploring the impact of stakeholder pressure on environmental management strategies at the plant level：what does industry have to do with it?[J]. Journal of Cleaner Production，92：282-294.

BIESENTHAL C，CLEGG S，MAHALINGAM A，et al，2017. Applying institutional theories to managing megaprojects[J]. International Journal of Project Management.

BLATT R，2008. Organizational citizenship behavior of temporary knowledge employees[J]. Organization Studies，29(6)：849-866.

BLAU P M，1964. Exchange and power in social life[M]. New Jersey：Transaction Publishers.

BOCHNER S，HESKETH B，1994. Power distance，individualism/collectivism，and job-related attitudes in a culturally diverse work group[J]. Journal of Cross-cultural Psychology，25(2)：233-257.

BOIRAL O，2009. Greening the corporation through organizational citizenship behaviors[J]. Journal of Business Ethics，87(2)：221-236.

BOIRAL O，PAILLÉ P，2012. Organizational citizenship behavior for the environment: measurement and validation[J]. Journal of Business Ethics，109(4)：431-445.

BOIRAL O，TALBOT D，PAILLÉ P，2015. Leading by example：a model of organizational citizenship behavior for the environment[J]. Business Strategy and the Environment，24(6)：532-550.

BOIRAL O，RAINERI N，TALBOT D，2018. Managers' citizenship behaviors for the environment：a developmental perspective[J]. Journal of Business Ethics，149(2)：395-409.

BRAUN T，MÜLLER-SEITZ G，SYDOW J，2012. Project citizenship behavior?–an explorative analysis at the project-network-nexus[J]. Scandinavian Journal of

Management，28(4)：271-284.

BRAUN T，FERREIRA A I，SYDOW J，2013. Citizenship behavior and effectiveness in temporary organizations[J]. International Journal of Project Management，31(6)：862-876.

BREWER M B，1991. The social self：on being the same and different at the same time[J]. Personality and Social Psychology Bulletin，17(5)：475-482.

BRINK T，2017. Managing uncertainty for sustainability of complex projects[J]. International Journal of Managing Projects in Business，10(2)：315-329.

BROOKES N J，LOCATELLI G，2015. Power plants as megaprojects：using empirics to shape policy，planning and construction management[J]. Utilities Policy，36：57-66.

BURNS J M. 1978. Leadership[M]. New York：Harper and Row Publishers.

CAO D，LI H，WANG G，2014. Impacts of isomorphic pressures on BIM adoption in construction projects[J]. Journal of Construction Engineering and Management，140(12)：04014056.

CAO D, LI H, WANG G, et al，2017. Identifying and contextualising the motivations for BIM implementation in construction projects: an empirical study in China[J]. International Journal of Project Management, 35(4): 658-669.

CARMELI A，GILAT G，WALDMAN D A，2007. The role of perceived organizational performance in organizational identification，adjustment and job performance[J]. Journal of Management Studies，44(6)：972-992.

CHA J M，BORCHGREVINK C P，2017. Leader–member exchange (LMX) and frontline employees' service-oriented organizational citizenship behavior in the foodservice context：exploring the moderating role of work status[J]. International Journal of Hospitality & Tourism Administration，1-26.

CHANG A S，SHEN F Y，2013. Effectiveness of coordination methods in construction projects[J]. Journal of Management in Engineering，30(3)：04014008.

CHANG C L，2013. The relationship among power types，political games，game players，and information system project outcomes—a multiple-case study[J]. International Journal of Project Management，31(1)：57-67.

CHEN Z，EISENBERGER R，JOHNSON K M，et al，2009. Perceived organizational support and extra-role performance：which leads to which?[J]. The Journal of Social Psychology，

149(1)：119-124.

CHIANG C F，HSIEH T S，2012. The impacts of perceived organizational support and psychological empowerment on job performance：the mediating effects of organizational citizenship behavior[J]. International Journal of Hospitality Management，31(1)：180-190.

CHINOWSKY P，TAYLOR J E，2012. Networks in engineering：an emerging approach to project organization studies[J]. Engineering Project Organization Journal，2(1-2)：15-26.

CHO J，DANSEREAU F，2010. Are transformational leaders fair? a multi-level study of transformational leadership，justice perceptions，and organizational citizenship behaviors[J]. The Leadership Quarterly，21(3)：409-421.

CHRIST O，DICK R，WAGNER U，et al，2003. When teachers go the extra mile：foci of organisational identification as determinants of different forms of organisational citizenship behavior among schoolteachers[J]. British Journal of Educational Psychology，73(3)：329-341.

CLARKE N，2010. Emotional intelligence and its relationship to transformational leadership and key project manager competences[J]. Project Management Journal，41(2)：5-20.

COHEN A，2007. Commitment before and after：an evaluation and reconceptualization of organizational commitment[J]. Human Resource Management Review，17(3)：336-354.

COHEN J，COHEN P，WEST S G，et al，2013. Applied multiple regression/correlation analysis for the behavioral sciences[M]. New York：Routledge.

COLE M S，BRUCH H，2006. Organizational identity strength，identification，and commitment and their relationships to turnover intention：does organizational hierarchy matter?[J]. Journal of Organizational Behavior，27(5)：585-605.

COLEMAN V I，BORMAN W C，2000. Investigating the underlying structure of the citizenship performance domain[J]. Human Resource Management Review，10(1)：25-44.

COLWELL S R，JOSHI A W，2013. Corporate ecological responsiveness：antecedent effects of institutional pressure and top management commitment and their impact on organizational performance[J]. Business Strategy and the Environment，22(2)：73-91.

COYLE-SHAPIRO J A M，CONWAY N，2005. Exchange relationships：examining psychological contracts and perceived organizational support[J]. Journal of Applied Psychology，90(4)：774.

DADDI T，TESTA F，FREY M，et al，2016. Exploring the link between institutional pressures and environmental management systems effectiveness：an empirical study[J]. Journal of Environmental Management，183：647-656.

DAILY B F，BISHOP J W，GOVINDARAJULU N，2009. A conceptual model for organizational citizenship behavior directed toward the environment[J]. Business & Society，48(2)：243-256.

DANSEREAU F，GRAEN G，HAGA W J，1975. A vertical dyad linkage approach to leadership within formal organizations：a longitudinal investigation of the role making process[J]. Organizational Behavior and Human Performance，13(1)：46-78.

DAVIES A，GANN D，DOUGLAS T，2009. Innovation in megaprojects：systems integration at London heathrow terminal 5[J]. California Management Review，51(2)：101-125.

DE KOSTER R B M，STAM D，BALK B M，2011. Accidents happen：the influence of safety-specific transformational leadership，safety consciousness，and hazard reducing systems on warehouse accidents[J]. Journal of Operations Management，29(7)：753-765.

DE ROECK K，DELOBBE N，2012. Do environmental CSR initiatives serve organizations' legitimacy in the oil industry? exploring employees' reactions through organizational identification theory[J]. Journal of Business Ethics，110(4)：397-412.

DEICHMANN D，STAM D，2015. Leveraging transformational and transactional leadership to cultivate the generation of organization-focused ideas[J]. The Leadership Quarterly，26(2)：204-219.

DELMAS M A，TOFFEL M W，2008. Organizational responses to environmental demands：opening the black box[J]. Strategic Management Journal，29(10)：1027-1055.

DER VEGT G S V，DE VLIERT E V，OOSTERHOF A，2003. Informational dissimilarity and organizational citizenship behavior：the role of intrateam interdependence and team identification[J]. Academy of Management Journal，46(6)：715-727.

DIAMANTOPOULOS A，RIEFLER P，ROTH K P，2008. Advancing formative measurement models[J]. Journal of Business Research，61(12)：1203-1218.

DICK R V，GROJEAN M W，CHRIST O，et al，2006. Identity and the extra mile：relationships between organizational identification and organizational citizenship behaviour[J]. British Journal of Management，17(4)：283-301.

DIKMEN I, BIRGONUL M T, KIZILTAS S, 2005. Prediction of organizational effectiveness in construction companies[J]. Journal of Construction Engineering and Management, 131(2): 252-261.

DIMAGGIO P, POWELL W, 1983a. The iron cage revisited: institutional isomorphism and collective rationality[J]. American Sociological Review, 48(2): 147-160.

DIMAGGIO P, POWELL W W, 1983b. The iron cage revisited: institutional and in isomorphism and collective rationality[J]. American Sociological Review, 48(2): 147-160.

DIMITRIOU H T, HARMAN R, WARD E J, 2010. Incorporating principles of sustainable development within the design and delivery of major projects: an international study with particular reference to major infrastructure projects[J]. London: OMEGA Centre, University College London.

DING X, LI Q, ZHANG H, et al, 2017. Linking transformational leadership and work outcomes in temporary organizations: a social identity approach[J]. International Journal of Project Management, 35(4): 543-556.

DONEY P M, CANNON J P, MULLEN M R, 1998. Understanding the influence of national culture on the development of trust[J]. Academy of Management Review, 23(3): 601-620.

DORFMAN P W, HOWELL J P. 1988. Dimensions of national culture and effective leadership patterns : hofstede revisited[J] . Advances in International Comparative Management, 3(1): 127-150.

DUBEY R, GUNASEKARAN A, Ali S S, 2015. Exploring the relationship between leadership, operational practices, institutional pressures and environmental performance: a framework for green supply chain[J]. International Journal of Production Economics, 160: 120-132.

DUKERICH J M, GOLDEN B R, SHORTELL S M, 2002. Beauty is in the eye of the beholder: the impact of organizational identification, identity, and image on the cooperative behaviors of physicians[J]. Administrative Science Quarterly, 47(3): 507-533.

DVIR T, EDEN D, AVOLIO B J, et al, 2002. Impact of transformational leadership on follower development and performance: a field experiment[J]. Academy of Management Journal, 45(4): 735-744.

EDER P，EISENBERGER R，2008. Perceived organizational support：reducing the negative influence of coworker withdrawal behavior[J]. Journal of Management，34(1)：55-68.

EHRNROOTH M，KOVESHNIKOV A，2016. Leadership styles，power distance and follower emotional exhaustion[C]//Academy of Management Proceedings. (1)：18242.

EISENBERGER R，HUNTINGTON R，HUTCHISON S，et al，1986. Perceived organizational support[J]. Journal of Applied Psychology, 71(3): 500.

ELSAYED K，2006. Reexamining the expected effect of available resources and firm size on firm environmental orientation：an empirical study of UK firms[J]. Journal of Business Ethics，65(3)：297-308.

ELSEVIER，2017. Scopus content coverage guide[EB/OL]. (2017-08-02) [2016-01-31]. https://www.elsevier.com/_data/assets/pdf_file/0007/69451/0597_Scopus_Content_Coverage_guide_US_LETTER_V4_HI_singles_no_ticks. pdf.

EMERSON R M. 1972. Exchange theory，part I：a psychological basis for social exchange[J]. Sociological Theories in Progress，2：38-57.

EMERY C R，BARKER K J，2007. The effect of transactional and transformational leadership styles on the organizational commitment and job satisfaction of customer contact personnel[J]. Journal of Organizational Culture，Communications and Conflict，11(1)：77.

EVANS P，2004. Development as institutional change：the pitfalls of monocropping and the potentials of deliberation[J]. Studies in Comparative International Development，38(4)：30.

FARH J L，EARLEY P C，Lin S C，1997. Impetus for action：a cultural analysis of justice and organizational citizenship behavior in Chinese society[J]. Administrative Science Quarterly，421-444.

FARH J L，ZHONG C B，ORGAN D W，2004. Organizational citizenship behavior in the people's republic of China[J]. Organization Science，15(2)：241-253.

FIEDLER F E. 1951. Factor analyses of psychoanalytic，non-directive，and adlerian therapeutic relationships[J]. Journal of Consulting Psychology，15(1)：32.

FIELD A，2003. Discovering statistics using SPSS[M]. Thousand Oaks：Sage publications.

FLYVBJERG B，BRUZELIUS N，ROTHENGATTER W，2003. Megaprojects and risk：an anatomy of ambition[M]. Cambridge：Cambridge University Press.

FLYVBJERG B，2014. What you should know about megaprojects and why：an overview[J]. Project Management Journal，45(2)：6-19.

FLYVBJERG B，2017. The Oxford handbook of megaproject management[M]. Oxford：Oxford University Press.

FUERTES A，CASALS M，GANGOLELLS M，et al，2013. An environmental impact causal model for improving the environmental performance of construction processes[J]. Journal of Cleaner Production，52：425-437.

GEORGE D，MALLERY P，2011. SPSS for Windows Step by Step：a Simple Study Guide and Reference，17.0 Update[M]. Delhi：Pearson Education India.

GEORGE J M，JONES G R，1997. Organizational spontaneity in context[J]. Human Performance，10(2)：153-170.

GRAEN G B，UHL-BIEN M，1995. Relationship-based approach to leadership：development of leader-member exchange (LMX) theory of leadership over 25 years：applying a multi-level multi-domain perspective[J]. The Leadership Quarterly，6(2)：219-247.

GRAHAM J W, 1991. An essay on organizational citizenship behavior[J]. Employee Responsibilities and Rights Journal, 4(4): 249-270.

GRAVES L M，SARKIS J，ZHU Q，2013. How transformational leadership and employee motivation combine to predict employee proenvironmental behaviors in China[J]. Journal of Environmental Psychology，35：81-91.

GREEN S G，MITCHELL T R. 1979. Attributional processes of leaders in leader member interactions[J]. Organizational Behavior and Human Performance，23(3)：429-458.

GREENWALD D. 1982. Encyclopedia of Economics[M]. New York：McGraw-Hill Companies.

GREGORY B T，HARRIS S G，ARMENAKIS A A，et al，2009. Organizational culture and effectiveness：a study of values，attitudes，and organizational outcomes[J]. Journal of Business Research，62(7)：673-679.

GURT J，SCHWENNEN C，ELKE G，2011. Health-specific leadership：is there an association between leader consideration for the health of employees and their strain and well-being?[J]. Work & Stress，25(2)：108-127.

HAIR J F，RINGLE C M，SARSTEDT M，2011. PLS-SEM：indeed a silver bullet[J]. Journal of Marketing Theory & Practice，19(2)：139-152.

HAIR JR J F，HULT G T M，RINGLE C，et al，2016. A primer on partial least squares structural equation modeling (PLS-SEM)[M]. Thousand Oaks：Sage Publications.

HAIR J F，BLACK W C，BABIN B J，et al，2010. Multivariate Data Analysis, a Global Perspective[M]. New Jersey Pearson.

HANDA V，ADAS A，1996. Predicting the level of organizational effectiveness：a methodology for the construction firm[J]. Construction Management & Economics，14(4)：341-352.

HANISCH B，WALD A，2014. Effects of complexity on the success of temporary organizations：relationship quality and transparency as substitutes for formal coordination mechanisms[J]. Scandinavian Journal of Management，30(2)：197-213.

HANNAM R L，JIMMIESON N L，2002. The relationship between extra-role behaviors and job burnout for primary school teachers：a preliminary model and development of an organisational citizenship behavior scale[C]//2002 Annual Conference of the Australian Association for Research. AARE，1-17.

HARTOG D N，MUIJEN J J，KOOPMAN P L，1997. Transactional versus transformational leadership：an analysis of the MLQ[J]. Journal of Occupational and Organizational Psychology，70(1)：19-34.

HATER J J，BASS B M. 1988. Superiors' evaluations and subordinates' perceptions of transformational and transactional leadership[J]. Journal of Applied Psychology，73(4)：695.

HAYES A F，2013. Introduction to mediation，moderation，and conditional process analysis：a regression-based approach[M]. New York：Guilford Press.

HAYES S，2012. Complex project management global perspectives and the strategic agenda to 2025[R]. The Task Force Report. ICCPM.

HE Q，YANG D，LI Y，et al，2015. Research on multidimensional connotations of megaproject construction organization citizenship behavior[J]. Frontiers of Engineering Management，2(2)：148-153.

HE Q，DONG S，ROSE T，et al，2016. Systematic impact of institutional pressures on safety climate in the construction industry[J]. Accident Analysis & Prevention，93：230-239.

HE Q, WANG G, LUO L, et al, 2017. Mapping the managerial areas of building information modeling(BIM) using scientometric analysis[J]. International Journal of Project Management, 35(4): 670-685.

HERSEY P, BLANCHARD K H. 1969. Life cycle theory of leadership[J]. Training & Development Journal.

HIETAJÄRVI A M, HIETAJÄRVI A M, AALTONEN K, et al, 2017. Managing integration in infrastructure alliance projects: dynamics of integration mechanisms[J]. International Journal of Managing Projects in Business, 10(1): 5-31.

HO F N, WANG H M D, VITELL S J, 2012. A global analysis of corporate social performance: the effects of cultural and geographic environments[J]. Journal of Business Ethics, 107(4): 423-433.

HOCHWARTER W A, KACMAR C, PERREWE P L, et al, 2003. Perceived organizational support as a mediator of the relationship between politics perceptions and work outcomes[J]. Journal of Vocational Behavior, 63(3): 438-456.

HOELTER J W. 1983. The effects of role evaluation and commitment on identity salience[J]. Social Psychology Quarterly, 140-147.

HOFMANN D A, MORGESON F P, GERRAS S J, 2003. Climate as a moderator of the relationship between leader-member exchange and content specific citizenship: safety climate as an exemplar[J]. Journal of Applied Psychology, 88(1): 170.

HOFMAN P S, NEWMAN A, 2014. The impact of perceived corporate social responsibility on organizational commitment and the moderating role of collectivism and masculinity: evidence from China[J]. The International Journal of Human Resource Management, 25(5): 631-652.

HOGG M A, 2000. Subjective uncertainty reduction through self-categorization: a motivational theory of social identity processes[J]. European Review of Social Psychology, 11(1): 223-255.

HOGG M A, REID S A, 2006. Social identity, self-categorization, and the communication of group norms[J]. Communication Theory, 16(1): 7-30.

HOMANS G C. 1958. Social behavior as exchange[J]. American Journal of Sociology, 63(6): 597-606.

HON C K H，CHAN A P C，YAM M C H，2013. Determining safety climate factors in the repair，maintenance，minor alteration，and addition sector of Hong Kong[J]. Journal of Construction Engineering & Management，139(5)：519-528.

HOUSE R J. 1971. A path goal theory of leader effectiveness[J]. Administrative Science Quarterly，321-339.

HOWELL J M，HALL-MERENDA K E，1999. The ties that bind：the impact of leader-member exchange，transformational and transactional leadership，and distance on predicting follower performance[J]. Journal of Applied Psychology，84(5)：680.

HU Y，CHAN A P C，LE Y，et al，2011. Improving megasite management performance through incentives：lessons learned from the Shanghai Expo construction[J]. Journal of Management in Engineering，28(3)：330-337.

HU Y，CHAN A P C，LE Y，et al，2013. From construction megaproject management to complex project management：bibliographic analysis[J]. Journal of Management in Engineering，31(4)：04014052.

HU Y，CHAN A P C，LE Y，2015. Understanding the determinants of program organization for construction megaproject success：case study of the Shanghai Expo construction[J]. Journal of Management in Engineering，31(5)：05014019.

HU Y，CHAN A P C，LE Y，et al，2016. Developing a program organization performance index for delivering construction megaprojects in China：fuzzy synthetic evaluation analysis[J]. Journal of Management in Engineering，32(4)：05016007.

HUNT J G. Leadership：a New Synthesis[M]. Sage Publications，Inc，1991.

IKA L A，DIALLO A，THUILLIER D，2012. Critical success factors for world bank projects：an empirical investigation[J]. International Journal of Project Management，30(1)：105-116.

ILINITCH A Y，SODERSTROM N S，THOMAS T E，1998. Measuring corporate environmental performance[J]. Journal of Accounting and Public Policy，17(4-5)：383-408.

INVERNIZZI D C，LOCATELLI G，BROOKES N J，2017. Managing social challenges in the nuclear decommissioning industry：a responsible approach towards better performance[J]. International Journal of Project Management.

ISO，2004. Environmental management systems：general guidelines on principles，systems and supporting techniques[N].

JACKSON C L，COLQUITT J A，WESSON M J，et al，2006. Psychological collectivism：a measurement validation and linkage to group member performance[J]. Journal of Applied Psychology，91(4)：884.

JAUSSI K S，DIONNE S D，2003. Leading for creativity：the role of unconventional leader behavior[J]. The Leadership Quarterly，14(4)：475-498.

JOHNS G，2006. The essential impact of context on organizational behavior[J]. Academy of Management Review，31(2)：386-408.

JUDGE T A，PICCOLO R F，2004. Transformational and transactional leadership：a meta-analytic test of their relative validity[J]. Journal of Applied Psychology，89(5)：755.

JUDGE W Q，DOUGLAS T J，1998. Performance implications of incorporating natural environmental issues into the strategic planning process：an empirical assessment[J]. Journal of Management Studies，35(2)：241-262.

JUNG D I，AVOLIO B J，2000. Opening the black box：an experimental investigation of the mediating effects of trust and value congruence on transformational and transactional leadership[J]. Journal of Organizational Behavior，949-964.

JUNG D I，2001. Transformational and transactional leadership and their effects on creativity in groups[J]. Creativity Research Journal，13(2)：185-195.

JUNG E J，KIM J S，RHEE S K，2001. The measurement of corporate environmental performance and its application to the analysis of efficiency in oil industry[J]. Journal of Cleaner Production，9(6)：551-563.

KASSAB M，HIPEL K，HEGAZY T，2006. Conflict resolution in construction disputes using the graph model[J]. Journal of Construction Engineering and Management，132(10)：1043-1052.

KAULIO M A，2008. Project leadership in multi-project settings：findings from a critical incident study[J]. International Journal of Project Management，26(4)：338-347.

KENT A，CHELLADURAI P，2001. Perceived transformational leadership，organizational commitment，and citizenship behavior：a case study in intercollegiate athletics[J]. Journal of Sport Management，15(2)：135-159.

KEOGH P D，POLONSKY M J，1998. Environmental commitment：a basis for environmental entrepreneurship?[J]. Journal of Organizational Change Management, 11(1): 38-49.

KIM H J, REINSCHMIDT K F, 2011. Market structure and organizational performance of construction organizations[J]. Journal of Management in Engineering, 28(2): 212-220.

KIM H R, LEE M, LEE H T, et al, 2010. Corporate social responsibility and employee–company identification[J]. Journal of Business Ethics, 95(4): 557-569.

KIM K Y, EISENBERGER R, BAIK K, 2016. Perceived organizational support and affective organizational commitment : moderating influence of perceived organizational competence[J]. Journal of Organizational Behavior, 37(4): 558-583.

KIM S, 2006. Public service motivation and organizational citizenship behavior in Korea[J]. International Journal of Manpower, 27(8): 722-740.

KISSI J, DAINTY A, TUULI M, 2013. Examining the role of transformational leadership of portfolio managers in project performance[J]. International Journal of Project Management, 31(4): 485-497.

KLEIN H J, MOLLOY J C, BRINSFIELD C T, 2012. Reconceptualizing workplace commitment to redress a stretched construct: revisiting assumptions and removing confounds[J]. Academy of Management Review, 37(1): 130-151.

KLINE R B, 2015. Principles and Practice of Structural Equation Modeling[M]. New York: Guilford Publications.

KRAUSE D E, 2004. Influence-based leadership as a determinant of the inclination to innovate and of innovation-related behaviors: an empirical investigation[J]. The Leadership Quarterly, 15(1): 79-102.

KURTESSIS J N, EISENBERGER R, FORD M T, et al, 2017. Perceived organizational support: a meta-analytic evaluation of organizational support theory[J]. Journal of Management, 43(6): 1854-1884.

KYLINDRI S, BLANAS G, HENRIKSEN L, et al, 2012. Measuring project outcomes: a review of success effectiveness variables[C]//Management of International Business and Economic Systems Conference, 212-223.

LAMM E, TOSTI-KHARAS J, WILLIAMS E G, 2013. Read this article, but don't print it: organizational citizenship behavior toward the environment[J]. Group & Organization Management, 38(2): 163-197.

LAWLER E E，WORLEY C G，2007. Built to Change：How to Achieve Sustained Organizational Effectiveness[M]. Jossey-Bass.

LEE C，PILLUTLA M，LAW K S，2000. Power-distance，gender and organizational justice[J]. Journal of Management，26(4)：685-704.

LEFEBVRE É，LEFEBVRE L A，TALBOT S，2003. Determinants and impacts of environmental performance in SMEs[J]. R&D Management，33(3)：263-283.

LEITHWOOD K，1994. Leadership for school restructuring[J]. Educational Administration Quarterly，30(4)：498-518.

LEUNG K，2012. Handbook of Chinese organizational behavior：integrating theory，research and practice[M]. Massachusetts：Edward Elgar Publishing.

LEVITT R E，THOMSEN J，CHRISTIANSEN T R，et al，1999. Simulating project work processes and organizations：toward a micro-contingency theory of organizational design[J]. Management Science，45(11)：1479-1495.

LEVITT R E，2004. Computational modeling of organizations comes of age[J]. Computational & Mathematical Organization Theory，10(2)：127-145.

LEVITT R E，2011. Towards project management 2.0[J]. Engineering Project Organization Journal，1(3)：197-210.

LEWIN K. 1926. Vorsatz，wille und bedürfnis[M]. Berlin Heidelberg：Springer.

LI Y，LU Y，KWAK Y H，et al，2011. Social network analysis and organizational control in complex projects：construction of EXPO 2010 in China[J]. Engineering Project Organization Journal，1(4)：223-237.

LI X H，LIANG X，2015. A confucian social model of political appointments among Chinese private-firm entrepreneurs[J]. Academy of Management Journal，58(2)：592-617.

LIDEN R C，SPARROWE R T，WAYNE S J，1997. Leader-member exchange theory：the past and potential for the future[J]. Research in Personnel and Human Resources Management，15：47-120.

LIM B T H，LOOSEMORE M，2017. The effect of inter-organizational justice perceptions on organizational citizenship behaviors in construction projects[J]. International Journal of Project Management，35(2)：95-106.

LIN K W，HUANG K P，2014. Moral judgment and ethical leadership in Chinese management：the role of confucianism and collectivism[J]. Quality & Quantity，48(1)：37-47.

LIU S，LIAO J，2013. Transformational leadership and speaking up：power distance and structural distance as moderators[J]. Social Behavior & Personality：An International Journal，41(10)：1747-1756.

LIU X，LIU B，SHISHIME T，et al，2010. An empirical study on the driving mechanism of proactive corporate environmental management in China[J]. Journal of Environmental Management，91(8)：1707-1717.

LO S H，PETERS G J Y，KOK G，2012. A review of determinants of and interventions for proenvironmental behaviors in organizations[J]. Journal of Applied Social Psychology，42(12)：2933-2967.

LOCATELLI G，MANCINI M，2010. Risk management in a mega-project：the universal EXPO 2015 case[J]. International Journal of Project Organisation and Management，2(3)：236-253.

LOCATELLI G，MANCINI M，2012a. Looking back to see the future：building nuclear power plants in Europe[J]. Construction Management and Economics，30(8)：623-637.

LOCATELLI G，MANCINI M，2012b. A framework for the selection of the right nuclear power plant[J]. International Journal of Production Research，50(17)：4753-4766.

LOCATELLI G，LITTAU P，BROOKES N J，et al，2014. Project characteristics enabling the success of megaprojects：an empirical investigation in the energy sector[J]. Procedia-Social and Behavioral Sciences，119：625-634.

LOCATELLI G，MARIANI G，SAINATI T，et al，2017a. Corruption in public projects and megaprojects：there is an elephant in the room![J]. International Journal of Project Management，35(3)：252-268.

LOCATELLI G，INVERNIZZI D C，BROOKES N J，2017b. Project characteristics and performance in Europe：an empirical analysis for large transport infrastructure projects[J]. Transportation Research Part A：Policy and Practice，98：108-122.

LOI R，HANG-YUE N，FOLEY S，2006. Linking employees' justice perceptions to organizational commitment and intention to leave：the mediating role of perceived organizational support[J]. Journal of Occupational and Organizational Psychology，79(1)：

101-120.

LOPEZ DEL PUERTO C，SHANE J S，2013. Keys to success in megaproject management in Mexico and the United States：case study[J]. Journal of Construction Engineering and Management，140(4)：B5013001.

LU Y，LUO L，Wang H，et al，2015. Measurement model of project complexity for large-scale projects from task and organization perspective[J]. International Journal of Project Management，33(3)：610-622.

LUO L，HE Q，XIE J，et al，2016. Investigating the relationship between project complexity and success in complex construction projects[J]. Journal of Management in Engineering，33(2)：04016036.

MA H，ZENG S，LIN H，et al，2017. The societal governance of megaproject social responsibility[J]. International Journal of Project Management，35(7)：1365-1377.

MACKINNON D P，LOCKWOOD C M，WILLIAMS J，2004. Confidence limits for the indirect effect：distribution of the product and resampling methods[J]. Multivariate Behavioral Research，39(1)：99-128.

MAIER E R，BRANZEI O，2014. 'On time and on budget' harnessing creativity in large scale projects[J]. International Journal of Project Management，32(7)：1123-1133.

MARREWIJK A V，CLEGG S R，PITSIS T S，et al，2008. Managing public–private megaprojects：paradoxes，complexity，and project design[J]. International Journal of Project Management，26(6)：591-600.

MARTINS L L，EDDLESTON K A，VEIGA J F，2002. Moderators of the relationship between work-family conflict and career satisfaction[J]. Academy of Management Journal，45(2)：399-409.

MAX R，ESTEBAN O，2017. Future world population growth[EB/OL]. (2017-09-03) [2017-04-01]. https://ourworldindata.org/world-population-growth/.

MAYES B T，FINNEY T G，JOHNSON T W，et al，2017. The effect of human resource practices on perceived organizational support in the People's Republic of China[J]. The International Journal of Human Resource Management，28(9)：1261-1290.

MAYLOR H，VIDGEN R，CARVER S，2008. Managerial complexity in project - based operations：a grounded model and its implications for practice[J]. Project Management

Journal，39(S1)：15-26.

MCCLESKEY J A，2014. Situational，transformational，and transactional leadership and leadership development[J]. Journal of Business Studies Quarterly，5(4)：117.

MEYER J P，HERSCOVITCH L，2001. Commitment in the workplace：toward a general model[J]. Human Resource Management Review，11(3)：299-326.

MEYER J W，ROWAN B. 1977. Institutionalized organizations：formal structure as myth and ceremony[J]. American Journal of Sociology，83(2)：340-363.

MILFONT T L，2009. The effects of social desirability on self-reported environmental attitudes and ecological behavior[J]. The Environmentalist，29(3)：263-269.

MOLLE F，FLOCH P，2008. Megaprojects and social and environmental changes：the case of the Thai 'Water Grid'[J]. AMBIO：A Journal of the Human Environment，37(3)：199-204.

MONTABON F，MORROW P C，CANTOR D E，2016. Promoting environmental citizenship behavior[J]. International Journal of Integrated Supply Management，10(1)：63-88.

MOORMAN R H，BLAKELY G L，1995. Individualism-collectivism as an individual difference predictor of organizational citizenship behavior[J]. Journal of Organizational Behavior，16(2): 127-142.

MORHART F M，HERZOG W，TOMCZAK T，2009. Brand-specific leadership：turning employees into brand champions[J]. Journal of Marketing，73(5)：122-142.

MORRIS M H，DAVIS D L，ALLEN J W，1994. Fostering corporate entrepreneurship：cross-cultural comparisons of the importance of individualism versus collectivism[J]. Journal of International Business Studies，65-89.

MORRIS P W G，2013. Reconstructing project management[M]. Hoboken：John Wiley & Sons.

MÜLLER D，JUDD C M，YZERBYT V Y，2005. When moderation is mediated and mediation is moderated[J]. Journal of Personality and Social Psychology，89(6): 852.

MÜLLER R，TURNER R，2010. Leadership competency profiles of successful project managers[J]. International Journal of Project Management，28(5)：437-448.

MÜLLER R，GERALDI J，TURNER J R，2012. Relationships between leadership and success in different types of project complexities[J]. IEEE Transactions on Engineering

Management，59(1)：77-90.

NAUMAN S，KHAN A M，EHSAN N，2010. Patterns of empowerment and leadership style in project environment[J]. International Journal of Project Management，28(7)：638-649.

NEWMAN A，NIELSEN I，MIAO Q，2015. The impact of employee perceptions of organizational corporate social responsibility practices on job performance and organizational citizenship behavior：evidence from the Chinese private sector[J]. The International Journal of Human Resource Management，26(9)：1226-1242.

NGUNI S，SLEEGERS P，DENESSEN E，2006. Transformational and transactional leadership effects on teachers' job satisfaction，organizational commitment，and organizational citizenship behavior in primary schools：the Tanzanian case[J]. School Effectiveness and School Improvement，17(2)：145-177.

NING Y，LING F Y Y，2013. Reducing hindrances to adoption of relational behaviors in public construction projects[J]. Journal of Construction Engineering and Management，139(11)：04013017.

NISKANEN W A. The soft infrastructure of a market economy[J]. Cato Journal，1991，11：233.

NORTON T A，ZACHER H，ASHKANASY N M，2014. Organisational sustainability policies and employee green behavior：the mediating role of work climate perceptions[J]. Journal of Environmental Psychology，38：49-54.

O'REILLY C A，CHATMAN J. 1986. Organizational commitment and psychological attachment：the effects of compliance，identification，and internalization on prosocial behavior[J]. Journal of Applied Psychology，71(3)：492.

OCHIENG WALUMBWA F，WU C，OJODE L A，2004. Gender and instructional outcomes：the mediating role of leadership style[J]. Journal of Management Development，23(2)：124-140.

OLANIRAN O J，LOVE P E D，EDWARDS D，et al，2015. Cost overruns in hydrocarbon megaprojects：a critical review and implications for research[J]. Project Management Journal，46(6)：126-138.

ONES D S，DILCHERT S，2012. Environmental sustainability at work：a call to action[J]. Industrial and Organizational Psychology，5(4)：444-466.

OPLATKA I，2006. Going beyond role expectations：toward an understanding of the determinants and components of teacher organizational citizenship behavior[J]. Educational Administration Quarterly，42(3)：385-423.

ORGAN D W. 1988. Organizational citizenship behavior：the good soldier syndrome[M]. Lexington：DC Heath and Com.

ORGAN D W，1997. Organizational citizenship behavior：it's construct clean-up time[J]. Human Performance，10(2)：85-97.

ORGAN D W，PODSAKOFF P M，MACKENZIE S B，2005. Organizational citizenship behavior：its nature，antecedents，and consequences[M]. Thousand Oaks：Sage Publications.

PAILLÉ P，2009. Assessing organizational citizenship behavior in the French context：evidence for the four-dimensional model[J]. The Journal of Psychology，143(2)：133-146.

PAILLÉ P，BOIRAL O，CHEN Y，2013a. Linking environmental management practices and organizational citizenship behavior for the environment：a social exchange perspective[J]. The International Journal of Human Resource Management，24(18)：3552-3575.

PAILLÉ P，BOIRAL O，2013b. Pro-environmental behavior at work：construct validity and determinants[J]. Journal of Environmental Psychology，36：118-128.

PAILLÉ P，CHEN Y，BOIRAL O，et al，2014a. The impact of human resource management on environmental performance：an employee-level study[J]. Journal of Business Ethics，121(3)：451-466.

PAILLÉ P，MEJÍA-MORELOS J H，2014b. Antecedents of pro-environmental behaviors at work：the moderating influence of psychological contract breach[J]. Journal of Environmental Psychology，38：124-131.

PAILLÉ P，RAINERI N，2015. Linking perceived corporate environmental policies and employees eco-initiatives：the influence of perceived organizational support and psychological contract breach[J]. Journal of Business Research，68(11)：2404-2411.

PELLEGRINELLI S，PARTINGTON D，HEMINGWAY C，et al，2007. The importance of context in programme management：an empirical review of programme practices[J]. International Journal of Project Management，25(1)：41-55.

PETERS B G，2011. Institutional Theory in Political Science：the New Institutionalism[M].

New York：Bloomsbury Publishing.

PHAN T N，BAIRD K，2015. The comprehensiveness of environmental management systems：the influence of institutional pressures and the impact on environmental performance[J]. Journal of Environmental Management，160：45-56.

PIETERSE A N，VAN KNIPPENBERG D，SCHIPPERS M，et al，2010. Transformational and transactional leadership and innovative behavior：the moderating role of psychological empowerment[J]. Journal of Organizational Behavior，31(4)：609-623.

PILLAI R，SCHRIESHEIM C A，Williams E S，1999. Fairness perceptions and trust as mediators for transformational and transactional leadership：a two-sample study[J]. Journal of Management，25(6)：897-933.

PODSAKOFF P M，MACKENZIE S B，Moorman R H，et al，1990. Transformational leader behaviors and their effects on followers' trust in leader，satisfaction，and organizational citizenship behaviors[J]. The Leadership Quarterly，1(2)：107-142.

PODSAKOFF P M，MACKENZIE S B，1994. Organizational citizenship behaviors and sales unit effectiveness[J]. Journal of Marketing Research，351-363.

PODSAKOFF P M，MACKENZIE S B，1997. Impact of organizational citizenship behavior on organizational performance：a review and suggestion for future research[J]. Human Performance，10(2)：133-151.

PODSAKOFF P M，MACKENZIE S B，PAINE J B，et al，2000. Organizational citizenship behaviors：a critical review of the theoretical and empirical literature and suggestions for future research[J]. Journal of Management，26(3)：513-563.

PODSAKOFF P M，MACKENZIE S B，Lee J Y，et al，2003. Common method biases in behavioral research：a critical review of the literature and recommended remedies[J]. Journal of Applied Psychology，88(5)：879.

POWELL W W，DIMAGGIO，P J 2012. The New Institutionalism in Organizational Analysis[M]. Chicago：University of Chicago Press.

PRAJOGO D，TANG A K Y，LAI K，2012. Do firms get what they want from ISO 14001 Adoption? an Australian perspective[J]. Journal of Cleaner Production，33：117-126.

PURBA D E，OOSTROM J K，DER MOLEN H T V，et al，2015. Personality and organizational citizenship behavior in Indonesia：the mediating effect of affective commitment[J]. Asian Business & Management, 14(2): 147-170.

QIAN Z, 2013. Master plan, plan adjustment and urban development reality under China's market transition: a case study of Nanjing[J]. Cities, 30: 77-88.

QIU J, 2007. Environment: riding on the roof of the world[J]. Nature, 449(7161): 398-402.

RAHMAN N, Post C, 2012. Measurement issues in environmental corporate social responsibility (ECSR): toward a transparent, reliable, and construct valid instrument[J]. Journal of Business Ethics, 105(3): 307-319.

RAINERI N, PAILLÉ P, 2016. Linking corporate policy and supervisory support with environmental citizenship behaviors: the role of employee environmental beliefs and commitment[J]. Journal of Business Ethics, 137(1): 129.

RANASINGHE U, RUWANPURA J, 2012. Continuous process planning and controlling techniques for construction productivity performance enhancement[C]//Construction Research Congress 2012: Construction Challenges in a Flat World, 310-320.

RANDALL D M, FEDOR D B, LONGENECKER C O, 1990. The behavioral expression of organizational commitment[J]. Journal of Vocational Behavior, 36(2): 210-224.

RANK J, NELSON N E, ALLEN T D, et al, 2009. Leadership predictors of innovation and task performance: subordinates' self-esteem and self-presentation as moderators[J]. Journal of Occupational and Organizational Psychology, 82(3): 465-489.

RAO P, LA O'CASTILLO O, INTAL P S, et al, 2006. Environmental indicators for small and medium enterprises in the Philippines: an empirical research[J]. Journal of Cleaner Production, 14(5): 505-515.

RIGGLE R J, EDMONDSON D R, Hansen J D, 2009. A meta-analysis of the relationship between perceived organizational support and job outcomes: 20 years of research[J]. Journal of Business Research, 62(10): 1027-1030.

RIKETTA M, DICK R V, 2005. Foci of attachment in organizations: a meta-analytic comparison of the strength and correlates of workgroup versus organizational identification and commitment[J]. Journal of Vocational Behavior, 67(3): 490-510.

RIKHARDSSON P M, 1998. Information systems for corporate environmental management accounting and performance measurement[J]. Greener Management International, 51-51.

RINGLE C M, SARSTEDT M, STRAUB D W, 2012. Editor's comments: a critical look at the use of PLS-SEM in MIS quarterly[J]. MIS Quarterly，36(1)：3-14.

ROBBINS C J，BRADLEY E H，SPICER M，et al，2001. Developing leadership in healthcare administration：a competency assessment tool/practitioner application[J]. Journal of Healthcare Management，46(3)：188.

ROBERTSON J L，BARLING J，2013. Greening organizations through leaders' influence on employees' pro-environmental behaviors[J]. Journal of Organizational Behavior，34(2)：176-194.

ROBERTSON J L，BARLING J，2017. Toward a new measure of organizational environmental citizenship behavior[J]. Journal of Business Research，75：57-66.

RUUSKA I，AHOLA T，ARTTO K，et al，2011. A new governance approach for multi-firm projects：lessons from Olkiluoto 3 and Flamanville 3 nuclear power plant projects[J]. International Journal of Project Management，29(6)：647-660.

SADEH A，DVIR D，MALACH-PINES A，2006. Projects and project managers：the relationship between project managers' personality，project types，and project success[J]. Project Management Journal，36-48.

SAINATI T，LOCATELLI G，BROOKES N，2017. Special purpose entities in megaprojects：empty boxes or real companies? an ontological analysis[J]. Project Management Journal，48(2)：55-73.

SAUNDERS M，LEWIS P，THORNHILL A，2009. Research Methods for Business Students[M]. Pearson Education.

SCHANINGER W S，TURNIPSSED D L，2005. The workplace social exchange network：its effect on organizational citizenship behavior，contextual performance，job[J]. Handbook of Organizational Citizenship Behavior：A Review of 'Good Solder' Activity in Organizations. New York：Novasciences Publisher，209-242.

SCOTT W R，RAYMOND E L，RYAN J O，2011. Global projects：institutional and political challenges[M]. Cambridge：Cambridge University Press.

SCOTT W R，2012. The institutional environment of global project organizations[J]. Engineering Project Organization Journal，2(1-2)：27-35.

SCOTT-YOUNG C，SAMSON D，2008. Project success and project team management：evidence from capital projects in the process industries[J]. Journal of Operations

Management，26(6)：749-766.

SELZNICK P，1996. Institutionalism ‘old’ and ‘new’[J]. Administrative Science Quarterly，270-277.

SERGIOVANNI T J，1990. Adding value to leadership gets extraordinary results[J]. Educational Leadership，47(8)：23-27.

SHANOCK L R，Eisenberger R，2006. When supervisors feel supported：relationships with subordinates' perceived supervisor support，perceived organizational support，and performance[J]. Journal of Applied Psychology，91(3)：689.

SHEN F Y，CHANG A S，2010. Exploring coordination goals of construction projects[J]. Journal of Management in Engineering，27(2)：90-96.

SHEN L，WU Y，ZHANG X，2010. Key assessment indicators for the sustainability of infrastructure projects[J]. Journal of Construction Engineering and Management，137(6)：441-451.

SHOKRI S，HAAS C T，HAAS R C G，et al，2015. Interface-management process for managing risks in complex capital projects[J]. Journal of Construction Engineering and Management，142(2)：04015069.

SIMS H P，FARAJ S，YUN S，2009. When should a leader be directive or empowering? how to develop your own situational theory of leadership[J]. Business Horizons，52(2)：149-158.

SINHA S K，MCKIM R A，2000. Artificial neural network for measuring organizational effectiveness[J]. Journal of Computing in Civil Engineering，14(1)：9-14.

SKIPPER C O，BELL L C，2006. Assessment with 360 evaluations of leadership behavior in construction project managers[J]. Journal of Management in Engineering，22(2)：75-80.

SMIDTS A，PRUYN A T H，VAN RIEL C B M，2001，The impact of employee communication and perceived external prestige on organizational identification[J]. Academy of Management Journal，44(5)：1051-1062.

SMITH C A，ORGAN D W，NEAR J P. 1983. Organizational citizenship behavior：its nature and antecedents[J]. Journal of Applied Psychology，68(4)：653.

SOLOMON S，GREENBERG J，PYSZCZYNSKI T，1991. A terror management theory of social behavior：the psychological functions of self-esteem and cultural worldviews[J].

Advances in Experimental Social Psychology，24：93-159.

SOTIRIOU D，WITTMER D，2001. Influence methods of project managers：perceptions of team members and project managers[J]. Project Management Journal，32(3)：12-20.

SOWA J E，SELDEN S C，SANDFORT J R，2004. No longer unmeasurable? a multidimensional integrated model of nonprofit organizational effectiveness[J]. Nonprofit and Voluntary Sector Quarterly，33(4)：711-728.

SPARKS B A，PERKINS H E，BUCKLEY R，2013. Online travel reviews as persuasive communication：the effects of content type，source，and certification logos on consumer behavior[J]. Tourism Management，39：1-9.

STERN P C，DIETZ T，ABEL T，et al，1999. A value-belief-norm theory of support for social movements: the case of environmentalism[J]. Human Ecology Review, 81-97.

STEVENSON A，2010. Oxford English Dictionary[M]. Oxford：Oxford University Press.

STOGDILL R M. 1948. Personal factors associated with leadership：a survey of the literature[J]. The Journal of Psychology，25(1)：35-71.

SUK S，LIU X，SUDO K，2013. A survey study of energy saving activities of industrial companies in the Republic of Korea[J]. Journal of Cleaner Production，41：301-311.

SUNDARARAJAN S K，TSENG C L，2017. Managing project performance risks under uncertainty：using a dynamic capital structure approach in infrastructure project financing[J]. Journal of Construction Engineering and Management，143(8)：04017046.

SZENTES H，ERIKSSON P E，2015. Paradoxical organizational tensions between control and flexibility when managing large infrastructure projects[J]. Journal of Construction Engineering and Management，142(4)：05015017.

TABISH S Z S，JHA K N，2012. The impact of anti-corruption strategies on corruption free performance in public construction projects[J]. Construction Management and Economics，30(1)：21-35.

TAJFEL H，1978. Intergroup Behavior in Introducing Social Psychology[M]. NY: Penguin Books，401-466.

TAJFEL H，1982. Social psychology of intergroup relations[J]. Annual Review of Psychology，33(1)：1-39.

TAJFEL H，TURNER J，1986. The Social Identity Theory of Intergroup Behavior[C]//

Worchel，Austin W G. Psychology of Intergroup Relations. Chicago: Nelson Hall.

TESTA F，BOIRAL O，RIALTO F，2018. Internalization of environmental practices and institutional complexity：can stakeholders pressures encourage green washing?[J]. Journal of Business Ethics，147(2)：287-307.

THAMHAIN H，2013. Managing risks in complex projects[J]. Project Management Journal，44(2)：20-35.

THIBAUT J W，KELLEY H H 1959. The social psychology of groups[M]. New York：John Wiley.

TOHIDI H，2011. Teamwork productivity & effectiveness in an organization base on rewards，leadership，training，goals，wage，size，motivation，measurement and information technology[J]. Procedia Computer Science，3：1137-1146.

TRUMPP C，ENDRIKAT J，ZOPF C，et al，2015. Definition，conceptualization，and measurement of corporate environmental performance：a critical examination of a multidimensional construct[J]. Journal of Business Ethics，126(2)：185-204.

TUNG A，BAIRD K，SCHOCH H，2014. The relationship between organisational factors and the effectiveness of environmental management[J]. Journal of Environmental Management，144：186-196.

TURKER D，2009a. Measuring corporate social responsibility：a scale development study[J]. Journal of Business Ethics，85(4)：411-427.

TURKER D，2009b. How corporate social responsibility influences organizational commitment[J]. Journal of Business Ethics，89(2)：189-204.

TURNER J H. 1978. The structure of sociological theory[M]. Homewood，IL：Dorsey Press.

TURNER J R，MÜLLER R，2005. The project manager's leadership style as a success factor on projects：a literature review[J]. Project Management Journal，36(2)：49-61.

TURNER J C，2010. Social Categorization and the Self-concept: a Social Cognitive Theory of Group Behavior[C]//Lawler E J. Advances in Group Processes: Theory and Research. New York：Psychology Press.

TURNER R，ZOLIN R，2012. Forecasting success on large projects：developing reliable scales to predict multiple perspectives by multiple stakeholders over multiple time frames[J]. Project Management Journal，43(5)：87-99.

UEDA Y，2011. Organizational citizenship behavior in a Japanese organization：the effects of job involvement，organizational commitment，and collectivism[J]. Journal of Behavioral Studies in Business，4：1.

UHL-BIEN M，MARION R，2009. Complexity leadership in bureaucratic forms of organizing：a meso model[J]. The Leadership Quarterly，20(4)：631-650.

VAN DYNE L，GRAHAM J W，DIENESCH R M，1994. Organizational citizenship behavior：construct redefinition，measurement，and validation[J]. Academy of Management Journal，37(4)：765-802.

VAN SCOTTER J R，MOTOWIDLO S J，1996. Interpersonal facilitation and job dedication as separate facets of contextual performance[J]. Journal of Applied Psychology，81(5)：525.

VAN DER VEGT G S，VAN DE VLIERT E，OOSTERHOF A，2003. Informational dissimilarity and organizational citizenship behavior: The role of intrateam interdependence and team identification [J]. Academy of Management Journal，46(6)：715-727.

VAN DICK R，GROJEAN M W，CHRIST O，et al，2006. Identity and the extra mile：relationships between organizational identification and organizational citizenship behavior[J]. British Journal of Management，17(4)：283-301.

VAN MARREWIJK A，CLEGG S R，PITSIS T S，et al，2008. Managing public–private megaprojects：paradoxes，complexity，and project design [J]. International Journal of Project Management，26(6)：591-600.

VROOM V H，YETTON P W. 1973. Leadership and decision-making[M]. Pittsburgh：University of Pittsburgh Press.

WAGNER M，SCHALTEGGER S，WEHRMEYER W，2001. The relationship between the environmental and economic performance of firms[J]. Greener Management International, 34(2)：95-108.

WALDMAN D A，RAMIREZ G G，HOUSE R J，et al，2001. Does leadership matter? CEO leadership attributes and profitability under conditions of perceived environmental uncertainty[J]. Academy of Management Journal，44(1)：134-143.

WALKER D H T，LLOYD-WALKER B M，2016. Understanding the motivation and context for alliancing in the Australian construction industry[J]. International Journal of Managing

Projects in Business，9(1)：74-93.

WALUMBWA F O，WU C，ORWA B，2008. Contingent reward transactional leadership，work attitudes，and organizational citizenship behavior：the role of procedural justice climate perceptions and strength[J]. The Leadership Quarterly，19(3)：251-265.

WALUMBWA F O，HARTNELL C A，2011. Understanding transformational leadership-employee performance links：the role of relational identification and self-efficacy[J]. Journal of Occupational and Organizational Psychology 84(1)：153-172.

WANG G，HE Q，MENG X，et al，2017a. Exploring the impact of megaproject environmental responsibility on organizational citizenship behaviors for the environment：a social identity perspective[J]. International Journal of Project Management，35(7)：1402-1414.

WANG G HE Q，LOCATELLI G，et al，2017b. The effects of institutional pressures on organizational citizenship behaviors for the environment in managing megaprojects[C]// Engineering Project Organization Society，Proceedings of the EPOC-MW Conference，Fallen Leaf Lake，CA USA.

WANG H，LAW K S，HACKETT R D，et al，2005. Leader-member exchange as a mediator of the relationship between transformational leadership and followers' performance and organizational citizenship behavior[J]. Academy of Management Journal，48(3)：420-432.

WANG J，LI Z，TAM V W Y，2015. Identifying best design strategies for construction waste minimization[J]. Journal of Cleaner Production，92：237-247.

WANG Z，GAGNÉ M，2013. A Chinese–Canadian cross-cultural investigation of transformational leadership，autonomous motivation，and collectivistic value[J]. Journal of Leadership & Organizational Studies，20(1)：134-142.

WANG Z，ZHANG J，THOMAS C L，et al，2017. Explaining benefits of employee proactive personality：the role of engagement，team proactivity composition and perceived organizational support[J]. Journal of Vocational Behavior，101：90-103.

WAYNE S J，SHORE L M，BOMMER W H，et al，2002. The role of fair treatment and rewards in perceptions of organizational support and leader-member exchange[J]. Journal of Applied Psychology，87(3)：590.

WELL R P，HOCHMAN M N，HOCHMAN S D，et al，1992. Measuring environmental success[J]. Environmental Quality Management，1(4)：315-327.

WHITE D，FORTUNE J，2012. Using systems thinking to evaluate a major project：the case of the Gateshead Millennium bridge[J]. Engineering，Construction and Architectural Management，19(2)：205-228.

WILLIAM L J，ANDERSON S E，1991. Job satisfaction and organizational commitment as predictors of organizational citizenship and in-role behaviors[J]. Journal of Management，17(3)：601-617.

WINKLER J，DUEÑAS-OSORIO L，STEIN R，et al，2011. Interface network models for complex urban infrastructure systems[J]. Journal of Infrastructure Systems，17(4)：138-150.

WOOTEN M，HOFFMAN A J，2016. Organizational Fields Past，Present and Future (the SAGE Handbook of Organizational Institutionalism)[M]. London：Sage Publications.

WU Z，ANN T W，SHEN L，2017. Investigating the determinants of contractor's construction and demolition waste management behavior in Mainland China[J]. Waste Management，60：290-300.

XIE S，HAYASE K，2007. Corporate environmental performance evaluation：a measurement model and a new concept[J]. Business Strategy and the Environment，16(2)：148-168.

XUE J，YUAN H，SHI B，2016. Impact of contextual variables on effectiveness of partnership governance mechanisms in megaprojects：case of Guanxi[J]. Journal of Management in Engineering，33(1)：04016034.

YANG B，MEI Z，2014. Employee Suzhi in Chinese organizations：organizational ownership behavior[J]. Journal of Chinese Human Resource Management，5(2)：144-157.

YIN R K，2013. Case Study Research：Design and Methods[M]. Thousand Oaks：Sage Publications.

YUKL G，1999. An evaluation of conceptual weaknesses in transformational and charismatic leadership theories[J]. The Leadership Quarterly，10(2)：285-305.

YUSOF N A，ABIDIN N Z，ZAILANI S H M，et al，2016. Linking the environmental practice of construction firms and the environmental behavior of practitioners in construction projects[J]. Journal of Cleaner Production，121：64-71.

ZENG S X，MA H Y，LIN H，et al，2015. Social responsibility of major infrastructure projects in China[J]. International Journal of Project Management，33(3)：537-548.

ZHANG B，WANG Z，LAI K H，2015. Mediating effect of managers' environmental concern：bridge between external pressures and firms' practices of energy conservation in China[J]. Journal of Environmental Psychology，43：203-215.

ZHANG M，DI FAN D，ZHU C J，2014. High-performance work systems，corporate social performance and employee outcomes：Exploring the missing links[J]. Journal of Business Ethics，120(3)：423-435.

ZHANG X，2013. Going green：initiatives and technologies in Shanghai World Expo[J]. Renewable and Sustainable Energy Reviews，25：78-88.

ZHANG X，WU Y，SHEN L，2015. Embedding "green" in project-based organizations：the way ahead in the construction industry?[J]. Journal of Cleaner Production，107：420-427.

ZHONG L，WAYNE S J，LIDEN R C，2016. Job engagement，perceived organizational support，high-performance human resource practices，and cultural value orientations：a cross-level investigation[J]. Journal of Organizational Behavior，37(6)：823-844.

ZHU Q，CORDEIRO J，SARKIS J，2013. Institutional pressures，dynamic capabilities and environmental management systems：investigating the ISO 9000–environmental management system implementation linkage[J]. Journal of Environmental Management，114：232-242.